"科技史经典译丛"

中国科学院自然科学史研究所世界科技史研究室

南开大学科学技术史研究中心

山东科学技术出版社

共同策划

U0261269

ENIAC在行动
现代计算机的创造与重塑

科　技　史　经　典　译　丛

[英]托马斯·黑格　　[英]马克·普莱斯利　　[英]克利斯宾·洛普　著

刘淘英　译

山东科学技术出版社
·济南·

版权登记号：图字 15-2022-24

图书在版编目（CIP）数据

ENIAC 在行动：现代计算机的创造与重塑 /（英）托马斯·黑格，（英）马克·普莱斯利，（英）克利斯宾·洛普著；刘淘英译 . -- 济南：山东科学技术出版社，2023.8（2024.7 重印）
（科技史经典译丛）
ISBN 978-7-5723-1729-3

Ⅰ . ① E… Ⅱ . ① 托 … ② 马 … ③ 克 … ④ 刘 …
Ⅲ . ①电子计算机 – 研究 Ⅳ . ① TP3

中国国家版本馆 CIP 数据核字（2023）第 150617 号

ENIAC 在行动：现代计算机的创造与重塑
ENIAC ZAI XINGDONG: XIANDAI JISUANJI DE CHUANGZAO YU CHONGSU

责任编辑：杨　磊
装帧设计：侯　宇

主管单位：山东出版传媒股份有限公司
出 版 者：山东科学技术出版社
　　　　　地址：济南市市中区舜耕路 517 号
　　　　　邮编：250003　电话：（0531）82098088
　　　　　网址：www.lkj.com.cn
　　　　　电子邮件：sdkj@sdcbcm.com
发 行 者：山东科学技术出版社
　　　　　地址：济南市市中区舜耕路 517 号
　　　　　邮编：250003　电话：（0531）82098067
印 刷 者：山东临沂新华印刷物流集团有限责任公司
　　　　　地址：山东省临沂市高新技术产业开发区龙湖路 1 号
　　　　　邮编：276017　电话：（0539）2925659

规格：16 开（170 mm×240 mm）
印张：22.75　字数：322 千
版次：2023 年 8 月第 1 版　印次：2024 年 7 月第 2 次印刷
定价：78.00 元

译丛总序

科学技术史研究在中国兴起于 20 世纪初的新文化运动时期，到 20 世纪 50 年代开始职业化和建制化，并将工作重心放在整理祖国科学遗产和认知古代发明创造等方面。1978 年，中国科技史学者将研究领域扩展到近现代科学技术史，此后中国近现代科技史成为一个重要学术增长点。迄今，中国学者对本国科技史研究已经取得相当显著的成果，产出了以 26 卷本《中国科学技术史》（卢嘉锡主编）为代表的学术出版物，为科学与文化事业的发展作出了独特贡献，并且赢得了国际学界的尊重和支持。

早在 1956 年 7 月 9 日，中国科学院副院长竺可桢在中国自然科学史讨论会上发表讲话，指出"研究中国自然科学史，无形中会把范围推广到我们毗邻各国的科学史，甚至于世界科学史"。到 1958 年，中国科学院自然科学史研究室起草了《1958—1967 年自然科学史研究发展纲要（草案）》，其中提到：要有计划地、有重点地研究外国科学史，翻译外国科学史名著和古典科学名著；1962 年以前编出"洁本世界科学史小册子"；研究印度和阿拉伯国家的科学史及其与中国的科学交流史；研究日本、朝鲜、越南、蒙古和其他亚洲国家的科学史及其与中国的关系。这个雄心勃勃的设想未能如期付诸实施，却为后辈学者带来了启发。

中国科学院自然科学史研究室在 1975 年改称自然科学史研究所，之后在"科学的春天"里更加放眼世界和面向国家现代化建设，在 1978 年创建近现代科学史研究室，正式开始研究世界近现代科学史和技术史，编写了《20 世纪科学技术简史》《世界物理学史》《贝尔实验室》等论著。近些年来，自然科学史研究所尝试国别科技史研究，探讨中国社会和读者们普遍关注的"科技革命"和"现代化"等问题，组织国内相关领域的专家合作编撰了"科技革命与国家现代化研究丛书"。然而，与关于中国科技史的研究相比，国内对世界科技史的研究依然十分薄弱，还只是远未燎原的"星星之火"。我们对世界科学和技术的历史及相关问题的认识落后于国际学术前沿的同行们，不能满足国家现代化建设对学术探索的迫切需求。

国际学界对科技史的关注和研究已有三百年以上的历史，各类学术成果浩如烟海。将国外优秀科技史论著翻译成中文，这是我国提升世界科技史研究和学科建设的起点以及满足国内读者需求的一个非常重要的途径。20世纪中国学者们翻译过一些国外科技史论著与经典科学文献，如丹皮尔的《科学史》、梅森的《自然科学史》、贝尔纳的《历史上的科学》等通史类书籍，再如学科史著作和其他专题论著，包括库恩的《科学革命的结构》等。20世纪80年代以来，国内学者更加有规模地翻译《剑桥科学史》等国外出版的科技史论著，包括萨顿、柯瓦雷、默顿、辛格、科恩、夏平等名家的代表作，还有《尼耳斯·玻尔集》和《爱因斯坦全集》等大部头的科学家论著集。无疑，这些论著为传播科技史知识和促进国内对世界科技史的研究都作出了重要的贡献。

鉴于国内研究世界科技史的紧迫性，我们联络中国科学院自然科学史研究所世界科技史研究室、南开大学科技史研究中心、山东科学技术出版社和其他大学的部分同道，共同策划国外科技史论著的中文翻译和出版工作。我们选译外文学术著作时主要考虑以下五点：①推介普遍获得国际同行好评的力作，不追求作品类型一致或面面俱到；②有助于国内学者更新知识，或者了解国外同行的新探索；③除了英文论著，特别关注以法文、德文、俄文等语种出版的成果；④与国内已经翻译的作品有区别或有互补性；⑤为传播知识和建设科技史学科添砖加瓦。

我们期待中国学者们将来成为世界科技史研究的重要贡献者。目前，国内世界科技史研究的当务之急是培养专门从事这一研究方向的青年学术人才。他们须具备以下基本条件：①了解国际科技史研究的基本态势、理念和方法，能够参与国外论著的汉译工作；②能够熟练运用英语，并且学习其他必要的外语，如拉丁语、法语、德语、俄语、西班牙语、古希腊语、阿拉伯语等，以具备国际合作及研究国外科技史的基本能力；③不仅能研读研究文献，而且还能解读原始文献，以具备评判前人成果和进行独立研究的能力；④与国际同行进行持续的交流和实质性合作，以加强国际对话并向国际学界提供中国视角的世界科技史研究成果。为此，我们须持续鼓励年轻人到海外学习与合作，同时聘请国外高水平专家来华工作及培养世界科技史方向的研究生，让青年学者们直接走上国际学术舞台。随着青年人才的成长，我们就能够直接参与世界科技史的学术前沿研究，更好地回应中国社会对科技发展的关切，为广大读者奉献新知识，在国际学界发挥中国人的学术影响力。

张柏春　赵猛　田淼

2023 年 3 月 5 日

中文推荐序

　　计算机科学研究三类事物，即理论计算机、真实计算机和计算机应用。当代计算机有 3 个基本特征：它们自动执行计算过程而非手动执行，是数字计算机而非模拟计算机，是电子计算机而非机械计算机。真实计算机指交付给用户日常使用的系统，而非只在设计者的实验室环境中短暂工作的仪器。从这个定义来看，1946 年 2 月正式发布的埃尼亚克（ENIAC）无疑是第一台当代真实计算机。

　　ENIAC 对计算机科学、技术乃至产业都产生了深远影响。学术界对 ENIAC 的科学史研究也方兴未艾。托马斯·黑格教授等学者新近出版的著作《ENIAC 在行动——现代计算机的创造与重塑》（ *ENIAC in Action: Making and Remaking the Modern Computer* ）是对 ENIAC 研究的最新贡献，也为计算机科学领域的创新，尤其是系统思维，提供了具体案例。

　　本书有 3 个特点值得注意。

　　第一是作者的专业性。本书作者托马斯·黑格教授在英国曼彻斯特大学获得计算机科学专业学士和硕士学位，在美国宾夕法尼亚大学获得科学史专业博士学位。尤其需要注意到，曼彻斯特大学是艾伦·图灵教书的学府，也是当代计算机的早期研究重镇。宾夕法尼亚大学则是 ENIAC 的诞生地。由他撰写 ENIAC 的科学史，确实是"科班出身"。

　　第二是内容的全面性。本书讲述了 ENIAC 从出生到终结的十余年的整个生命周期，内容涵盖创新思想、项目组织管理、工程实现、应用开发、系统使用、系统维护、系统进化、社会影响，等等。在一本书中提供如此全面的一手材料和丰富的史料，是不常见的。例如，本书提供了具体数据，展示 ENIAC 交付给用户之后，有效工作时间如何迅速降低到 5%，后来又如何提高到 70%。

第三是"在行动"的科学史写作特点。《ENIAC 在行动》的书名，即 *ENIAC in Action*，是对法国科学哲学家布鲁诺·拉图尔的名著《科学在行动》（*Science in Action*）的致敬。拉图尔相信，我们应当观察"正在形成的科学"，而不是"已经形成的科学"。计算机科学，毫无疑问是"正在形成的科学"。学习 ENIAC 科学史，其意义远不止于考古，也可能对我们今天的科学研究和工程设计有所启发。

一个重要例子就是量子计算机的研发。今天在全球范围内量子计算研究热度已经很高了。过去近 20 年来，不少大学、研究机构、公司花了很大精力研制量子计算机。但迄今为止，量子计算机尚未出现像电子数字计算机中的 ENIAC 一样的里程碑，即交付给用户日常使用的量子计算机。最早推出商用量子计算系统的 D-Wave 公司已在纽约证券交易所上市，且 2022 年产生了 700 多万美元的销售收入，但它推出的几代量子计算系统并不被公认是量子计算机。也许研制量子计算机的同行，能够从本书中，从 ENIAC 研制的历史中，获得一些启发，早日研制出能够交付给用户且在用户的生产环境中较长时间稳定运行的第一台量子计算机产品。

徐志伟

中国科学院计算技术研究所

目 录

引　言

1946 年 10 月，道格拉斯·哈特里（Douglas Hartree）就任剑桥大学的普卢默数学物理学讲席教授。他的任职演讲于次年出版，这是一本颇有影响的关于"计算机器"最新进展的小册子[1]。哈特里就任之前几个月曾经参观过宾夕法尼亚大学，在那里得到了一个使用新建的电子数字积分器和计算机（以下简称 ENIAC）的千载难逢的机会。ENIAC 是普雷斯普·埃克特（J. Presper Eckert）和约翰·莫奇利（Hohn W. Mauchly）领导的紧急战时项目，1943 年提出设想，1945 年完成。哈特里讲座的核心内容就是这个电子奇迹将为科学带来什么样的机遇。它的"操作速度是目前最快的机器的一千倍"，因而"做一千万次乘法只需要九个小时"。"一千万次乘法，可以做很多很多的事情"，哈特里对电子计算的未来充满了期待。

ENIAC 是一台不同寻常的机器，本书讲述了发明 ENIAC 的一小群数学家、科学家、工程师和陆军军官的故事，如他们的共同目标，他们如何协作分工，以及 ENIAC 的提议、批准和设计的过程。本书也讨论了那些建造、编写程序和操作 ENIAC 的工作人员的性别组成，以及科学家们所发现的这数百万次乘法的用途。数以百万（之后是数十亿和数万亿）计的算术逻辑运算操作形成自动执行的指令序列，这种自动化改变了 20 世纪下半叶科学实践的面貌。ENIAC 证实了高速电子计算的可行性，证明由几千个不稳定的真空管组成的机器仍可以不间断地长时间运行，足以完成一些有用的任务。

ENIAC 的影响力不仅在于激发了下一代计算机建造者的灵感，还在于它实实在在地运行了将近十年，在 1950 年之前它一直都是美国唯一一台能够运转的全电子计算机。对于计算任务多到执行不完的政府部门和企业用户来说，它的吸引力无法抗拒。1955 年 10 月 ENIAC 退役时，已经有几十个人学会了为它编写程序，操作管理它，其中的许多人后来都延续了杰出的计算机职业生涯。在其设计能力之内，ENIAC 通过编程将基本的计算操作按各种顺序组合起来解决应用问题。它可以根据当前的计算结果来选择计算的路线——例如，炮弹落地之前的飞行轨迹。以前的计算装置要么人工干预处理这种情况，要么只能解决某种特定条件下的问题。这种新的选择分支的能力使 ENIAC 更加灵活。ENIAC 完成的任务清单包括计算正弦和余弦表，测试统计数据的离群值，模拟氢弹爆炸，绘制炸弹和炮弹的飞行轨迹，寻找质数，还首次进行了数值天气模拟，模拟超音速气流，分析捕获的德国 V-2 火箭发射实验数据，等等。

本书是第一部研究 ENIAC 的学术专著，首次全面考查了 ENIAC 作为科学工具的用途。ENIAC 从来就不是一台默默无闻的机器。在创建之初它就被广为宣传，后来围绕它又发生了一系列备受瞩目的法律诉讼。在标准的计算机历史中，ENIAC 一直占有突出的地位，至今它仍被大量的文章提及，它还出现在一些主要的博物馆展览中。但是之前的叙述都忽略了 ENIAC 的诸多方面，而倾向于把它塑造成两个传统的角色之一："世界上第一台计算机"称号的候选者，或者是引领现代计算机发展的一系列阶梯之一。近年来，关于 ENIAC 的讨论集中在另一个"第一"上：它是第一批计算机程序员的工作场所。这三种叙事的重点都集中在 ENIAC 最初的开发和实验阶段，而这个阶段是公认的计算机设计和编程实践的转折点。很少有人注意到，ENIAC 还是一台真实存在的机器，随时间不断改进，是忙碌的工作场所，是一台科学仪器。

以实物为主题的书常常通过赞誉它是改变世界的转折点来凸显主题的重要。一个想法、一条鱼、一只狗、一张地图、一种调味品或者一台机器，几十本书都在书名里吹捧这些物体"改变了世界"，以此吸引读者关注那些晦涩的主题。乔治·戴森（George Dyson）最近提出，ENIAC 诞生几年之后约翰·冯·诺伊曼（John von Neumann）在普林斯顿大学高等研究院（The Institute for Advanced Studies in Princeton）完成的计算机是"数字宇宙"的"起源"。其实类似的主张放在 ENIAC 身上也同样有说服力：ENIAC 在现代世界的建设中所扮演的重要角色，是像鳕鱼，像盐，还是像爱尔兰人？它的创造者也像艾达·拉芙莱斯（Ada Lovelace）、列奥纳多·达·芬奇（Leonardo da Vinci）和艾伦·图灵（Alan Turing）那样，奇迹般地远远超越了时代。它难道不是充满智慧的孤独天才挑战陈词滥调、人云亦云的作品吗？

撰写晦涩难懂的学术著作的奢侈之一就在于，不需要接受如此简单化的历史观念。正如本书书名《ENIAC 在行动》所暗示的，本书聚焦于 ENIAC 多种不同的应用方式。它是对布鲁诺·拉图尔（Bruno Latour）的科学史研究奠基之作《科学在行动》（Science in Action）[2] 的致敬。与拉图尔一样，我们对人造制品，比如 ENIAC 及其部件如何与人类工作协同感兴趣，因此贯穿本书的是广义的"行动"概念。行动不仅包括物理实体 ENIAC 进行的计算活动，也包括项目启动时利用 ENIAC 的远景和蓝图对资源的调动，还有最近几年用 ENIAC 激励女性参与计算机工作的努力。把这些简单归结为 ENIAC 的某些特殊性"改变了世界"，将会损失很多丰富的历史内容。相反，我们尝试将 ENIAC 置于把早期技术实践与后来的技术实践联系起来的各种历史链条中。我们不仅在计算机的设计，而且在编程实践、计算劳动力和科学实践等领域，都记录到了这些联系。

本书按时间的大致顺序展开，但会从多重不同的角度来讲述 ENIAC 的故事，涵盖了从发明、建造、使用、改进到淘汰的过程。每个角度都提供了有关 ENIAC 过去和现在的样貌的不同观点，从而诠释了它的重要性。在引言的剩余部分，我们介绍本书的一部分观点，概述我们的方法不同于以前的地方，将我们对 ENIAC 的研究置于几个不同的历史传统中。

战争机器 ENIAC

电子计算机与雷达和原子弹一样，是在第二次世界大战期间发展起来的技术，在这段时间创新速度异常迅猛。举例来说，绝大多数 1939 年还在使用的军用飞机在战争还没有结束的时候就已经过时。三菱零式战斗机在战争早期还是主导机型，到第二次世界大战结束时，就只适合神风敢死队式的任务了。反潜战装备进步巨大，摧毁了曾经战无不胜的德国 U 潜艇舰队。通信和密码学取得了极大发展。国家面貌改变了。工业生产迅速从民用需求转向军用，新的产品和食物取代了由于战争破坏而中断的供应，政府机构以创纪录的速度建立起来并配备工作人员。船只和飞机的生产规模之大是前所未有的。新技术几个月内就能从实验室转移到战场上。各地的人们都比平时更加努力，睡得更少，想方设法毫不拖延地完成工作。所有这些都为年轻人和有志之士创造了机会，非常规的想法得到认可。在两枚毁灭性炸弹摧毁了两座城市之后，战争结束了。

战争中的许多技术突破看似突然，其实它们的想法在很多年前就已经提出来了，金钱和热情推动着它们的实现，但在大萧条（Great Depression）期间沉寂下来。举例来说，1930 年取得专利的喷气式发动机直到 1944 年才应用到战斗机中。业余的火箭爱好者自 20 世纪 20 年代以来就一直在推广他们的技术，然而只有在战争期间，德国火箭制造商得到了足够的资金和劳动力之后，这项技术才进入了实际应用。原子弹依赖于理论和实验物理学的最新进展，但只有在专门的工业城市里，通过成千上万的人们的劳动才能制造出来。这种投入的程度在和平时期是不可能达到的。

以战后新兴的"大科学"标准衡量，ENIAC 算不了什么；与战争期间政府启动的最大的科学项目相比，ENIAC 也很小[3]。单是曼哈顿计划这一个项目的开销就高达 ENIAC 的 4 000 倍之多。历史学家们关注的焦点是万尼瓦尔·布什（Vannevar Bush）领导的战时科学研究与发展办公室（OSRD）。OSRD 是一个重要的机构，它的巨额资金将成千上万的科学家与政府机构聚集在一起，追逐军事上的优势。仅仅麻省理工学院一个学校就在战争期间获得了 1.17 亿美元研究经费。本书对 OSRD 和其他知名机构在支持、反对或塑造 ENIAC 所起的作用方面没有过多着墨，其他历史学家已经很好地记录了这些联系，我们几乎没有什么可以补充的[4]。ENIAC 的建造是出于战争期间的特殊需求——在缺少计算劳动力的情况下生产火力射击表——而联邦政府拨给军队的巨额资金使其成为可能。不过，我们认为这基本上是一个自下而上的地方性创举，宾夕法尼亚大学摩尔电气工程学院的研究人员与弹道研究实验室（Ballistic Research Laboratory，BRL）的管理人员，以及该实验室的赞助人陆军军械部（Army's

Ordnance Department，AOD），三方共同推动了一个大家都感兴趣的项目[5]。

如果 ENIAC 从未存在过，计算机技术发展的历史肯定会沿着另一条路径走下去。因此，我们特别关注战争期间仓促生产一台计算机器这个特定的背景对 ENIAC 的设计和实际用途所产生的影响。在通往现代计算机的众多可能性当中，ENIAC 是一座不可能出现在和平时期的道路上的里程碑。它的方方面面都受到战争的影响，包括专门为它定制的任务，为快速生产作出的设计妥协，它的结构和规模，甚至它的操作人员和运作方式。如果不是这场战争，没有人能制造出这样一台集优势和弱点于一身的机器。

本书关注更多的是 20 世纪这个战争世纪期间科学实践的变化，而不是联邦政府科学机构的发展。ENIAC 属于一类旨在减少制作数学表格工作量的传统设备，这种设备最早可以追溯到查尔斯·巴贝奇（Charles Babbage）的时代。ENIAC 计算的是火炮发射表。受第一次世界大战战术发展的影响，制作这些表格的计算挑战大大增加，第二次世界大战之后仍有这方面的需求，我们估计 ENIAC 至少五分之一的生命都花在了计算炮弹轨迹上[6]。

但是，ENIAC 对军事科学技术进步更深远的贡献是冷战时期的工作，这些工作如果由人工来做的话，成本之高令人生畏。ENIAC 模拟了原子弹和氢弹的爆炸、超音速气流以及核反应堆的设计。在约翰·冯·诺伊曼的大力协助下，数字计算机成为冷战初期新兴的军事 - 工业 - 学术综合体进行前沿研究和开发的重要工具。在 ENIAC 诞生几年之后，IBM 推出了它的第一台商用计算机 701。这是一台"国防计算器"，只卖给国防承包商。美国政府甚至控制了 IBM 交付机器的客户名单和排序，确保计算机首先交付给做最重要工作的公司[7]。

仿真是一种全新的建模方法，ENIAC 作为驱动仿真算法的试验平台尤其重要。1948 年到 1950 年期间在洛斯阿拉莫斯实验室进行的蒙特卡洛仿真，是科学实践和计算机编程历史上的里程碑事件。ENIAC 在计算机仿真发展中的地位广为人知，这要归功于物理学史学家彼得·盖里森（Peter Galison）。本书的第八章和第九章第一次清晰而深入地探讨了仿真计算的具体内容，同时我们借鉴安·菲茨帕特里克（Anne Fitzpatrick）博士论文的成果，阐明了它们对推动核武器计划进展所作出的贡献[8]。

ENIAC 是"第一台计算机"

当人们新结识一位计算机史学家，最喜欢问的问题往往是"第一台计算机是谁？"对 ENIAC 的关注通常也限于它是某种"第一"的表达。公众的讨论大多是类似"第一台计算机 ENIAC"这样的话题，例如，ENIAC 的维基百科页面"讨论"（talk）栏目里的内容，亚马逊网站上与早期计算机相关的书评和其他在线新闻网站上文章的评论，等等。尽管历史学家不遗余力地把这些讨论向更多元化的方向引导，但对立双方之间的纷争似乎又死灰复燃了[9]。

从参与者和旁观者的角度来理解，历史记录中的"首次"事件就是向既定目标的冲刺，参与者到达终点的顺序格外关键。一些著名的"比赛"，譬如人类到达北极、珠穆朗玛峰顶、月球表面，或者以超过音速的速度移动，都属于这一类。优先权问题在专利法中也非常重要。事实上，围绕 ENIAC 专利纷争的法律程序深刻地影响了对其历史地位的讨论。当我们回顾 20 世纪 40 年代的计算机项目时，会把它们看作朝向明确目标的竞赛，但讨论它的影响力和知识遗产比优先权问题更具有历史的启示意义。举例来说，1948 年 ENIAC 被改造为第一台能够运行符合现代代码范式的程序的计算机，我们发现，参与人似乎都没有认识到这是特别重要的时刻，这件事对其他计算机项目也没有明显的直接影响。

几十年来人们普遍认为 ENIAC 是第一台电子数字计算机，但事实上它并不是。可编程计算机的基本思想可以追溯到一个世纪以前的查尔斯·巴贝奇，巴贝奇多年来一直致力于手摇"分析机"的设计，但并没有制造出来。20 世纪 30 年代，德国的康拉德·祖兹（Konrad Zuse）在自家的公寓里建造了一台自动的机械式计算器。第二次世界大战期间，他得到德国政府的资助，使用继电器技术又造了几台后续机器。甚至使用电子设备来保存和操作数字也不是前所未有的。1937 年到 1942 年间，物理学家约翰·阿塔纳索夫（John Atanasoff）建造了一台能解线性方程组的电子计算机。这台机器从来没有真正地工作过，失败的原因不是电子器件，而是外部存储系统（阿塔纳索夫试图把中间结果保存到纸带上）[10]。

除了这一系列有详细记录的实验机器之外，还有各种为不同应用而设计的专用数字设备，如加法机、计算器，以及用联锁齿轮系统表示数字的收银机。穿孔卡片机将数据以不同的穿孔模式存储在矩形小卡片上，到了 20 世纪 30 年代，字母也可以像数字一样表示了。专门用于特定任务（如分拣或打孔）的机器是通过开关或者插线板上的连线来配置数字的。

第一台全面运行的电子数字计算机是英国的一台机器，或者更确切地说，是一组被称为"巨人"（Colossus）的机器。像 ENIAC 一样，"巨人"也是为了应对战争中的紧迫需求而开发的。伦敦邮局研究机构（The Post Office Research Establishment in London）负责"巨人"的开发，在高度保密的情况下，部署在英格兰南部一个占地面积很大的私人庄园里。这个庄园后来被改造成科研基地来破解德国人用来保护通信的密码。保密是战争中最重要的一件事，如果德国人怀疑通信内容不再安全，就会修改密码。因此，"巨人"的存在在整个战争期间都是最高机密（而且情报部门出于普遍的保密本能，在此后数十年间一直守口如瓶）。它的创造者们无法因这个杰出的历史性成就公开获得荣誉，战争结束之后，这台机器本身和它的设计图纸，以及其他关于这个项目的记录都被系统地销毁了。

像阿塔纳索夫的计算机一样，"巨人"计算机通常被归为运行单一应用的专用计算机，但它其实可以重新配置，运行破解密码过程中不同的步骤序列，被广泛认为是"可编程的"[11]。由于保密，"巨人"对 ENIAC 项目没有任何影响。即便是在英国，它对后来计算机发展的影响也只是间接的，从未被充分重视过，它的元老们没有机会解释自己思想的来源，也无法为他们对某些技术的信心辩护。"巨人"的主要设计者汤米·弗劳尔斯（Tommy Flowers）直到生命最后一刻也没有得到世人的认可。甚至在"巨人"成为英国国家遗产以后，仍然有许多人以为它是艾伦·图灵的作品。

学者们在"第一台"和"计算机"两个词之间插入一系列适当的形容词，来平息这些计算机和其他早期计算机的创造者之间长期的争论，这些形容词反映了每位先驱的独特贡献。在一个有关早期计算机的会议上，历史学家迈克尔·威廉姆斯（Michael Williams）要求同事们"不要使用'第一'这个词——创造现代计算机本身就足以让所有的早期开拓者获得比这荣誉更高的嘉奖，他们中的大多数早已不再关心这些"[12]。威廉姆斯在这个演讲中还说："如果加入足够多的形容词，你总能找到最适合的那个描述。"例如，ENIAC 经常被称为"第一台大型的通用电子数字计算机，在你有一个正确的陈述之前，当然得把这些形容词都加上"[13]。我们赞同这个观点，没有兴趣把 ENIAC（或者它的某个竞争对手）奉为独一无二的"第一台计算机"，从而让这些争吵继续下去。我们关心的是，ENIAC 的功能和特性哪些是新的而哪些不是。然而，我们并不认同这些形容词就是对 ENIAC 历史重要性的全部描述。这些词更适合被看作隐喻式的溢美之词，对理解不同机器的实际历史遗产以及每台机器对其他早期计算机项目的影响用处不大。

ENIAC 是"必经点"（Obligatory Point of Passage）

人们一致认为，ENIAC 是第一台大型的通用电子数字计算机，它的重要性主要在于它是通向"第一台存储程序计算机"道路上的里程碑。最近，乔治·戴森在《图灵的大教堂》（*Turing's Cathedral*）中将这段旅程描述为"创世神话"，去除这本书的文学性色彩，它仍然采用了标准的学术叙述基本结构[14]。马丁·坎贝尔-凯利（Martin Campbell-Kelly）和威廉·阿斯普雷（William Aspray）的著作《计算机》（*Computer*）认为计算机的发展是沙漏式的结构，ENIAC 是中间狭窄的细腰，将第二次世界大战前的技术实践领域与战后的电子计算世界连接起来。这与图 I.1 完全一致，图 I.1 是亚瑟·博克斯（Arthur Burks）和艾利斯·博克斯（Alice Burks）夫妇在关于 ENIAC 的经典论文里绘制的一个很有影响的关系图。尽管他们认为电子数字计算机的基本技术是从阿塔纳索夫那里挪用过来的，但毫无疑问，他们还是强调了 ENIAC 在现代计算中的中心地位。

早期计算技术的代表是那些对 ENIAC 的发展作出了贡献，已经内嵌到

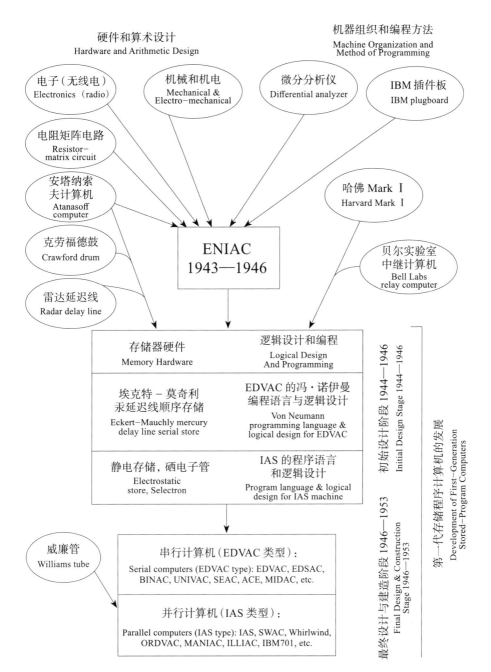

图 I.1　亚瑟·博克斯和艾利斯·博克斯认为，ENIAC 是现代计算机发展的必经点。这张图来自他们的文章《ENIAC：第一台通用电子计算机》(*Annals of the History of Computing* 3, no. 4, 1981：310–389；©1981 IEEE；reprinted, with permission, from Annals of the History of Computing)。

ENIAC 里的技术。ENIAC 反过来又引领了后来几代计算机硬件的出现，这使 ENIAC 成了科学知识社会学家所说的历史叙述中的"必经点"（Obligatory Point of Passage）。在史密森尼学会（Smithsonian Institute）承办的"信息时代"（Information Age）长期展览中，ENIAC 确实如展览名字的字面意义扮演了这样的角色[15]。第一个展厅是一系列在计算、通信和文书工作中使用的技术。随着参观者向前移动，墙壁在他们周围封闭起来，迫使他们从狭窄的入口走进一个房间。房间很小，只够容纳 ENIAC 和一些人体模型，为博物馆参观者留了一点空间。附近的监视器循环播放这台机器的创造者们讨论的视频剪辑。随着参观者从 ENIAC 进入数字计算的现代世界，历史的大门再次打开。这个场景戏剧化地展现了 ENIAC，几乎完美地诠释了"这是一台诞生了现代计算的机器"。

在这样的叙述中，ENIAC 的作用如同一个重要的配角，由于预示了主角的到来而被人们铭记。计算机历史的主角则是"存储程序计算机""现代计算机"，或者更准确地，是最早记录在 1945 年约翰·冯·诺伊曼的《EDVAC 报告初稿》（*First Draft of a Report on the EDVAC*，以下简称《初稿》）里，20 世纪 40 年代末被电子计算机工程普遍采用的计算机设计方法。EDVAC 是计划中的 ENIAC 的后继产品，所以冯·诺伊曼《初稿》的思想是与 ENIAC 的创造者合作提出的。

我们将在第六章中展示，新的计算机设计方法深受 ENIAC 的影响，ENIAC 是电子技术实现的真实示范，也为寻找更简单、更有效的自动控制计算方法提出了挑战。ENIAC 在摩尔学院投入实验性使用后不久，就从大多数叙事中消失了。

ENIAC 是实在的人造物

关于 ENIAC，许多人仍然在讨论它对后来计算机的预期或影响的程度。只要概述计算机历史的目的是解释现代计算机技术的出现，这些讨论就是自然而然的。从手摇计算机到现代超级计算机，ENIAC 确实是创新链中不可或缺的一环。把 ENIAC 看作通往数字世界之路上的一块阶石，这种说法固然提升了它的重要性，但也会把这段历史缩短为一个瞬间，使真正的 ENIAC 机器和它多产的科学设备生涯，在"改变世界"这个重要的象征意义之下消失了。

我们的目标之一是跟随最近在科学史研究中复苏的对"物质性"的兴趣，使用丰富的档案证据，重新探究作为物理实体的人造物 ENIAC[16]。历史学家们曾经介绍过 ENIAC 开创性地使用了真空管，但没有提到它的创造者在战争期间购买和装配其他部件（高精度电阻、定制电源，甚至钢框架）时遇到的困难。在第三章中，这些部件的问题，（而不是真空管）使 ENIAC 计算机的完成日期在 1944 年到 1945 年间一再推后，引起了相关人员和部门的极大担忧。

如果把 ENIAC 更多地看作一种概念而非物理实物，历史学家自然更关心设计机器的工程师，而不是生产它的几十个"连线员"（wiremen）。我们发现，绝大多数"连线员"都是女性，与今天被誉为首批计算机程序员的 ENIAC 女操作员得到的待遇不同，她们完全被后人遗忘了。在树立女性榜样方面，蓝领工人不受待见，但如果没有这些被遗忘的女性的辛勤劳动，就不会有 ENIAC。

我们重现了摩尔学院生产 ENIAC 时相当破旧的环境，记录了当时的情况，学校的建筑破旧不堪，还会漏水，机器的冷却和安全系统的缺陷引起过火灾。我们描绘了 ENIAC 搬迁到位于马里兰州阿伯丁的弹道研究实验室过程中遇到的困难。弹道实验室为 ENIAC 建造了有空调和吊顶的新空间，是令人赞叹的现代建筑。

ENIAC 是一个科学奇观[17]。这台机器还在建造过程当中的时候，就有许多公司和研究组的代表团被领进来参观。ENIAC 完工并安装到阿伯丁试验场之后，研究工作也经常被渴望见到它实际运行的军队参观者打断。

ENIAC 也经常受挫，在某种程度上，以前的历史记载没有充分表达出这种挫败的频繁程度。第五章中，ENIAC 到达阿伯丁后的一年多时间里只是偶尔才能正常工作。1948 年初的四个星期里，它遭遇了一连串失败、间歇错误和人为错误，一个月里不间断的完整工作时间只有一天。维护工作的重要性以前被计算机史学家忽视了。接下来几年，在机器操作支持团队的努力下，ENIAC 终于能够把大部分时间花在执行有用的工作上，我们在第十章探讨这个转变，以及在机器运行期间的各种修改。

在另一种意义上，ENIAC 在 1945 年第一次使用之后的很长时间里都"在行动"（在使用）。ENIAC 采用的技术非常灵活，用户可以不断更新升级它的硬件和编程能力。1948 年，经过长时间的精心策划和准备，ENIAC 被重新改造，使用了非常接近当时正在建造的新计算机的编程方法。我们将在第七章介绍这个方法。它成了第一台运行现代程序的计算机。原始的 ENIAC 是一些模块化的组件，通过相互连接的导线和分布在几十个笨重部件上的转盘构成解决特定问题的计算机。经过这次改造，ENIAC 实现了一些通用指令，而电线和刻度盘的位置也基本上保持固定，直到退役。程序的代码就使用这些指令编写，并存储在一组只读的控制板上。针对发轫于它的自动计算新模式，ENIAC 进行了一次真正的改造。

ENIAC 是计算机编程的起点

1945 年中期，ENIAC 聘用了最早的 6 名操作员。沃尔特·艾萨克森（Walter Isaacson）在题为《创新者》（*The Innovators*）、副标题为《一群黑客、天才和极客如何创造了数字革命》（*How a Group of Hackers，Geniuses，and Geeks Created The Digital Revolution*）的书里表明，几名操作员在大众记忆中的地位已经超出了那些设计和建造 ENIAC 这台机器的人。艾萨克森轻蔑地写道，"拿着玩具的男孩们"认为"组装硬件是最重要的工作"。事实上，他说："创造第一台通用计算机的所有程序员都是女性。"[18]这一令人困惑的论断既显示出这些女性的工作已经在很大程度上掩盖了 ENIAC 故事的其余部分，也突显出人们普遍缺乏对"ENIAC 编程"与机器整体之间的关系的理解。

在摩尔学院的这一年 ENIAC 处理了很多应用的具体问题，几位女性操作员在 ENIAC 成功的过程中确实扮演了重要的角色，后来若干年里她们那些在阿伯丁的不太出名的后继者也是如此。我们的调查发现，她们的全部工作范围包括重新配置 ENIAC 物理实体，运行卡片和辅助的穿孔卡片机，以及参与我们现在认为是编程的计划工作。事实上，她们现在被视为程序员而非操作员，这是科技界不愿赞美蓝领工作的另一个迹象。正如温迪·惠（Wendy Hui Kyong Chun）所指出的，"让这些女性成为第一批程序员……掩盖了……操作员、程序员和分析师之间的层级"[19]。

讨论这个早期工作面临一些语言和概念上的困难。虽然现在人们把配置 ENIAC 执行处理特定问题所需的数学运算称为"编程"（programming），但在当时，这样的工作通常被称为"设置"（setting up）。为了与当前的使用有所区别，我们把记录在"设置表单"中的配置（configuration）叫作"设置"（set-up），而不是程序。

在几个不太为人所知的方面，ENIAC 对编程实践发展也作出了贡献。例如，1947 年成立了一个由琼·巴蒂克（Jean Bartik，Betty Jean Jennings 结婚前的名字）领导的编程团队，她是早期的发起人之一。这是目前所知最早的编程与其他工作完全分离的例子。这个团队与阿黛尔·戈德斯坦（Adele Goldstine）一起为 ENIAC 向新编程模式转变作出了巨大贡献，使编写蒙特卡洛仿真这样复杂的程序成为可能。这是第一个可运行的现代计算机程序代码，有非常完整的档案材料。它的开发过程将在第八章介绍，从最初的数学计划，以及经过几代流程图，到完整的程序清单。这个过程运用到了基本的编程技术，如循环、条件分支和数组等，还有完善的将数学表达式转换成程序的方法。

ENIAC 的技术分析

有别于过去 20 年来职业历史学家所撰写的计算机历史著作，本书系统地介绍了计算机体系结构的发展、编程实践的演变，以及数学实践与计算能力之间的相互塑造。我们为读者提供了相当详细的设计、流程图和代码，包括第二章对条件控制的发展，第六章对冯·诺伊曼的《EDVAC 报告初稿》及其与 ENIAC 的关系的详细解读，第八章讨论了第一代计算机蒙特卡洛仿真的设计过程和编程技术，第十一章是 ENIAC 与其他早期计算机能力的比较。更多的技术资料，包括各种主要文献和一个有注释的蒙特卡洛代码版本，都在本书的配套网站（www.EniacInAction.com）上。

我们认为这是历史学家对计算机技术细节和计算机科学问题更广泛的重新参与的表现。受科学史研究兴起的影响,上一代科学史整体上转向了社会和文化分析。从那时起,试图撬开技术知识的黑盒子,窥视其内部智慧的研究方法就引起了广泛的争论[20]。一些从事科学史研究的学者,如唐纳德·麦肯齐(Donald MacKenzie),主张充分理解深奥的技术概念的重要性,以证明即使是最客观的高科技细节也离不开社会关注。而另一些人,如兰登·温纳(Langdon Winner),则认为追求技术细节会分散人们对社会和政治活动的注意[21]。

计算机史学是科学技术史学科里一个相对较新但尚不稳固的子领域,在其学术专业化的过程中,以相当普遍的脱离技术细节为标志,更倾向于讲述制度、意识形态和职业的故事。早期关于计算机历史的工作,就像许多其他科技史主题的早期研究工作一样,通常由技术先驱和其他的参与者完成。他们倾向于讲述关于特定计算机、前沿的研究机构和各种"第一"的详细技术故事。大多数进入科学史研究领域的研究生都缺乏适当的技术背景,无法鉴别技术,但他们会抓住一切机会提高计算机史学的学术地位,把研究向成熟的历史研究模式靠拢,以增加谋得学术职位的机会。计算机历史朝着更加学术化的方向发展,在很大程度上也被定义为远离技术历史和技术细节。此领域最杰出的学者之一马丁·坎贝尔-凯利在他的博士论文中详细探讨了早期机器的编程技术,但他后来承认,他为年轻时的轻率感到尴尬,并且转向了商业历史[22]。很长一段时间以来,计算机史学几乎见不到对计算机代码或编程实践的详细研究,它往往被视作一种罪恶的乐趣。

研究方法变化的同时,历史的时间框架也在变化。1990 年到 2010 年期间,计算机史学学者相对较少关注 20 世纪 40 年代的计算机,也包括 ENIAC。这些机器的文献记录保存得很好,有一些后来被忽视的非常重要的话题。在一段时间里,2000 年出版的《第一批计算机:历史和体系结构》(*The First Computers：History and Architecture*)似乎暂时代表了这个主题的终结,而不是新的开始。

过去几年,历史学家们重新开始研究 20 世纪 40 年代的电子计算机,他们的研究有了新的问题和角度,特别是对使用和实践越来越感兴趣,这在一定程度上反映了计算机史学和数学哲学视角的结合，对技术内部数学内容的探索比科学史的其他领域更为突出。利斯贝斯·德·摩尔（Liesbeth de Mol）和马丁·布林克（Maarten Bullynck）在这个领域特别活跃，他们研究了德里克·莱默（Derrick Lehmer）使用 ENIAC 的情况，以及哈斯凯尔·柯里（Haskell Curry）的使用计划[23]。ENIAC 已经开始支持某些类型的应用科学研究。最值得注意的是，ENIAC 用在了 1950 年和 1951 年间的首次数值天气模拟中，这在保罗·爱德华兹（Paul Edwards）和克莉丝汀·哈珀（Kristine C. Harper）最近出版的两本书里都有比较详细的记载[24]。这些叙述就像彼得·盖里森之前对早期核模拟中 ENIAC 角色的讨论一样，改变了我们对 ENIAC 的理解：它不再只是计算机从原始到现代的链条中的一个环节，而是创造新的科学实践的工具[25]。这与现在计算机历史研究之外的人文内涵发展，尤其是那些尝试建立诸如"平台""关键代码""软件"等领域的研究的努力相呼应。所面临的挑战就在于如何在技术细节的海洋中抓住那些有价值的宝藏[26]。

本书在一定程度上是个实验，技术细节被重新整合到受科学研究、劳动历史、制度历史、记忆研究和性别历史影响的计算机历史研究当中。我们看不到这些"社会"观点和更"技术"的分析之间的本质界限。ENIAC 的设计人员、生产人员、管理员、操作员、程序员和用户的活动同时属于两个范畴，在讲述他们的故事时我们尽量尊重这一点。

有争议的历史记忆对象 ENIAC

ENIAC 的历史并没有随着 1955 年它的退役而结束。花在宣传 ENIAC 和制作纪念品的时间比它处理数字和打卡的时间还多。从 ENIAC 作为一个衡量新计算机优越性的方便的标准，到最近作为一台由女性编程的计算机而享有的声誉，在第十二章中我们用记忆研究领域的一些观点来探索几十年来它在大众意识当中的变化。

这些内容不可能从前面章节的叙述中完全分离出来。在试图重现 ENIAC 历史的诸多样貌之时，如操作人员培训、它的公开声明，以及设计者们和约翰·冯·诺伊曼为设计下一代计算机的合作，我们发现重要的参与者在几十年后发表的声明经常会相互矛盾。这在某种程度上可能要归咎于人类记忆的变化无常，以及人们事后把行为拼接成连贯的叙事使之合理化的心理过程。许多分歧都与埃克特和莫奇利在 1947 年 6 月申请 ENIAC（数字计算机）专利后冗长而令人不快的一系列法律程序直接相关。他们花在争论 ENIAC 上的时间比建造它的时间多得多。在 ENIAC 签订第一份合同后不到三年，埃克特和莫奇利就离开了宾夕法尼亚大学，想去试试作为企业家的运气。相比之下，从 ENIAC 的研究开始到 1973 年 10 月专利最终失效，则整整过去了 30 年。

从 20 世纪 50 年代开始，ENIAC 项目的许多参与者不断地受到质询、宣誓作证、受聘为顾问（译者按，被律师聘请为技术顾问），或者被代表不同公司的律师传唤。他们学会了谨慎而有选择地谈论其他早期项目对 ENIAC 的影响，或者根本就不谈影响。到了 20 世纪 70 年代，对立的 ENIAC 元老们的宣誓证词对主要事件的描述完全是两个不同的版本。这些人，包括亚瑟·博克斯、赫尔曼·戈德斯坦（Herman Goldstine）和琼·巴蒂克，继续撰写了大量关于 ENIAC 和它在历史上的地位的文章 [27]。他们的叙述提供了其他文献所没有的细节和见解，但也深受作者在后来的知识产权之争中所处位置的影响。例如，参与了 ENIAC 大量设计的亚瑟·博克斯，后来试图把自己作为合作者加入专利发明者，以获得许可费用 [28]。他和妻子艾利斯编写了权威的 ENIAC 技术历史，并详尽地描述了阿塔纳索夫早期计算机的能力和命运 [29]。他们是细心的研究人员，在某些地方，我们依赖于他们书中的技术细节。我们还引用了一些亚瑟未完成的关于早期计算的书中的片段。但他们的工作——尤其是艾利斯的书《谁发明了计算机？》（*Who Invented the Computer?*）深受诉讼经历的影响 [30]。书中充满了对莫奇利性格的批判，以及对假想敌的谩骂攻击。书中关注的问题，除了参与者及其直系亲属之外，对任何人来说都是无关紧要的。

在本书的几处，我们停下来讨论相互矛盾的说法，探索叙事是如何随着时间而改变的，如果有可能，我们会使用档案证据来评估某些故事的可信性。这些事件已成为历史记忆建构的个案研究。之前的许多报道都不加批判地接受回忆录或口述历史采访，因此我们认为，应当深入调查这些流行的故事，而不能简单地不加评判地就用它们代替我们自己的叙述，这一点非常重要。

历史学家和记者对口述历史和回忆录的依赖，尤其是一些人们津津乐道的轶事，严重扭曲了对 ENIAC 诸多方面的主流理解。例如，已经有大量讨论的，关于 ENIAC 在 1946 年 2 月发布时，被设置完成炮弹弹道的计算并公开展示的过程。这项任务归功于谁曾经引起激烈的争论，然而，参与者和历史学家也倾向于认为，这项任务开展的时间只有几周，最多几个月，甚至在雇用第一批操作员之前 ENIAC 很不重视编程方法。于是这项有争议的工作成了一个神话——在第一台可编程计算机上完成的第一次编程[31]。这些都使人产生误解，认为 ENIAC 在设计和建造时对于如何配置系统进行工作只有模糊的认识。

回到原始的档案材料能够使我们呈现更复杂的画面，并将 ENIAC 编程的发展置于更广阔的整体应用背景之下。事实上，炮弹弹道计算应用在项目早期就已经开始规划，从 1943 年秋天开始制作配置图和时序图，与 ENIAC 基本构件累加器的详细设计同时进行，并对累加器的设计起了帮助作用。在设计 ENIAC 的许多其他部件之前，也是在雇用操作人员之前，这项工作就已经基本完成。在这些方面，我们的目标与其说是为有争议的问题提供答案，不如说是寻找不同的更好的问题，引导我们更深入地了解 ENIAC 的非凡历史。

注 释

[1] Douglas R. Hartree, *Calculating Machines:Recent and Prospective Developments and Their Impact on Mathematical Physics* (Cambridge University Press, 1947), 24 and 27.

[2] Bruno Latour, *Science in Action:How to Follow Scientists and Engineers through Society* (Harvard University Press, 1987).

[3] Peter Galison and Bruce Hevly, *Big Science:The Growth of Large-Scale Research* (Stanford University Press, 1992).

[4] 参见 :Nancy Beth Stern, *From ENIAC to Univac:An Appraisal of the Eckert-Mauchly Computers* (Digital Press, 1981), 16–23; Atsushi Akera, *Calculating a Natural World:Scientists, Engineers, and Computers During the Rise of U.S. Cold War Research* (MIT Press, 2007), 第一章和第二章 .

[5] 这个观点与阿克拉的书《计算自然世界》(*Calculating a Natural World*) 是一致的，这本

书将 ENIAC 置于"知识生态"之中。

[6] 在其最多产的 20 世纪 50 年代早期，ENIAC 仍然有"25% 的时间用于火炮和炸弹的轨迹计算" [Harry L. Reed Jr., "Firing Table Computations on the Eniac," in *Proceedings of the 1952 ACM National Meeting* (Pittsburgh), Association for Computing Machinery, 1952].

[7] H. R. Keith, letter to R. E. Clement, October 27, 1952, Cuthbert C. Hurd Papers (CBI 95), Charles Babbage Institute.

[8] Peter Galison, "Computer Simulation and the Trading Zone," in *The Disunity of Science:Boundaries, Contexts, and Power*, ed. Peter Galison and David J. Stump (Stanford University Press, 1996) ; Anne Fitzpatrick, *Igniting the Light Elements:The Los Alamos Thermonuclear Weapon Project*, 1942–1952 (Los Alamos National Laboratory, 1999).

[9] Alice Burks, *Who Invented the Computer? The Legal Battle That Changed Computing* (Prometheus Books, 2003) and Jane Smiley, *The Man Who Invented the Computer:The Biography of John Atanasoff*, Digital Pioneer (Doubleday, 2010).

[10] Alice R. Burks and Arthur W. Burks, *The First Electronic Computer:The Atanasoff Story* (University of Michigan Press, 1989).

[11] 早期一本很有影响力的把 Colossus 描述为"专用的程序控制电子数字计算机"的著作里引入了这个特点 (Brian Randell, "The Colossus," in *A History of Computing in the Twentieth Century*, ed. Nicholas Metropolis, Jack Howlett, and Gian-Carlo Rota, Academic Press, 1980)。关于机器使用情况的完整信息，参见 Jack Copeland, *Colossus:The First Electronic Computer* (Oxford University Press, 2006).

[12] Michael R. Williams, "A Preview of Things to Come: Some Remarks on the First Generation of Computers," in *The First Computers:History and Architectures*, ed. Raúl Rojas and Ulf Hashagen (MIT Press, 2000).

[13] 同 [12]。

[14] George Dyson, *Turing's Cathedral:The Origins of the Digital Universe* (Pantheon Books, 2012); Martin Campbell-Kelly and William Aspray, *Computer:A History of the Information Machine* (Basic Books, 1996).

[15] Michel Callon, "Some Elements of a Sociology of Translation: Domestication of the Scallops and the Fishermen of St Brieuc Bay," in *Power, Action and Belief:A New Sociology of Knowledge?*, ed. John Law (Routledge, 1986).

[16] Trevor Pinch and Richard Swedberg, eds., *Living in a Material World* (MIT Press, 2008).

[17] 部分因为计算机技术的进步很快就向微型化方向发展，用计算机展示现代科学的先进性受到的关注没有射电望远镜这样突出的纪念性结构那么多。参见 Jon Agar, *Science*

and Spectacle: The Work of Jodrell Bank in Post-War British Culture (Routledge, 1998).

[18] Walter Isaacson, "Walter Isaacson on the Women of ENIAC," *Fortune*, October 6, 2014. 在 *The Innovators* (Simon & Schuster, 2014) 这本书的其他地方，艾萨克森确实讨论了埃克特、莫奇利和戈德斯坦的工作，所以这些话更多的是一种修辞奉承，而不是要系统性地抹杀 ENIAC 实际的设计师、工程师和建造者这些角色的贡献。

[19] Wendy Hui Kyong Chun, *Programmed Visions:Software and Memory* (MIT Press, 2011), 34.

[20] 学者们借用电子工程的术语，称技术设备或科学理论的内部运作是"黑盒子"。在这个表达的最初含义中，"黑盒子"是一个子系统，工程师只需要关注其文档描述的输入和输出规范，而不必关心内部发生了什么。

[21] Langdon Winner, "Upon Opening the Black Box and Finding It Empty: Social Constructivism and the Philosophy of Technology," *Science, Technology, & Human Values* 18, no. 3 (1993): 362– 378.

[22] Martin Campbell-Kelly, "The History of the History of Software," *IEEE Annals of the History of Computing* 29, no. 4 (2007): 40– 51.

[23] Maarten Bullynck and Liesbeth De Mol, "Setting-Up Early Computer Programs: D. H. Lehmer's ENIAC Computation," *Archive of Mathematical Logic* 49 (2010): 123–146; Liesbeth De Mol, Martin Carle, and Maarten Bullynck, "Haskell before Haskell: An Alternative Lesson in Practical Logics of the ENIAC," *Journal of Logic and Computation*, online preprint, 2013. ENIAC 设置的细节还可以参考 Brian J. Shelburne, "The ENIAC's 1949 Determination of π," *IEEE Annals of the History of Computing* 34, no. 3 (2012): 44–54.

[24] Paul Edwards, *A Vast Machine:Computer Models, Climate Data, and the Politics of Global Warming* (MIT Press, 2010) ; Kristine C. Harper, *Weather by the Numbers:The Genesis of Modern Meteorology* (MIT Press, 2008).

[25] Galison, "Computer Simulation and the Trading Zone."

[26] Nick Montfort and Ian Bogost, *Racing the Beam:The Atari Video Computer System* (MIT Press, 2009) 中倡导的"平台研究"方法是与我们的工作最直接相关的方法。"软件方法"可参考 *Software Studies: A Lexicon,* ed. Matthew Fuller (MIT Press, 2008).

[27] Herman H. Goldstine, *The Computer from Pascal to von Neumann* (Princeton University Press, 1972); Jean Jennings Bartik, *Pioneer Programmer:Jean Jennings Bartik and the Computer That Changed the World* (Truman State University Press, 2013); Arthur W. Burks and Alice R. Burks, "The ENIAC: First General-Purpose Electronic Computer," *Annals of the History of Computing* 3, no. 4 (1981): 310–399.

[28] 博克斯在 20 世纪 60 年代和 70 年代 ENIAC 专利诉讼中参与的细节在 AWB–IUPUI 中有详细的记载。这些资料里包括博克斯计算他期望作为 ENIAC 的共同发明人获得的经济回报使用的概率树。

[29] Burks and Burks, "The ENIAC" ; Burks and Burks, *The First Electronic Computer*.

[30] Alice Burks, *Who Invented the Computer? The Legal Battle That Changed Computing* (Prometheus Books, 2003).

[31] 目前还不完全清楚为什么会出现这种情况，因为人们早就知道，ENIAC 在公开发布前几周就为洛斯阿拉莫斯运行了高度复杂的计算。

第一章

孕育 ENIAC

数十人经过几年的努力使 ENIAC 变成现实，在这群人中，小约翰·普雷斯帕·埃克特和约翰·威廉·莫奇利是公认的 ENIAC 的发明者，因为他们是 1947 年提交的专利申请上的两个署名。1970 年，美国联邦法院的法官最终宣判该专利无效，不过同时也驳回了对这项专利作出相当贡献的其他几个人要求被列为共同发明人的主张，两人大概只有对此还能感到一点些微的安慰吧 [1]。

ENIAC 的发明者

制造电子计算机的想法出自两人中较年长的莫奇利。根据历史学家阿齐兹·阿克拉（Atsushi Akera）的说法，莫奇利当时三十多岁，是经济不稳定的中产阶级，他的梦想是能像父亲那样从事研究工作，但他获得分子物理学博士学位的时候，大萧条开始了，错误的时机阻碍了梦想的实现。莫奇利在费城附近的一所小型师范学院乌尔辛纳斯（Ursinus）任职，是学校唯一的物理教师。他在教学的同时寻找机会积累研究记录，学习科学领域的技能，为更美好的职业前景做准备。莫奇利对电子学很感兴趣，尤其是利用电路实现自动控制和数字计数。1940 年，他开始研究自动化气象统计的电子机器，并与其他有类似想法的人取得了联系。1941 年 6 月，应约翰·阿塔纳索夫的邀请，莫奇利前往爱荷华州，参观了阿塔纳索夫和克利福德·贝里（Clifford Berry）在爱荷华州立大学艾姆斯分校建造的电子计算机。阿克拉说，莫奇利决定放弃带薪的暑期工作，参加宾夕法尼亚大学为满足战时需求举办的科学家电子技能培训项目，这个决定使他的职业生涯发生了根本性的"转变"[2]。

在培训班的课堂上，莫奇利遇到了埃克特。埃克特是一名年轻聪明的硕士研究生，在电子学方面天赋非凡，他负责这门课的教学实验室。埃克特来自当地一个富裕家庭，在私立的精英学校读书，每天有司机开车接送[3]。对工程的热爱把他从家族的房地产生意吸引到了实验室。

电子学与战争

莫奇利参加的暑期项目由摩尔电气工程学院（Moore School of Electrical Engineering，以下简称摩尔学院）组织。摩尔学院成立于 1923 年，1941 年该学院仍然由充满活力的创始院长哈罗德·彭德（Harold Pender）领导。那时，电气工程与较早的军事、土木和机械工程等学科一样，已经牢固地成为一门专业和研究领域。虽然宾夕法尼亚大学历史悠久，但在 20 世纪 40 年代它整体上并不属于一流的美国大学。常青藤学校的学生有优越的学术背景和动力，但他们主流的选择并不是工程专业，工程专业往往更吸引普通家庭的实用型学生。摩尔学院有着坚实的声誉，但与麻省理工学院的电气工程系相比规模小一些，对大规模研究和将最新科学发现融入工程实践的关注也比较少。

为什么迫切需要有电子知识的科学家？ 20 世纪 40 年代开始出现一些电的新型应用，被看作新学科"电子工程"的领域。由于电的定义是电子在导体中的流动，这个术语需要科学家们的解释。自 19 世纪 80 年代以来，电力已经被成功地商业化了，人们通常用电来加热或驱动电机转动。

电子学起源于无线电工程技术的延伸。在无线电中，电用来放大信号，而不是转动或加热机械部件。二极管和三极管是电子系统的基本构件，最早在 20 世纪 20 年代以真空管的形式实现。真空管由白炽灯泡演变而来，白炽灯泡是一种玻璃泡，在这种玻璃泡中，纤细的金属丝与大气隔离，保证导电的时候不会被烧坏。灯泡的作用是将电流转化为可见光，而真空管的作用则是通过多种方式控制电流。二极管只在一个方向传导电流。三极管有三个端子，是放大器的基本元件。与其他更专业的电子管一起，它们成为收音机、电话和电报网络以及电视的基本元件。摩尔学院拥有大批精通电子技术的工程师，这在很大程度上要归功于无线电技术的成熟，以及费城作为真空管和收音机生产中心的地位。

战争就在眼前，迫切需要新的电子传输方式。雷达是其中最重要的一项新技术，20 世纪 30 年代末首次在英国投入使用。雷达技术使得地面站，甚至最后是便携式空降站，都能够在飞机飞得太远以至于肉眼无法看见，或者被云层和黑暗遮蔽的情况下仍然能探测到它们。雷达系统从不成功的早期原型走向实用的关键一步就是放弃传输连续信号照亮目标（如传统的无线电应用）的方法，转而传输一系列脉冲，通过测量脉冲遇到物体后被反射返回的时间，而不是通过发现脉冲频率的变化来感知目标。用当时的术语来说，这是从信号分析的"频域"到"时域"的转变。快速可靠地产生脉冲并通过电子电路进行处理所需的技术，对后来电子数字计算机的发展也至关重要。

埃克特后来写道，在制造数字计算机 ENIAC 时，"雷达开关和时序电路的影响"比他"使用模拟计算机的经验"更为重要，也更有意义，模拟计算机对 ENIAC 的建造没有多少帮助[4]。埃克特参与过摩尔学院和麻省理工学院合作的雷达项目，在这个项目中他第一次接触到以数字方式测量雷达脉冲返回时间的计数电路[5]。莫奇利在去世前说，雷达启发了 ENIAC 的观点没有"一丝真理"，并坚持认为他的数字计算方法在很大程度上基于"原子能和宇宙射线实验室的'计数电路'"[6]，其实说的是他决定将数字电子技术应用于科学计算的思想来源（由于 ENIAC 的专利纠纷，他尽力淡化阿塔纳索夫项目的任何影响）。然而，人们对雷达在战争中的应用兴趣高涨，对这个雄心壮志的实现起了重要的作用，它把数字脉冲技术和设备传播到需要的地方，如摩尔学院，和需要的人那里，如普雷斯普·埃克特和霍默·斯宾塞（Homer Spence）。霍默·斯宾塞是 ENIAC 的无名英雄，在这台机器的整个生命周期里，他几乎一直在为它服务，在保持机器可靠运行方面，他比其他任何人做的都多[7]。

孕育 ENIAC

1941 年 9 月，为填补摩尔学院支持战争相关项目进行重组而留下的职位空缺，院长哈罗德·彭德聘用莫奇利在摩尔学院工作[8]。1943 年 4 月，莫奇利和埃克特起草的 ENIAC 项目申请获得批准，这满足了他长期以来希望从事电子计算技术工作的愿望。这个提议深受摩尔学院环境的影响，尤其是战争期间与马里兰州附近阿伯丁试验场的弹道研究实验室的合作。

阿伯丁试验场是美国现代军事的典范，它在第一次世界大战期间建造，历史学家戴维·艾伦·格里尔（David Alan Grier）称它是"那个时代的曼哈顿计划"。试验场建设在切萨皮克湾（Chesapeake Bay）的海岸上，离华盛顿、军事设施和军火生产商都很近。为了它的建设，还曾经迁移了 3.5 万英亩土地上居住的 1.1 万居民[9]。除了炮弹频繁爆炸、炸弹投掷和小型导弹试射以外，那里的环境有如田园牧歌般美好。各种与军械有关的科学工作都在那里进行，其中对 ENIAC 发展最重要的是制作射表所涉及的数学问题。

射表编制

手枪和来复枪通过指向目标来瞄准。即使超出 20 世纪 40 年代专业狙击手的最大有效射程范围（大约 1 000 码），也可以用肉眼或简单的试探法调整以抵消重力或风的影响。但炮弹的使用方式非常不同，其目标可能在几英里外。炮筒的方向和高度由控制装置来设定，炮弹飞行的距离也会受到所用武器的种类、飞行高度（引起空气密度的改变）和风速的影响。每门炮的射表都规定了向一定距离外的目标发射某种炮弹所需的标高，补充校正表则允许炮手根据火药的温度、炮身的倾斜度和其他变量进行补偿[10]。

不同类型的发射需要的信息不同。例如，防空炮发射的炮弹是通过定时引信爆炸的，因此炮手每隔一段时间就需要了解炮弹在飞行过程中的高度，这样炮弹才会在目标飞机附近爆炸。

在制作射表中，每种枪械和弹药的组合都是一个复杂的经验和数学的混合过程。这个过程的第一步是弹道实验室进行射程测试，向不同高度发射大约 10 轮炮弹，测量炮弹飞行的距离，并将其"还原轨迹"与观测数据进行拟合。过程中产生的数值系数代入标准的弹道方程。其中，最耗时的部分是反复求解弹道方程，绘制不同发射高度的炮弹轨迹。计算出的每条弹道都是完整射表中的一行信息。

No.	描述 Description	Symbol	Unit	4 000	4 100	4 200	4 300	4 400	4 500	4 600	4 700	4 800	4 900	5 000	5 100
20	空气密度增加 1% One per cent in air density	Den.	yd.	−14	−14	−15	−15	−15	−16	−16	−16	−17	−17	−18	−18
19	后风速度增加 1 m.p.h. Rear wind 1 m.p.h.	W-R	yd.	+3.7	+3.8	+4.0	+4.2	+4.4	+4.6	+4.8	+5.0	+5.2	+5.4	+5.6	+5.8
18	空气温度增加 1° 标准温度是 59° Air temperature 1° Standard is 59°	Temp.	yd.	+1.1	+1.2	+1.2	+1.3	+1.4	+1.4	+1.5	+1.6	+1.7	+1.7	+1.8	+1.9
17	每秒 1 英尺 One foot per second in MV	VE	yd.	+2.3	+2.4	+2.4	+2.4	+2.5	+2.5	+2.5	+2.5	+2.6	+2.6	+2.6	+2.6
16	弹体重量增加 1% 标准重量是 15.961 磅 One per cent in weight of projectile standard weight 15.961b.	Wt.	yd.	−1	−1	−1	0	0	0	0	+1	+1	+1	+2	+2
15	位置减少 1 mil −1 mil of site		mil	−.01	−.01	−.01	−.02	−.02	−.02	−.02	−.02	−.02	−.02	−.02	−.02
14	位置增加 1 mil +1 mil of site		mil	+.01	+.01	+.01	+.02	+.02	+.02	+.02	+.02	+.02	+.02	+.02	+.02
13	侧风增加 1 m.p.h.(+) Lateral wind of 1 m.p.h.(+)	W-D	mil	.4	.4	.4	.5	.5	.5	.5	.5	.5	.5	.5	.5
12	偏流 Drift	Dft.	mil	R4	R4	R4	R4	R4	R4	R4	R4	R5	R5	R5	R5
11	气象信息行号 Line no. of metro message	Line	No.	1	1	1	1	2	2	2	2	2	2	2	2
10	降落坡度 Slope of fall	Slope	1/−	5.5	5.3	5.1	4.9	4.7	4.5	4.3	4.2	4.0	3.9	3.7	3.6
9	空炸高低 Height of burst		mil	1	1	1	1	1	1	1	1	1	1	1	1
8	方向 Deflection	ePd	yd.	1	2	2	2	2	2	2	2	2	3	3	3
7	距离 Range	ePr	yd.	11	12	12	12	12	12	12	12	12	13	13	13
6	飞行时间 Time of flight	Time	sec.	10.2	10.5	10.9	11.2	11.6	11.9	12.3	12.6	13.0	13.3	13.7	14.0
5	高角变化 1mil 时距离改变量 Change in range for 1-mil change in elevation	1 mil	yd.	22	21	21	21	20	20	20	19	19	19	19	18
4	距离变化 100yd 时高低改变量 Change in elevation for 100-yd change in range	c	mil	4.6	4.6	4.8	4.8	4.8	5.0	5.0	5.0	5.2	5.2	5.4	5.4
3	叉 *Fork	F	mil	2	2	2	2	2	3	3	3	3	3	3	3
2	高度 Elevation	El	mil	122.0	126.6	131.4	136.2	141.0	146.0	151.6	156.0	161.2	166.6	172.0	177.6
1	距离 Range	R	yd.	4 000	4 100	4 200	4 300	4 400	4 500	4 600	4 700	4 800	4 900	5 000	5 100

图 1.1　75 mm 火炮射击表摘录，其中含有等距射程间隔的弹道信息。（保罗·汉森，《数学的军事应用》，麦格劳－希尔出版社，1944 年，84 页）

* 译者注，叉（fork），指撞击中心移动 4 个公算偏差所需的高度变化。

3 英寸高射炮弹道数据 M1917, M1917MI, M1917MII, M1925MI
TRAJECTORY DATA FOR 3-INCH ANTIAIRCRAFT GUN
M1917, M1917MI, M1917MII, AND M1925MI

AA Shrapnel, Mk. I　　　　　　　　　　　　　　　　　　　　FT3 AA-J-2a
Part 2a　　　　　　　　　　　　　　　　　　　　　　　Fuze, Scovil, MK. III

(MV=2,600 f/s)

射角（φ）=500 mils　　　　　　　　　　　射角（φ）=600 mils
Quadrant elevation(φ)=500 mils　　　　　*Quadrant elevation(φ)=600 mils*

飞行时间 Time of flight	引信 Fuze set-ting	水平射程 Hori-zontal range	高度 Altitude	高低角 Angular height	飞行时间 Time of flight	引信 Fuze set-ting	水平射程 Hori-zontal range	高度 Altitude	高低角 Angular height
t	F	R	H	$\in$	t	F	R	H	$\in$
(Sec.)	(Sec.)	(Yds.)	(Yds.)	(Mils.)	(Sec.)	(Sec.)	(Yds.)	(Yds.)	(Mils.)
1	1.2	706	372	494	1	1.2	666	440	594
2	2.4	1,316	683	488	2	2.4	1,239	809	588
3	3.5	1,850	946	481	3	3.5	1,745	1,123	582
4	4.6	2,325	1,169	474	4	4.6	2,196	1,393	576
5	5.7	2,755	1,360	467	5	5.6	2,603	1,627	569
6	6.8	3,149	1,526	460	6	6.7	2,977	1,832	562
7	7.8	3,515	1,670	452	7	7.7	3,326	2,013	555
8	8.8	3,860	1,795	443	8	8.7	3,656	2,173	547
9	9.8	4,191	1,904	434	9	9.7	3,972	2,316	538
10	10.9	4,511	1,998	425	10	10.7	4,278	2,444	529

图 1.2　高炮射击手册中给出的等间隔时间的详细弹道信息。[陆军部，海岸炮兵野战手册。高射炮：射击，火控，定位，高射炮（FM4-110），政府印刷局，1940, 314]

计算轨迹

每条轨迹的计算是制作各种射表的关键。炮弹离开膛体后的路径是外弹道学课题[11]。该路径由一对二阶微分方程定义，炮弹与炮口之间的水平距离和垂直距离可被定义为时间的函数。虽然方程很简单，但由于需要建立空气阻力随炮弹速度变化的非线性模型，所以求解很复杂。无论是重新排列符号、检查替换规则，还是查找积分，都无法得到精确的解析解。教微积分的老师可以只选择有简洁解法的方程，弹道实验室的数学家们却无法忽略风阻，或去解决别的应用问题。和大多数由科学家和工程师建立的微分方程一样，弹道方程需要更复杂的数值逼近技术。

第一次世界大战之前，大多数火炮都是在相当平坦的轨迹上发射的，用意大利数学家弗朗西斯科·西亚奇（Francesco Siacci）的方法来计算，便可以达到很高的精度。然而，堑壕战要求火炮高度更高，保证发射的炮弹安全越过友军飞向敌人，新的防空问题也需要把火炮发射到比以前更高的高度。西亚奇的方法并不适合这些轨迹。第一次世界大战后美军逐渐采用了更通用的数值积分方法，把炮弹轨迹分成许多小的时间间隔[12]。弹道方程描述了所发射炮弹的水平速度和垂直速度的变化。速度可以先在 0.01 秒处计算，然后在 0.02 秒处再计算，以此类推。利用这些速度反复更新对炮弹位置的估计，如此可以计算出整个空中弹道的轨迹。虽然数学上很简单，但计算非常耗时。大多数射表都不能直接计算；相反，通用弹道表可以用来推导特定武器的射表。第一次世界大战开始后的射表系列计算，直到 1936 年才完成。幸运的是，自动计算即将开始发挥作用。

微分分析仪

20 世纪 30 年代初，麻省理工学院的万尼瓦尔·布什和同事发明了微分分析仪，这是第一台可以求解微分方程的机械机器[13]。这台宏伟装置的中心是一个轴，操作员将机械积分器和处理其他特定问题的部件按配置安装在上面。笔状的绘图臂用来跟踪输入曲线，机器将算出的解输出在另一张纸上。在微分仪内部，数字通过轴的旋转以模拟的形式表示。积分器把这些不断变化的量值累加起来，例如，提供以速度为变量的射弹飞行总距离函数。

摩尔学院与阿伯丁试验场通过微分分析仪建立了密切的联系。欧文·特拉维斯（Irven Travis）1931 年加入摩尔学院，很快成为那里的"机器"专家[14]。在苦苦思索非线性微分方程的解法时，他想到可以申请联邦政府的大萧条救助基金（federal Depression relief funds）在摩尔学院制造一台分析仪[15]。特拉维斯访问了麻省理工学院，以了解更多的情况。由于需要政府资助才能获得资金，他也向附近的阿伯丁试验场求助[16]。万尼瓦尔·布什之前曾经建议用分析仪来编制射表[17]。现在他们达成了一项协议：摩尔学院拿出合适的设计方案，用救助资金为摩尔学院和试验场各生产一台机器。一旦发生战争，试验场可以接管摩尔学院的分析仪[18]。摩尔学院的分析仪在 1934 年末完成。试验场的分析仪于 1935 年投入使用，它被安置在新研究部门的计算分部。这个部门 1938 年被重新命名为弹道研究实验室（Ballistic Research Laboratory），简称 BRL[19]。

特拉维斯在摩尔学院继续积极研究分析仪。1940 年，他为通用电气（General Electric）撰写了一份报告，描述了分析仪的数字版本，该版本使用现成的加法机，而不是专门的模拟仪器[20]。另一个对分析仪感兴趣的人是约翰·格雷斯特·布雷纳德（John Grist Brainerd），他是摩尔学院的研究主任，负责与阿伯丁试验场的联络工作，在 20 世纪 40 年代早期发表了许多关于应用数学各种主题的计算方法的论文[21]。

分析仪可以在大约 15 分钟内计算出一条轨迹，而使用台式机械计算器的人则需要两个完整的工作日（尽管人类算出的结果更准确）。但由于每个射表都需要计算上百条单独的轨迹，积压的工作日益增长[22]。1940 年，随着战争临近，弹道研究实验室根据合同规定，接管了摩尔学院的分析仪[23]。摩尔学院的工作人员接受了分析仪的维护和操作培训。此外，学校还成立了一个人工计算小组。人工计算小组主要由女性"计算员"组成，基本上靠手工计算。

图 1.3 微分分析仪，凯·麦克纳尔蒂（Kay McNulty），艾丽斯·斯奈德（Alyse Snyder）和西斯·斯坦普（Sis Stump）在摩尔学院地下室进行操作。（美国陆军照片，西北密苏里州立大学琼·詹宁斯·巴蒂克计算博物馆提供）

电子设备的救援

1942 年，美国处于战争状态，对射表的需求持续增长。现有的射表只包括有限的距离因子，错误率也不可接受 [24]，因而需要更换。更换的理由很简单，双方在战场上的伤亡大多是由迫击炮和火炮造成的 [25]。最初的几次射击——在被瞄准的士兵隐蔽之前——最为致命，早期射击的准确性即便只有小小的提升，对战争也会带来明显的好处 [26]。

摩尔学院的射表计算小组正在挑战现有劳动力所能做到的极限。1942 年底，100 多名妇女被分配到这个小分队，她们住在宾夕法尼亚大学校园里的一栋小建筑物里，每周工作 6 天，两班倒连续工作 [27]。但是她们的产出远远落后于计划，很明显，这项工作要到战争结束以后很久才能完成。

莫奇利很清楚这些情况。1941 年和 1942 年期间，他花了一些时间熟悉分析仪的工作原理和使用方式。1941 年 6 月，在特拉维斯去海军服役之前，他们讨论了电子计算机的可能性 [28]。莫奇利还参与了手工计算，负责对一种新型雷达天线进行计算评估，他的妻子玛丽（Mary）是计算小组的成员之一。

迫在眉睫的计算工作，给莫奇利提供了一个为发展电子计算技术进行辩护的新机会。在 1942 年 8 月的一份题为《使用高速真空管进行计算》的备忘录中，他描述了一种可以大大加速轨迹计算的机器 [29]。1943 年 1 月，布雷纳德把报告送还给莫奇利，并对他说："很明显，在不久的将来，劳动力短缺会成为开发这一项目的充分理由。"弹道实验室在摩尔学院的联络官赫尔曼·戈德斯坦中尉（Herman Goldstine）负责监督计算小组的工作，他直接推动了这个项目的进展。戈德斯坦拥有芝加哥大学的数学博士学位。1943 年春，他阅读了莫奇利的备忘录，确信莫奇利所描述的机器能够有效解决其团队所面临的严重延误问题。

戈德斯坦和保罗·吉隆（Paul Gillon）上校讨论了莫奇利的想法。吉隆在弹道实验室的时候是戈德斯坦的第一个主管，但很快就被调到了军械长办公室研究与材料处（The Research and Materials Division of the Office of the Chief of Ordnance）。他们一致认为，"军械部有必要为摩尔学院的这个用于导弹弹道计算的电子数字计算机项目提供资助"[30]。弹道实验室要求摩尔学院提交一份更正式的提案。布雷纳德、莫奇利和埃克特迅速准备了"关于电子微分分析仪的报告"[31]。之所以选择这个新术语，是因为报告的读者对摩尔学院的微分分析仪很熟悉[32]。提案强调了新机器电子微分分析仪与已有微分分析仪在结构上的相似性；事实上，"微分分析仪"在整体上与欧文·特拉维斯1940年描述过的数字版的微分分析仪有很多相似之处[33]。

摩尔学院的代表于1943年4月9日访问了阿伯丁，并讨论了这项提案，"不久之后，负责弹道实验室的西蒙上校（Colonel Simon）表示，他有意在预算里为这个项目拨出15万美元"。在4月20日的另一次会议后，吉隆说："其潜力是如此的重要，军队应该把钱投进去。"[34]这份报告为1943年6月最终敲定正式合同奠定了基础，虽然报告里明显缺少了对电路的描述，且对计算机的控制方法的描述也依然模糊。

布雷纳德向弹道实验室承诺，"分析仪"将"能够承担当时阿伯丁试验场计算部门约200个劳动力的大部分工作"，同时还包括阿伯丁和宾夕法尼亚大学的机械微分分析仪，以及阿伯丁的许多IBM机器所能完成的工作，"此外，虽然现在还不能取代某些大型项目如扩展弹道射表，但将来会的"。他承诺，这项工作将比目前所能做到的更快、更准确。它能够完成"人类'计算员'使用计算设备可以做到的几乎一切过程"，支持"整个射表计算过程的自动化"，"从而取代机械分析仪运转之后大量的手工和机器工作"[35]。

ENIAC的初始设计仅在一个方面与以前的计算机大相径庭：ENIAC使用真空管实现控制单元和算术电路，并将其所处理的数字存储起来。早期的机器用轴上齿轮的位置、卡片上的穿孔或电动继电器开关的位置来表示数字。即便数字可以快速相加，仍然需要从这样的介质中读取数据，并在下一步计算之前将结果写回。机械元件的工作速度比ENIAC的纯电子电路慢了几千倍。

依靠真空管作为程序执行期间修改数字的唯一存储机制，这一做法确实是非常激进的。它需要在速度（非常高）与成本（也非常高）、容量（相当有限）与复杂性（非常壮观）之间进行权衡。当时，电子计数电路并非完全不为人所知，但它仍然是电子学领域中一个困难而艰深的领域。南希·贝斯·斯特恩（Nancy Beth Stern）指出，NCR 和 RCA 等工业开发实验室一直在努力把这项技术投入应用。而协调战时技术项目的国防研究委员会（National Defense Research Committee）领导人对此却抱怀疑态度：数字计算机所需的技术是否已经成熟到可以生产有用的结果，并为战争作出贡献。他们对摩尔学院完成这个壮举的能力有所保留，摩尔学院是一个值得尊敬的研究中心，但并不是一流的研究机构[36]。

ENIAC 的原始提案

从一开始，ENIAC 的设计就与它所要解决的应用问题的相关概念联系在一起。1942 年，莫奇利把这个概念描述为"容易用迭代方程表示的公式"。他认为它的主要应用是求解微分方程的数值解，比如用微分方程计算轨迹。这种方法使问题可以"分步"解决，每一步或每一次循环都重复执行操作序列，直至得到需要的解[37]。

ENIAC 的设计工作似乎是以欧文·特拉维斯在 1940 年提出的微分分析仪的数字版本为起点的[38]。特拉维斯展示了如何通过将执行基本运算的功能单元联结起来，来求解差分方程。他的例子使用了三类功能单元：累加器（可以存储一个数字并与其他数字相加）、乘法器（计算两个数字的乘积）和加法器（将数字相加并传输，不存储结果）。

从模拟转换到数字，意味着计算机的各个单元必须有效地协调起来。在模拟的微分分析仪中，数字由连接各计算单元的轴的转动来表示，齿轮和积分器根据需要改变转速。从某种意义上说，计算是连续的。但如果积分器被加法机器取代，数字的计算和单元之间的通信就会变成离散事件序列。如何协调不同单元的行动，在需要时自动将数据从一个单元传输到另一个单元，并且使每个操作都能以正确的顺序进行呢？微分分析仪没有给出这些问题的答案，特拉维斯只是指出需要某种计时器。

莫奇利面临同样的问题，1942 年他对如何解决这个问题也是含糊其辞。他设想了一组算术单元，就像是一组人类计算员，每个人都从事特定的子计算，只在必要时才交换中间结果。为了用数字方法解方程，这台新机器将"依次执行多次乘法、加法、减法或除法"，且"循环执行运算操作，并逐步解出任何差分方程"。莫奇利提出，这台机器应该包括一个"程序装置"，可以协调单元之间的数值结果传输，并能够"把不同的传输和操作包含在一个周期内……每个周期可能有 15 或 20 个操作"，但他没有给出实现这一功能的技术细节 [39]。

在 1943 年的提案中，埃克特和莫奇利采用了特拉维斯的模块化方法。累加器用来存储数字，还有加法和减法的功能。这样加法器就不再是必需的了，但他们提出由专用单元来执行乘法和除法，以及用一个"函数生成器"（function generator）来提供函数值。查表是手工计算常用的功能，特拉维斯在设计中也包含了一个函数生成器。完整的功能单元清单还包括"常数发生器"以及用于输入和输出的"记录器"。

对于简单的问题，埃克特和莫奇利建议使用类似特拉维斯的"框图"。每个连接单元都有"输入"和"输出"端口，数字可以在单元之间直接传递。连接线在这台机器中起到通信作用，与旋转轴在分析仪中的作用相同。

该提案还更加详细地描述了如何解决协调问题。"程序控制单元包含按适当顺序启动计算步骤的控制电路"，所有其他单元都与它连接，由它确定其他单元何时通过数据终端读取和传输数字，何时清除累加器。这个方框图展示的是一个高度集中的控制系统，其密集的电线网络从程序控制电路延伸到各计算单元。"主脉冲发生器"产生的脉冲作为控制信号沿导线传递。究竟如何对所需的操作序列进行编码尚不清楚，只是简短地提到通过"程序选择器"从穿孔卡片上读取数据和信息序列 [40]。

这里给出更详细的例子（重新绘制，见图 1.4），显示"对外弹道学中常用的对方程进行逐步求解而设置程序的诸多可能方法之一"，并给出有关微分分析仪计算结构的更清晰的想法 [41]。

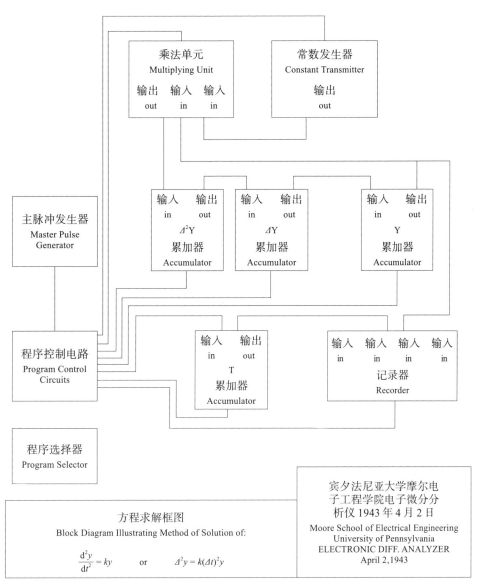

图 1.4　1943 年 ENIAC 项目提案中设置机器解决调和方程的示意图。（宾夕法尼亚大学档案馆）

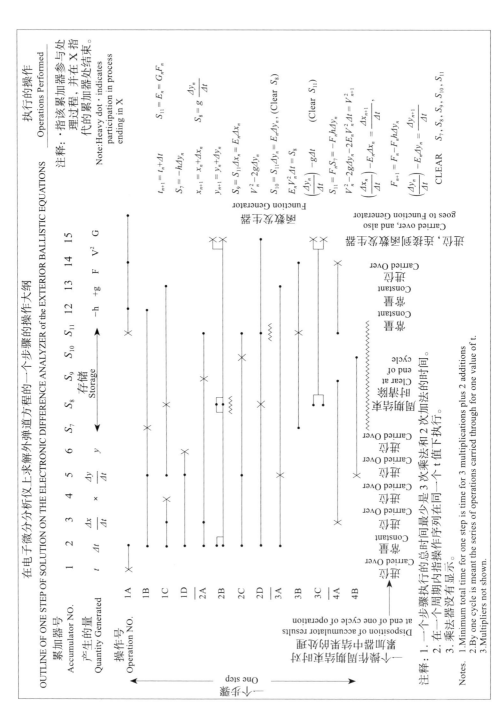

图 1.5　1943 年 ENIAC 项目提案中包含了这张详细的示意图，展示了机器的各个部件如何协同工作，以及执行计算轨迹所需的一系列操作。（宾夕法尼亚大学档案馆）

计算以表格的形式表示，让人联想到手工计算时代使用的表格。这些纸通常被分成几列，每列对应一个数学变量，在计算过程中计算员（人）连续写入该变量的值。在埃克特和莫奇利的图中，列表示累加器，每一列都用一个表达式来描述它的内容。但表格里不是实际的数值，而是表格右侧方程的操作是何时以及如何执行的。每一行都指定了获取操作参数和存储结果的累加器。为了节省计算时间，可以同时执行的操作被分在一组——例如，第一组的所有操作同时开始，都完成后第二组操作才开始。这种同时执行不同逻辑操作的能力是ENIAC 的一个基本特征。

起步

1943 年 7 月，代号 PX 的项目正式启动，而项目准备工作在这之前就已经开始了。哈罗德·彭德指出，1943 年 4 月和 5 月完成了"大量采购"和一些项目工作，"当时我们的 PX 第一号合同已经确定，但还没有财务账号"[42]。1943 年 5 月起草了一份项目需要的电气元件和仪器的详细清单，并向陆军部提供了工作人员名单，以便进行背景调查，还讨论了保护项目工作场所要采取的安全措施[43]。

1943 年 6 月初，军械部门向摩尔学院发出了一份正式的意向书，项目的行政细节也敲定了。彭德的描述是"为期 15 个月的 15 万美元的项目"，这意味着 ENIAC 将于 1944 年 9 月完工[44]。起步合同只有 6 个月，如果项目进展令人满意，将授予补充合同。1943 年 6 月底，布雷纳德给了摩尔学院的会计一份详细的预算[45]。

项目的人员配备

1945 年年中之前，莫奇利、戈德斯坦和埃克特一直是 ENIAC 计划的核心。莫奇利被公认是这个项目的最初领导者，尽管他的官方角色只是一个顾问。由于埃克特在电子学方面拥有卓越知识，他的重要性随着机器设计的开展和制造的临近而变得更加突出。埃克特和莫奇利仍然是摩尔学院的雇员，而戈德斯坦是陆军的主要代表，但这 3 个人都更强烈地认同 ENIAC 项目本身，而不是他们的雇主。他们作为一个团队工作，确保获得所需的资源。

在这 3 个人当中，最初只有埃克特全职参与这个项目。戈德斯坦继续监督摩尔学院的计算小组，并参与弹道研究实验室的其他各种项目（包括与高空轰炸和与气象学有关的项目）[46]。摩尔学院希望，即使签订了战时合同，包括莫奇利在内的教职员工也应该履行教学和行政职责。1943 年 2 月，在开始准备 ENIAC 提案之前不久，摩尔学院只有 9 名全职教员，"大约三分之二"的教员已经在为政府工作。另外增加几十个研究和实验室工程师、助理和机械车间工人使得摩尔学院的负担非常重[47]。很快，PX 项目在收入和人员方面就超过了该校其他十几个项目的总和。随着项目的进展，莫奇利开始全职投入，但后来又转为兼职。

最初的预算周期是从 1943 年 6 月到 1944 年 5 月，这期间项目经费部分资助了 18 名列在清单里的员工。薪金是预算中最大的类别，其次是各种物资用品。布雷纳德被任命为项目主管，埃克特和莫奇利是实验室主管。指定的 3 个研究工程师包括亚瑟·博克斯（兼职）和凯特·夏普勒斯（T. Kite Sharpless）。博克斯和莫奇利一样，也是一名博士，但他的博士学位是哲学而不是科学和工程学，他在摩尔学院的特殊暑期课程中接受了电子工程的再培训。研究工程师的人数最终增加到 9 人。博克斯仍然是设计团队里最重要的人。最初的花名册包括 5 名实验室工程师、3 名即将从学校毕业的初级工程师、4 名技术员、1 名助理技术员和 1 位秘书。所有下级职员都是全职的[48]。

实验室所必需的设备，诸如产品灯、手工工具、绘图桌、抽屉、轻型机床等，跟开一个小商店需要的一样多[49]。军械部的工作人员检查了摩尔学院的设施，建议采取"工厂保护措施"，增加窗户上的格栅、能上锁的门和灭火器，保护项目开发的房间。他们还建议增加 1 个守夜人[50]。

即使在和平时期，计算机设计项目也会对参与者的身心健康产生影响。ENIAC 建于战争期间，正常的人事政策暂停，假期有限，周六是法定的工作日，项目人员在大部分时间都是两班倒。战争结束后，约翰·布雷纳德写道："在战争期间建立一支队伍、获取物资、以双倍的速度进行……对负责人来说，这是一项每周 60 ~ 80 小时的任务，其中许多工作都是徒劳的，承诺无法兑现，货物被转移。每到周末，精神都面临崩溃。"[51] 他说得并不夸张。

数字和累加器

在 1943 年 7 月 10 日的会议记录中，凯特·夏普勒斯提道："莫奇利滔滔不绝地向团队解释，他们的首要任务是打造一个'电子版'的计算机器。"[52] 机器内部的通信通过电脉冲的传输来实现，例如，数字 7 可以通过在导线上传输 7 个脉冲来传递[53]。因此，首先要有能为脉冲计数的电路。小组最初希望从外部获得这种计数器。当时一些电子计数电路的细节已经公布，其中大多数是科学家为测量宇宙射线等特定目的而设计的。他们测试了许多电路，包括埃克特的新设计——"正作用环计数器"和 NCR 开发的闸流管计数器[54]。然而，这些电路都不合适。最后，研究小组研制出了新的 decade 计数器，可以在 ENIAC 的全部工作频率范围内可靠工作[55]。

decade 相当于在电子版的机械计算器里存储十进制数字的轮子。它有 10 个不同的状态或阶段，每收到 1 个脉冲，就从一个状态转移到下一个状态。大于 10 的数字逐位传输和存储。莫奇利 1942 年曾解释过它的原理，数字 1 216 可以存储在 4 个 decade 里，使用 10 个脉冲进行传输：6 个在个位线上，1 个在十位数线上，2 个在百位线上，1 个在千位线上[56]。PM 计数器是一种特殊的两级计数器，用于记录数字的符号（P 表示"正"，M 表示"负"）。负数采用"补码"方案存储：以 4 位数字为例，15 用 P0015 表示，-15 则是 M9985。

1943 年 9 月，研究小组提出了具体的关于"累加器"和"发射器"的建议[57]。一个累加器包括 8 个 decade 和 1 个 PM 计数器，最多可以容纳 8 位整数。除了对输入脉冲进行计数，它还可以将自身重置为零，或者将保存的数字四舍五入到指定的有效数字。发射器通过发出适当数量的脉冲信号来传递累加器中的数字。把 2 个数字加在一起比普通的计数复杂一些。如果 1 个 decade 收到 2 个脉冲，然后再接收 3 个脉冲，decade 就会记录下所有 5 个脉冲。在接收到 10 个脉冲后，decade 从 9 变到 0，并向下一个 decade 发送"进位"脉冲，这样就电子化了在机械技术中已经成熟了的累加器。

使用补码很容易实现减法。1 个累加器有 2 个输出端，可以从 A 端传输存储的数字，或者从 S 端传输它的补码。这种方法在 1943 年并不常见。博克斯在他的笔记本上用了几页来检查它是否适用于所有正数和负数的组合[58]。

确定累加器的大小

莫奇利的提案描述了一台用迭代数值方法解微分方程的机器，团队很快就聘请到了宾夕法尼亚大学的数学家汉斯·拉德马切（Hans Rademacher）来研究这类计算的准确性。能找到拉德马切非常幸运，当时专业的数值方法在科学家和工程师（必须使用数值方法）中的应用比在数学家中更为广泛。对大多数数学家来说，数值分析通常显得很深奥，还很无趣。例如，计算机科学家格雷斯·霍珀（Grace Hopper）后来回忆她是在化学课上学会在数值近似中非常重要的误差分析的，在她漫长的数学教育中就没有听说过这个词[59]。此后，拉德马切开始投入工作。1943 年 11 月，他写了一份相关数学问题的报告，还包括"舍入误差"的参考文献清单[60]。

最重要的问题是，累加器要存储多少位数才能保证最终结果的精度。早期的设计要求是 8 位数字，这与摩尔学院的人工"计算员"使用的程序相匹配[61]。ENIAC 的速度快，因此可以对数学过程进行一些修改，如以更短的时间间隔计算中间结果，但必须确保任何此类更改都不能影响计算结果的精度。

拉德马切探讨了数值积分技术引入的两种主要误差的影响。截断误差（或固有误差）是由于使用离散时间间隔来模拟连续的物理过程所引起的，而舍入误差则由数字的有限位数造成。这些误差是互补的：截断误差可以通过使用较小的时间增量来减小，但是随着数学运算增多，舍入误差也会增大[62]。拉德马切研究了许多方法，包括德国数学家卡尔·修恩（Karl Heun）的数值积分方法，它似乎可以在两类误差之间取得适当的平衡[63]。计算试验表明，修恩的方法会在结果中引入 4 位或 5 位的舍入误差。为保证结果的精度为 5 位，累加器的大小应该增加到 10 位[64]。

注 释

[1] Earl R. Larson, Findings of Fact, Conclusions of Law, and Order for Judgment in *Honeywell Inc. v. Sperry Rand Corporation et al.* 180 USPQ 673, 1973 (available at ushistory.org).

[2] Akera, *Calculating a Natural World*, 81.

[3] 埃克特的故事没有像莫奇利的故事那样被很好地记录下来，但是他在斯科特·麦卡特尼的书 *ENIAC:The Triumphs and Tragedies of the World's First Computer* (Walker, 1999) 中有很生动地呈现。

[4] "1 296. Eckert. T.I. (carbon) to Robert P. Mulhauf," in Diana H. Hook and Jeremy M. Norman, *Origins of Cyberspace:A Library on the History of Computing and Computer-Related Telecommunications* (Norman, 2002) 601.

[5] McCartney, *ENIAC*, 43–45.

[6] John W. Mauchly, "Amending the ENIAC Story," *Datamation* 25, no. 11 (1979): 217–219.

[7] Goldstine, *The Computer*, 202.

[8] 根据 1945 年 7 月联邦就业的申请，莫奇利在 1941 年 9 月被任命为助理教授 (JWM–UP)；但阿克拉在 *Calculating a Natural World* 里暗示开始的时候只是个短期合同。

[9] David Alan Grier, *When Computers Were Human* (Princeton University Press, 2006) 134.

[10] 表格摘自 Harry Polachek, "Before the ENIAC," *IEEE Annals of the History of Computing* 19, no. 2 (1997): 25–30.

[11] 关于现代外弹道的研究，参见 Ernest E. Herrmann, *Exterior Ballistics* (U.S. Naval Institute, 1935) or Gilbert Ames Bliss, *Mathematics for Exterior Ballistics* (Wiley, 1944) 相反，内弹道研究的是炮管内炮弹的行为。

[12] Herrmann, *Exterior Ballistics*, v–vi；L. S. Dederick, "The Mathematics of Exterior Ballistic Computations," *American Mathematical Monthly* 47, no. 9 (1940): 628–634.

[13] Vannevar Bush, "The Differential Analyzer: A New Machine for Solving Differential Equations," *Journal of the Franklin Institute* 212, no. 4 (1931): 447–488.

[14] Irven Travis, *OH 36: Oral History Interview* by Nancy B. Stern, Charles Babbage Institute, October 21, 1977, 3.

[15] J. G. Brainerd, "Genesis of the ENIAC," *Technology and Culture* 17, no. 3 (1976): 482–488.

[16] Travis, OH 36: Oral History Interview by Nancy B. Stern, 3–4.

[17] Gordon Barber, *Ballisticians in War and Peace, Volume 1:A History of the United States Army Ballistics Research Laboratories*, 1914–1956 (Aberdeen Proving Ground) 17.

[18] Travis, *OH 36: Oral History Interview* by Nancy B. Stern；Brainerd, "Genesis of the ENIAC," 484.

[19] Barber, *Ballisticians in War and Peace*, 12–13.

[20] Irven Travis, "Automatic Numerical Solution of Differential Equations," March 28, 1940, MSOD–UP, box 51；Burks and Burks, *The First Electronic Computer*, 182–184.

[21] Goldstine, *The Computer*, 133.

[22] Polachek, "Before the ENIAC."

[23] Brainerd, "Genesis of the ENIAC," 484.

[24] Polachek ("Before the ENIAC," 28) 中记载，在一个表中发现大约 10% 的错误是由于没有在码和米之间进行转换。

[25] Jonathan B. A. Bailey, "Mortars," in *The Oxford Companion to Military History*, ed. Richard Holmes et al. (Oxford University Press, 2001)

[26] 这种承诺的提升能否实现则是另外一个问题。根据 Mitchell P. Marcus and Atsushi Akera ("Exploring the Architecture of an Early Machine: The Historical Relevance of the ENIAC Machine Architecture," *IEEE Annals of the History of Computing* 18, no. 1, 1996: 17–24) 的说法，"军事战术家对印刷弹道表的价值有争论，特别是因为它们在第二次世界大战中使用过。战场条件很少与实验室环境的正式设置相匹配，考虑到第二次世界大战期间战斗的一般模式，弹道学表最多只能提供有限的战术价值"。Marcus 和 Akera 把这些表格的制作更多地归功于 BRL 内部数学家们提高它的重要性的努力，而不是士兵们在战斗中的特殊需求。

[27] Polachek, "Before the ENIAC."

[28] Burks and Burks, *The First Electronic Computer*, 186–190.

[29] John Mauchly, "The Use of High Speed Vacuum Tube Devices for Calculating," MSOD–UP, box 51 (PX–Electronic Computation (Mauchly)).

[30] Goldstine, *The Computer*, 149.

[31] Moore School of Electrical Engineering. "Report on an Electronic Difference* Analyzer," April 8，1943，AWB–IUPUI. 标题的脚注里解释了这个新术语的来源。这个文件 1943 年 4 月 2 日版本的标题是 "first draft" with the title "Report on an Electronic Diff.* Analyzer", 存档在 MSOD–UP b51 (PX—Electronic Computation (Mauchly) 1942–1943).

[32] Stern, *From ENIAC to Univac*, 18.

[33] 提案第 II.3 节明确比较了新机器和微分分析仪。

[34] Brainerd to Pender, April 26, 1943, MSOD–UP, box 51 (PX— Electronic Computation (Mauchly) 1942–1943).

[35] Brainerd to Johnson, April 12, 1943, MSOD–UP, box 49 (PX–1 General).

[36] Stern, *From ENIAC to Univac*, 18–23.

[37] John Mauchly, "The Use of High Speed Vacuum Tube Devices for Calculating," MSOD−UP, box 51 (PX−Electronic Computation (Mauchly)) Akera (*Calculating a Natural World*, 86) 对 "单步" 执行的解释是 "严格按顺序"。但 1943 年的提案明确指出，每一步可以包含多个操作，有一些可以并行执行。

[38] Travis, "Automatic Numerical Solution of Differential Equations." 关于莫奇利和埃克特知道特拉维斯早期工作的观点，参见 Burks and Burks, *The First Electronic Computer*, 182–184.

[39] John Mauchly, "The Use of High Speed Vacuum Tube Devices for Calculating," MSOD−UP, box 51 (PX−Electronic Computation (Mauchly)).

[40] Moore School of Electrical Engineering. "Report on an Electronic Difference Analyzer," April 8, 1943, AWB−IUPUI.

[41] 同 [40]，附录 C。似乎是为了强调这台机器的通用性质，附录 D 包含了一个类似的为一对相当不同的内弹道方程编写的程序。

[42] Pender to MacLean, November 5, 1943, MSOD−UP, box 48 (PX−1).

[43] "List of supplies and equipment needed for PX−1," May 6, 1943, MSOD−UP, box 48 (PX−drawings, pamphlets, estimates, misc.) ; Fetterolf to Brainerd, May 26, 1943 ; Fleitas to Brainerd, May 29, 1943, MSOD−UP, box 29 (PX−1 General).

[44] Pender to Musser, June 7, 1943, MSOD−UP, box 51 (PX−Electronic Computation (Mauchly) 1942–1943).

[45] Brainerd to MacLean, June 21, 1943, MSOD−UP, box 49 (PX−1 General).

[46] 戈德斯坦似乎曾经一度代替了吉隆将军的职责 (Goldstine to Gillon, May 26, 1944, ETE−UP).

[47] "War Research in the Moore School of Electrical Engineering," February 18, 1943, MSOD−UP, box 45 (Projects General, 1943).

[48] Budget documents in MSOD−UP, box 48 (PX—Budgets, 1943).

[49] "Check List for Things to be Done: Project PX," July 26, 1943, MSOD−UP, box 57 (Parts Lists, 1943–1944).

[50] Fleitas to Brainerd, May 29, 1943, MSOD−UP, box 49 (PX−1 General, 1943).

[51] John G. Brainerd, "Project PX—The ENIAC," *Pennsylvania Gazette* 44, no. 7 (1946): 16–17, at 32.

[52] "Laboratory Notebook #4, Project PX #1. Issued to T. K. Sharpless by Isabelle Jay. 7/4/43", MSOBM−UP, box 2, serial no. 14 (Z14) p. 3.

[53] 与后来的大多数计算机不同，ENIAC 使用的是十进制数字系统，而不是二进制。

[54] "Report for Project PX: Positive Action Ring Counter (August 19, 1943) " and "Report for Project PX: The NCR Thyratron Counter," both in Arthur W. Burks, Laboratory Notebook, No. 1 (MSOBM–UP, box 1, serial no. 16).

[55] "ENIAC Progress Report 31 December 1943," volume 1, MSOD–UP, box 1.

[56] John Mauchly, "The Use of High Speed Vacuum Tube Devices for Calculating," MSOD–UP, box 51 (PX–Electronic Computation (Mauchly)).

[57] "Report for Project PX, September 30, 1943, Accumulators and Transmitters," MSOD–UP, box 3 (Reports on Project PX).

[58] 页码编号 1–5 的手写页面分别来自 "PX Laboratory Notebook #1. Issued June 17, 1943 to Dr. A. W. Burks by Isabelle Jay," MSOBM–UP, box 2, serial no. 16 (Z16) 中的第 94, 96, 88, 90, 92 页。

[59] Kurt W. Beyer, *Grace Hopper and the Invention of the Information Age* (MIT Press, 2009) 55.

[60] Hans Rademacher, "Mathematical Topics of Interest in PX: Part One—General Considerations" and "PX Report Number 14: Mathematical Topics of Interest in PX, Part Two: Summary of Articles Dealing with Rounding Off Errors," November 30, 1943, MSOD–UP, box 48 (PX–Computations, Rademacher, Etc.)

[61] "Report for Project PX: Accumulators and Transmitters," September 30, 1943, MSOD–UP, box 3 (Reports on Project PX) 关于手工计算，例如 1943 年的计算表单保存在 MSOD–UP, box 48 (PX–Computations, Rademacher, Etc., 1943–1946) 记录了八个重要的图表。

[62] "ENIAC Progress Report 31 December 1943," Ⅲ , (3) (4).

[63] Hans Rademacher, "On the Precision of a Certain Procedure of Numerical Integration," April 1944, MSOD–UP, box 48 (PX–Computations, Rademacher, Etc.)

[64] "ENIAC Progress Report 31 December 1944," volume 1, MSOD–UP, box 1, Ⅲ (3) .

第二章

构建 ENIAC

在项目的头几个月，ENIAC 设计的各种细节，包括每个累加器所需的数字位数和数字存储电路的基本结构，都进展良好。ENIAC 的运算电路如何在正确的时间执行正确的操作是最难也是最重要的控制问题。

ENIAC 控制系统的独特性表现在其所含有的许多专门部件的功能上。在这一章中，我们将仔细分析轨道计算的过程，控制系统与编程和图表方法的发展，以及它如何进行计算的过程，通过这些分析来探讨控制系统设计的源头。我们要澄清两个被广为传播的误解：ENIAC 完成之后编程问题才被关注；"条件分支"（根据计算的当前状态自动选择不同的执行路径）是在 ENIAC 的主要设计完成之后才增加的。

分散控制

为了保证电子计算机计划切实可行，1943 年秋天埃克特和莫奇利决定在继续推进整机设计的同时，建立和测试一个最小的 ENIAC 原型系统[1]。ENIAC 的基本单元是累加器，但单独一个累加器无法完成任何有意义的计算。因此测试系统由两个相互连接的累加器，以及协调其行为的电路组成。1944 年 8 月是完成原型系统的日期，摩尔学院展示出了用真空管制造可靠计算机的能力，证明延长合同、增加预算都是合理的。项目负责人后来为他们的设计进行辩护，指出当时仍然需要轰炸敌军，迫切需要继续施工[2]。

阿齐兹·阿克拉指出，构建原型系统的决定影响了 ENIAC 自动控制系统的设计。早期的设想是，一个中央控制机制可以"切换各种累加器的连接"，并通过发送电子信号（称为"脉冲"和"门"）来告诉它们何时接收和发送数字。这些信号会触发累加器清除所存储的数字然后传输，或者与来自另一个累加器的数字相加[3]。

构建双累加器系统意味着 ENIAC 的相关设计和生产将会出现重叠的情况，因此必须在全面考虑整个编程系统之前，便最终确定累加器的设计计划。这就限制了最初设计的程序控制单元的作用。随着工作的进展，原本发挥中心作用的程序控制单元被分布系统取代，编程信息散布在 ENIAC 各个功能单元中。ENIAC 最终建成的时候，是由一排排累加器组成的，这些累加器跟随单元周期的节拍同步运转，偶尔收到来自"主程序器"单元的新命令。

1943 年 10 月和 11 月完成的累加器单元设计里出现了新方法。凯特·夏普勒斯在实验笔记本里绘制了累加器"程序单元"抽象视图的草稿，其中累加器内置了许多旋钮和开关[4]。这些旋钮和开关被分成不同的"程序控制"组，每组都定义了累加器的一个操作——例如，清除累加器，或者收发一个数字。有些控制会重复执行一个操作多达 9 次。操作由特殊的"程序脉冲"触发，"程序脉冲"被传送到特殊的输入和输出端口，而这些端口直接连到被称为"程序线"的程序控制器连线网络上。操作完成时，程序控制发出一个输出脉冲，直接传输到同一单元或其他单元的程序控制上，控制下一个要执行的操作。

在这个分布式程序模型中，程序脉冲启动操作信号，但是触发什么操作完全取决于携带脉冲的导线通向哪个控件，以及该控件被配置为何种功能。例如，将数字从一个累加器发送到另一个累加器涉及两个程序控制：第一个累加器上有一个，设置为发送存储的数字；另一个累加器上也有一个，设置为接收数字。当程序脉冲同时触发这两个控件时，其效果是将第一个累加器的数字加到第二个累加器的内容上。这些累加器通过一个"周期单元"进行同步，周期单元发出标准的脉冲序列和门，并成为 ENIAC 的"心跳"。其中，这个顺序定义了数字和程序脉冲何时被传输，因此累加器发送的信息可以被其他累加器安全地接收。

为实现程序控制所定义的操作，1943 年 11 月 20 日的会议讨论了这一过程所需的累加器内部电路框图，这样，累加器的高级设计基本上完成了[5]。虽然随着工作的进展，电路的细节和程序控制的数量有一些变化，但分布式控制的原则和每个单元的电路分为算术和编程两部分仍然保持不变，并应用到了 ENIAC 其余部分的设计。在这种情况下，其他许多技术决策，类似 ENIAC 数据输出机制的细节等便不再急需马上确定下来。

"谁设计了什么？"是 ENIAC 专利纠纷中最重要的问题。法官发现，单个功能单元的设计分散在了工程团队里，最后裁定凯特·夏普勒斯主要负责循环单元和乘法器，罗伯特·肖（Robert Shaw）负责函数表、主程序器和常数发生器，亚瑟·博克斯负责乘法器、除法器和主程序器[6]。去中心化意味着，只要功能单元与物理的连接器相容，并且符合系统脉冲信号的标准，那么功能单元的内部电路和局部程序控制的细节就不再重要了。

规划轨道计算

早期的轨道计算问题主要由亚瑟·博克斯负责，他概述了 ENIAC 的结构和控制系统。1943 年 10 月，博克斯深入思考了分散控制如何解决轨道计算的问题，并在笔记本上贴了一张 ENIAC 弹道计算"装置"的草案[7]。这张草案被整理成一个完整的解决方案，包含若干个图，并被收录在年底的进度报告中。此外，通过这项工作，他们的团队弄明白了轨道计算需要多少累加器，以及数据存储精度等数值问题。博克斯后来在一份没有发表的手稿中称，这是"为电子计算机编写的第一个程序"。这不无道理，尽管在 1943 年它还不会被称为"程序"[8]。

现代计算机有时被称为"通用机器"，但是一台几乎可以做任何事情的机器需要大量配置才能完成某些特定的任务。现在我们把这类工作称为程序设计，把控制信息称为程序。据大卫·艾伦·格利尔（David Alan Grier）考证，"程序"这一术语是从 ENIAC 项目开始流传的[9]。格利尔认为"程序"（program）的含义与现代控制工程和军事后勤有关。然而，我们认为，它更为清晰的源头是节目单安排——例如，音乐会的系列节目编排或广播电台每周的节目安排。这样的编排回答了两个基本问题：首先，各种可能的选择应该安排成什么样的组合；第二，选择的项目应该以什么顺序呈现。讲座的日程安排或音乐会节目单里指定的一系列活动都包含了这类信息[10]。

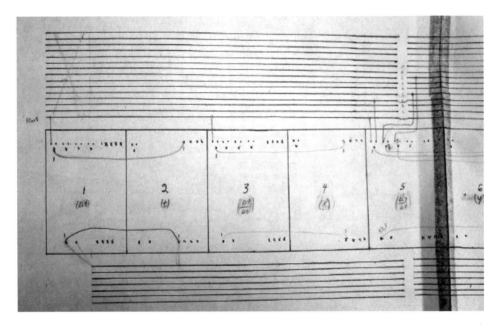

图 2.1　1943 年 10 月，亚瑟·博克斯在笔记本上贴了一张关于弹道问题的草图。矩形表示 ENIAC 的面板，计算过程中包含一个变量。程序线在面板上方，数据传输线在下方。该图显示了每个面板上的端口与构成完整 ENIAC 设置的一部分程序和数据线之间的连接。（来自 notebook Z16, MSOBM–UP, box 1, serial no. 16, 宾夕法尼亚大学档案馆）

　　ENIAC 项目中"程序"的含义比以前公认的要复杂得多。在莫奇利 1942 年交给摩尔学院的原始备忘录里，"程序"这个词只出现在短语"程序装置"（program device）中[11]。在 1943 年的提案中，"程序装置"变成了"程序控制单元"，负责确保累加器和其他单元按正确顺序运行。"程序"这个词也被用来表示执行迭代计算操作的顺序[12]。然而，当控制被去中心化，"程序"也失去了一系列算术运算操作的意义。如前所述，"程序控制"是 ENIAC 功能单元上的开关集合，功能单元根据输入的"程序脉冲"来执行指定的单个操作，而根据开关设置控制功能单元的电路是放在其"程序单元"之中的[13]。换句话说，"编程"不再是指中央单元协调整个计算过程的活动；它现在指累加器或其他单元生成执行单个操作（如传输一个数的补码）的微操作序列的内部活动[14]。ENIAC 的整体配置所解决的特殊问题，就是我们现在认为的"程序"，当时被称为"设置"[15]。"程序"这个词后来指在程序控制上进行一次操作的设置，不过在 1945 年底前后又恢复了它更为宽泛的含义[16]。

这一年年底的进展报告描述了在 ENIAC 上求解一个问题的三阶段配置过程，而这个过程类似微分分析仪[17]。首先，描述问题的数学方程必须能够简化到适合 ENIAC 操作的程度，即能够用 ENIAC 的基本算术操作解决。然后，求解的问题用两个图来表示，一个是"设置表格"，另一个是"面板图"，并分别展示操作的时间安排以及它们在 ENIAC 多个单元中的分布。最后，设置开关，连接电缆，为 ENIAC 的计算做物理上的准备。为了解释这种方法，博克斯用很详细的例子说明了如何设置 ENIAC，同时也用修恩的方法求解弹道方程。我们认为他考虑的是高射炮这种特殊情况。地对地射击炮弹在撞击时爆炸，与此不同，高射炮弹有定时引信，可以在目标附近爆炸。因此，一旦炮弹超过预定目标的高度，执行完固定次数的迭代之后，弹道计算便可终止。此外，为了正确设置引信，炮手需要知道炮弹飞行过程的中间位置，而不是像地对地火力发射那样只需要飞行的最终距离。因此，在 40 秒的飞行过程中，博克斯的计算每隔 1 秒便打印一次炮弹的位置[18]。他把一个积分步骤的基本时间间隔设置为 0.02 秒，这意味着 ENIAC 每执行 50 个积分步骤打印一次结果，计算过程总共含有 2 000 个步骤。

进度报告中提到的两类图表记录了博克斯的弹道计算设置。首先，设置表格的基本格式与 1943 年提出的求解弹道方程的建议里的图相同[19]。表格中的列表示 ENIAC 的一个单元，行代表计算分解出的简单操作序列。这些详细的符号显示了每个操作都含有哪些参与单元，它们的角色是什么，程序控制上的各种开关应该如何为每个操作进行配置，以及关于操作时间的信息。

步骤(由主程序器发起。由若干操作组成) Step (Initiated by master programmer. Consists of several operations)	操作序号 Serial Order Number of Operations	ENIAC 单元号 Number of Unit of ENIAC		1	2	2
		累加器的舍入开关 Setting of Accumulator Round-off Switch		6	6	6
		累加器小数点位置 Decimal Point of Accumulator		3.7	3.7	4.6
		需要的加法时间 Addition Times Required	使用的程序线 Program Line Used	累加器 Accumulator $\dot{x}$ $0<\dot{x}<10^3$	累加器 Accumulator $\dot{x}_1$	累加器 Accumulator y $0<y<10^4$
初始条件步骤 Initial Conditions Step	I_1	1	5-1	$\dot{x}_1 \longleftarrow$		
	I_2	1	5-2			
	I_3	1	5-3			
			5-4			
积分步骤 Step of Integration	1	1	0-1	$\dot{x}_0[3,3]\, ○ \longrightarrow$		
	2 {	9 {	0-2		$10^{-1}y_0[3,3] \longleftarrow$ -2 $\longleftarrow$ (s) -3 $\longleftarrow$ (ss)	$○\; y_0[4,2]$
			0-11		$10^4 by_0[3,4]\, ○ \longrightarrow$	
	3	1	0-3			

图 2.2　1943 年末博克斯的"设置表单"里轨道计算的操作序列。(宾夕法尼亚大学档案馆)

　　计算时间是通过占用了多少个"加法时间"——ENIAC 将数字从一个累加器转移到另一个累加器的时间——来度量的。更复杂的操作,如乘法,需要若干个加法时间才能完成。设置表单列出了每个操作执行所需的加法时间,并显示了哪些操作可以同时进行。例如,如果两次传输涉及不同的累加器和数据线,那么它们可以在同一段的加法时间内完成,乘法运算进行的同时可以安排执行更短的加法操作[20]。博克斯的分析表明,执行一个积分步骤需要 224 个加法时间,因此一次完整的有 2 000 个积分步骤的轨道计算,大约需要 70 秒[21]。

　　博克斯的第二张图是面板图,是他 1943 年 10 月贴在笔记本上的草图的改进版本[22]。一长串矩形框代表 ENIAC 的面板（每个单元的电路都装在柜子里）。矩形框相当多，图是水平展开的，像一幅卷轴。宾夕法尼亚大学的学生唐纳德·亨特（Donald Hunt）在 1944 年初帮助博克斯制作了这张面板图，他回忆说，博克斯"绘制的面板图有几十英尺长，我们不得不先设计一张特殊的绘图桌来安放它"。每个框都包含面板程序控件的图形化表示，并留有空间用于写入各种开关的设置[23]。单元之间传输数据的总线显示在矩形框的上面，传输程序脉冲的总线显示在矩形框的下面[24]。配置 ENIAC 以运行特定任务，还涉及面板上的终端和总线之间的电气连接。这些必要的电缆在连接终端和总线的图中用线表示。

设置表和面板图包含的信息基本相同，但由于针对的任务不同，它们展示的方式也有所不同[25]。我们推测，设置表最初用于规划操作序列，这一点在面板图的分布特性下比较难做到。然后，面板图用来把规划对应到 ENIAC 物理设备上——毫无疑问，这个过程会引起设置表的修改。在两张图之间来回切换，这种方法最终产生的两张图描述了完整计算过程和相应 ENIAC 配置，完全一致。

最后一步是把图表上的信息转移到大约 200 张"程序卡片"上，每一张卡片都包含开关设置的细节，以及 ENIAC 局部的电缆连接。这些卡片放在机器面板上的特殊支架上，供负责机器物理配置的操作员参考。报告估计，这将需要大约 700 个"工作单元"，例如设置程序控制或插入电缆，而这些工作可以由"几个人"同时工作来完成[26]。

与 1943 年 10 月的草图相比，反复修改过的面板图生动地展现了 ENIAC 设计的发展速度。草图上有 22 个累加器和 3 个用于乘法器的附加面板。到当年年底，面板的数量已经增加到 32 个，包括一系列除累加器和乘法器之外的其他单元，如除法器、主程序器、函数表、常数发生器及 4 个打印累加器，保存将要打在穿孔卡片上作为永久输出的数据。

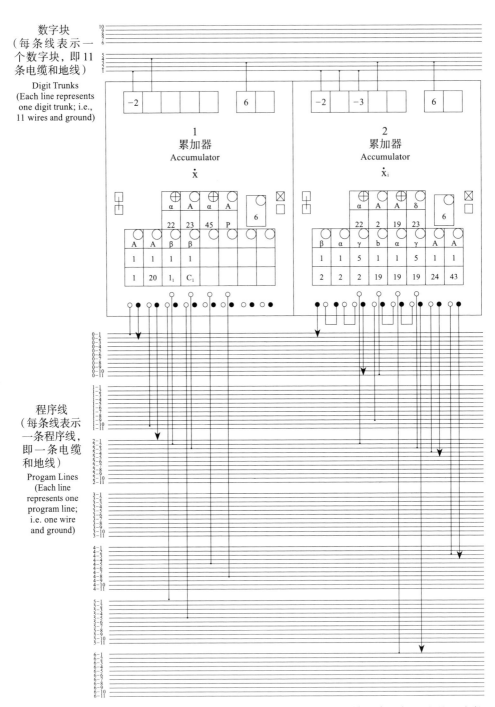

图 2.3　博克斯 1943 年底的 "面板图" 的细节，显示了 ENIAC 的前两个累加器上的程序控制设置，以及它们通过程序和数据中继线进行互连。（宾夕法尼亚大学档案馆）

　　弹道计算的初始条件需要保存在数据存储空间里，一些常量也需要存储。新提出的常数发生器用开关来设置这些数字，或者使用按钮以加快设置的速度。一个更重要的问题是，如何将子弹形状等对弹道有影响的经验数据也纳入计算过程之中。方程中的这些经验数据由函数 G 的值表示，G 无法用数学方法推导出来。这个函数对应于某个特定参数的值不是通过计算得出来的，而是从函数表（存放大量表格数据的单元）里查找到的。

　　在作出分散控制的决定后，团队迅速完成了 ENIAC 的设计大纲。1945 年所完成的 ENIAC 机器，可以被认为就是 1943 年底进度报告中所描述的，也是博克斯的面板图绘制的那台机器。这种控制方法产生了巨大的额外费用：1943 年底，埃克特和莫奇利估计累加器里 30% 的设备都被用于"控制"环节，他们评论说，"因此，编程是相当分散的"。但这种方法建立了一个灵活的框架，可以把各种专门功能的单元放进去[27]。有些单元，如累加器和乘法器，基本上已经达到了最终形式；其他的还有待仔细考虑。ENIAC 的长寿就得益于这种设计理念，在它整个生命周期里一直都在添加新的单元。

　　主程序器的早期概念

　　埃克特和莫奇利在提案里解释了 ENIAC 迭代计算的设计原则。迭代计算的每一"步"都由一系列单独的数学运算组成。他们举了一些例子来展示弹道（"外弹道"）计算和爆炸（"内弹道"）计算里每个步骤的细节。分散系统可以控制一个计算步骤内的操作执行的顺序，但一个步骤重复运行的次数应该如何控制呢？同时，一个完整的应用程序包含的也不仅仅是数值积分的操作序列。博克斯的设置包含四个不同的序列：除积分步骤之外，还有设置初始条件，打印结果的序列，以及在每组结果打印之后用已有数据执行积分步骤从而测试 ENIAC 的序列[28]。这些序列组合而成的连贯计算任务，交给一个叫作"主程序器"（master programmer）的新单元。如博克斯的面板图所示，计算的高层结构明确地被表示为四个阶段的序列的组合，分别是"初始条件""积分""打印"和"检查结果"。主程序器对这些任务进行排序，并控制某个特定步骤重复的次数。打印和积分步骤是嵌套的：每 50 次积分后打印一次结果，打印 40

次后就会停止计算。

进度报告用更通用、更详细的术语规定了主程序器的功能需求。主程序器"由许多交换单元组成，通过这些单元可以和程序控制器建立或者断开连接"，能控制计算问题的高级操作，如启动程序、中断正常操作序列并打印结果，以及停止计算。一般地说，主程序器控制"从一个计算周期到另一个计算周期全部的必要切换"，例如，"一个稍微复杂的计算序列分解成两个或多个不同的控制序列，这些控制序列在完整计算的内部多次出现"[29]。

虽然还不清楚主程序器如何执行这些任务，但它的引入建立了一个两级的计算组织——ENIAC 直到 1948 年 3 月还保留着这种方法。简单的操作序列由局部的程序控制器设置，根据问题的需要，主程序器以不同的方式重复和组合这些序列，从而协调它们的运行。博克斯的图清楚地表明，主程序器向序列中的第一个控件发送程序脉冲来启动序列，序列执行结束时又会向主程序器发送一个脉冲，提示主程序器确定接下来的操作。因此，主程序器在 ENIAC 的组织中保留了中央控制的一部分。

确定 ENIAC 的配置

如前所述，随着博克斯的"设置"工作逐渐深入，ENIAC 的单元和面板的设计发生了显著的变化。关于机器最终形态的讨论仍在继续。在 1944 年 4 月的一次会议上，人们提出了一种只有 10 个累加器和被称为"寄存器"单元的新配置，并对其进行了讨论[30]。这个配置只有 1 个函数表，而最终的 ENIAC 设计则用了 3 个。ENIAC 的每个累加器都可以执行加法操作，加法运算电路在整个机器中被复制了 20 份。但这种做法是低效的，因为在应用程序中，有些累加器纯粹用于存储。新提出的寄存器单元用的硬件少，存储容量却相当于 8 个累加器。寄存器只需要一组发送和传输数字的电路，而它所替换的拥有同样容量的累加器则需要 8 组，而且寄存器完全省略了算术运算电路[31]。寄存器一直没有造好，但是存储与算术相分离的思想反映了团队当时正在开发计算机设计的新方法（在第六章中讨论）。

用户的需求在确定 ENIAC 的最终结构时发挥了重要作用。根据博克斯的说法，ENIAC 项目在阿伯丁最密切的联络人是弹道实验室机器计算小组的组长利兰·坎宁安（Leland Cunningham），他也是阿伯丁在数字计算方面知识最渊博的成员[32]。在 1944 年 4 月的一次会议上，项目组与坎宁安一起确定了 ENIAC 的最终配置。博克斯在笔记本里报告说，在会议期间，"功能单元的编号等计划最后达成了一致。ENIAC 将由 29 个单元组成，分布在 36 个面板上：20 个累加器，3 个函数表，专用乘法器，除法 / 平方根器，常数发生器，循环单元，打印单元和主程序器。这个按照修恩方法的要求所设置的配置足够求解'弹道方程'了"[33]。

条件控制的演变

具有历史观的计算机专家对 ENIAC 设计中出现的"条件分支"产生了极大的兴趣。我们会在后面的章节中看到，条件分支后来被认为是构建真正的计算机，而不仅仅是自动计算器的关键进步。米切尔·马库斯（Mitchell P. Marcus）和阿克拉考查了 ENIAC 条件分支的发展，暗示说这是一个非常聪明的设计，但是直到 1945 年才完成开发，并称 ENIAC "缺乏明确的实现条件分支的硬件"，而且"没有特别的机制可以根据机器当前操作的特定值而改变计算过程。程序可以循环若干次再终止，但必须显式地规定总循环的次数……没有明显的硬件机制可以让计算机在某个数值达到（例如 100 000）时终止计算"[34]。大家已经接受了他们的结论，但是 ENIAC 的项目记录清楚地表明，实际上在 1943 年底就已经出现了对分支功能的需求。分支功能被分配给了主程序器，并为此设计了特殊电路。条件控制只是如何组织复杂计算这个更大问题中的一小部分，团队得出的解决方案也并没有充分反映到后来的概念上。由于这种条件控制能力对 ENIAC 的设计至关重要，并且交织了逻辑、硬件和应用程序规划之间等要素间的相互作用，我们将对它进行详细的研究。

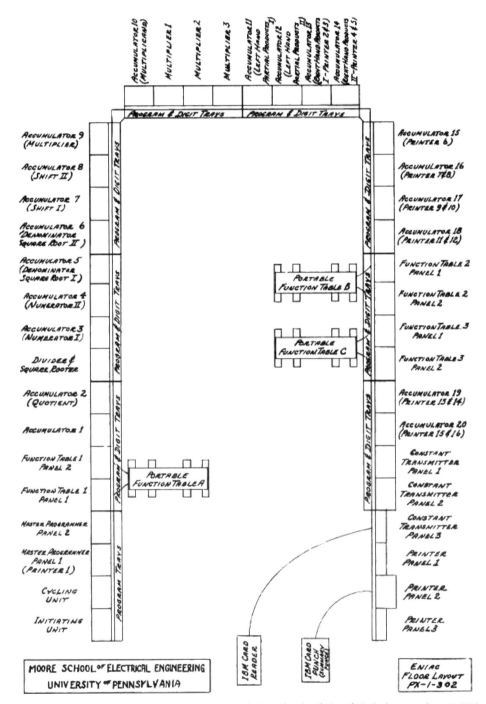

图 2.4　ENIAC 在 1945 年的配置。它安装在摩尔学院，与利兰·坎宁安在 1944 年 4 月所认定的配置非常相似。（美国陆军图）

以电子速度实现自动化

计算机自动执行一系列操作，并不是什么新鲜想法。哈佛大学的 Mark Ⅰ 计算机比 ENIAC 早两年就开始运转了，控制它的指令记录在一卷卷纸带上，有点像控制自动演奏钢琴的纸带。跟自动演奏钢琴一样，每次读入同一条纸带，Mark Ⅰ 都会执行完全相同的操作。计算过程由一系列的操作序列构成，这些指令被编码，在单独的纸带上打孔。Mark Ⅰ 只有一个读带器，所以有详细的操作说明告诉操作员什么时候卸载这条纸带，什么时候加载另一个。若要重复一个指令序列，可将纸带两端粘在一起形成物理的环，称为"纸带环"（endless tape）。这可能就是"循环"（loop）一词的起源。Mark Ⅰ 在"指定值的绝对数量小于某正公差"[35] 时向操作员发出警报并自动停止计算，这依赖于判断某个测试的变量值是负而不是正，得到足够准确的结果后迭代就停止了。

Mark Ⅰ 受到继电器开关切换速度的限制，完成一次乘法运算需要 6 秒，使用专用硬件计算对数或三角函数则需要整整一分钟。任何复杂到足以使用和编程这样一台奇异机器的计算都会涉及大量乘法。因此，即使操作员花一两分钟才能确认已完成一个计算步骤，并准备继续下一个指令带，也不会减慢它的整体进度。在其设计过程中，并没有迫切的需要多个指令带或其他分支机制的实际需求。

ENIAC 的创造者们和 Mark Ⅰ 的设计人员一样，认为计算由简单的操作序列组成，不过 ENIAC 的操作来自程序控制器而不是从纸带上读出的。ENIAC 的电子逻辑单元工作速度如此之快，以至于如果它必须等待从纸带中读取下一条指令，它的执行速度就会被拖慢到令人无法接受。通过人工操作，使计算从一个阶段转移到下一个阶段就更不切实际，因为机器将花很多时间等待操作员关注计算进展到哪一阶段。因此，博克斯的弹道计算设置依赖主程序器自动切换执行序列，并控制计算任务重复次数的序列。这本身就是一个复杂的执行序列，而且这些在 Mark Ⅰ 中都由操作员人工完成。ENIAC 没有控制纸带，但是博克斯的设置仍然能够做到重复完全相同的一系列操作，不管输入数据和计算过程的中间结果是什么。

早期关于分支单元的设想

自动演奏钢琴式方法很快就暴露出了缺点。理查德·布洛克（Richard Bloch）是 Mark I 的第一批程序员之一，他认为缺少条件分支是 Mark I 的"主要缺陷"。1944 年中，冯·诺伊曼从洛斯阿拉莫斯赶来，想在 Mark I 上求解一个复杂的微分方程，此时这个就缺陷显得尤为突出 [36]。

ENIAC 的团队很早就意识到，需要让他们的机器具备根据目前计算结果改变行动进程的能力，存储在其内存中的数字便是证明。计算机科学家认为这是使计算机"通用"的关键特征之一，这意味着如果有足够的时间和存储空间，它可以模拟任何其他计算机的行为，也就是可以运行任何其他计算机所能运行的程序。这类讨论通常将条件分支视为计算机要么有要么没有的一种能力。但是 ENIAC 团队并没有打算只提供这种单一功能，他们进行了更广泛的调查，研究如何使由多个指令序列组成的计算自动化，这些序列的组合方式很复杂，而且不可预测。

1943 年年底的进度报告提到指令序列控制需要一定的灵活性。博克斯的设置是以均匀的时间间隔（"自变量"）来计算并打印炮弹的位置，但是，虽然时间间隔（1 秒、2 秒等）是均匀的，炮弹飞行距离（"因变量"）的变化却并不规律。因而，需要另一个按炮弹的飞行距离长短（10 码、20 码等）为飞行时间制表的设置。该报告指出"人们常常希望因变量的值每发生一定变化就打印出一些结果"[37]。这可以通过重复积分步骤来实现，直到计算出的距离等于下一个需要打印的值。为了确保计算出的值有足够精度，报告建议先用较长的时间间隔（0.01 秒），"直到因变量的值与要打印的值接近"，再采用更小的步长（0.001 秒）"到因变量超出预期范围"。这意味着需要设置两种积分步骤，根据当前计算的距离选择合适的时间间隔 [38]。

跟 Mark I 一样，切换操作序列的条件是某个值从正变为负。当计算出的飞行距离达到要进行切换的值，二者的差就变成了负数。数字的符号保存在累加器的 PM 计数器中，当累加器保存的数字是负数时，PM 计数器就会发出脉冲。其中，关键的思想是用这些脉冲控制接下来发生的事情。正如报告所说，"某个量值进入特定范围这件事可以通过 PM 计数器的反转来表示，从而管理程序"[39]。

实际的分支功能由主程序器提供，"大约有 30 个单元能够在一条线上接收程序脉冲，并根据收到的脉冲在另外两条线里选择一条"[40]。"例如，可以用这样的单位"，进度报告继续说，"按均匀的时间间隔打印因变量的数值。给定时间间隔的完成将通过累加器中符号的变化（PM 计数器的反转）来表示。该信息传输到某个单元中，就可以停止积分并打印结果了。"这些单元相当于 30 个 "IF...THEN...ELSE" 控制结构。积分步骤结束时，向主程序器发送的程序脉冲通过某个分支单元触发两个可选的操作序列之一。它所执行的路径取决于某个特定的 PM 计数器是否改变了符号，但是我们没有找到使用符号脉冲配置开关的细节。这些简单的单元每个都提供一个二元决策点，与其他设备结合，构成更复杂的控制结构。报告指出，"有几个计数器可以与刚才描述的单元一起使用"。主程序器包含一些开关，操作员可以通过它们设置"每次打印之前执行积分步骤的数量和 ENIAC 停机之前打印某值的次数"[41]。

序列编程

1943 年底，ENIAC 团队已经认识到条件分支的必要性，并提出了在今天看来优雅而通用的实现机制：用简单的硬件单元实现二元决策点，使控制从一条路径转移到另一条路径。但是，主程序器的开发并没有沿着这条道路实现这些想法。相反，在深入地考虑了更为普遍的"序列编程"问题之后，科学家并未构造简单的分支单元。接下来的 6 个月里，随着主程序器设计的推进，团队决定把这些开关的功能与已经有其他用途的计数和控制功能合并，这样可以更有效地满足对条件分支的需求。

在 1944 年的中期进度报告中，主程序器的基本设计已经完成。项目的官方工程笔记很少提到中间设计步骤。博克斯后来称，1944 年春天，他与埃克特讨论之后提出了主程序器的"基本设计"[42]。然而，通过查看莫奇利手中的一些之前未检查过的图纸，我们可以获得关于设计过程的最清晰的情况。莫奇利手中的这些图纸概述了几种设计方案[43]。

在 ENIAC 的两级控制模型中，基本的操作序列是由每个单元局部的程序控制的。大多数应用问题都需要许多这样的序列。负责确保这些序列以正确的顺序执行，并重复适当次数的控制被称为执行"序列编程"[44]。序列中的本地程序控制通过导线连接到莫奇利所说的"程序电路"中。将最后一个控件连接回到第一个控件，可以很容易地重复一个序列；不过，就像 Mark Ⅰ 的"纸带环"一样，获得期望的结果之后，就没有办法再继续前进了。ENIAC 设计人员采用的解决方案是在电路中加入一种装置，把程序脉冲转移到另一个分支上来打破回路。

为了实现两路分支，莫奇利提出用带有控制线路的"分岔器"来设置触发器电路，以确定哪条输出线路会接收到输入脉冲。莫奇利还讨论了"序列单元"或"步进器"，它使用一个环形计数器代替触发器来提供多路分支。计数器的每个阶段都有一条输出线。控制线上的输入脉冲把计数器从一个状态转移到下一个状态。

莫奇利在草图里把这些控制单元表示成带有许多程序输入和输出线的抽象设备（参见重新绘制的图 2.5）。根据设备的状态，到达输入线（P_i）的脉冲会传输到某条输出线（P_o）上。单独的控制线（P_s）上的输入决定了状态。符号的选择表明莫奇利已经从具体的电路设计细节里抽象出了逻辑决策点的概念，即在以前计算结果的基础上从若干行动路径里选择一个。

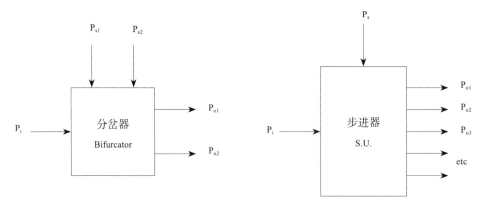

图 2.5 简化的莫奇利分岔器示意图（左）和重构的步进器示意图（右）。（根据哈格利博物馆和图书馆收藏的原图绘制）

　　莫奇利指出，ENIAC 累加器上的 PM 计数器既可以驱动控制线，也可以驱动步进器的输入线，当特定的量值从正变为负时，就会改变计算过程。在决策点之前，需要进行一些计算来处理这个量值的符号。例如，如果希望在一个变量比另一个变量大的时候进行分支，应该用第二个变量减去第一个变量。ENIAC 的实现技术因其独特的分布控制系统而别具特色，根据算术运算结果的正负来改变计算路径的概念从此就进入了计算机指令集。

　　莫奇利展示了如何将步进器与计数器结合起来，重复 ENIAC 其他设备上的操作序列，或者组合来自不同设备的序列。这就满足了主程序器在进入下一个积分步骤之前反复触发轨道计算中每一步的要求。图 2.6 所示的是他举的一个例子：执行 20 遍计算 I、50 遍计算 II、6 遍计算 III、一个"打印周期"，然后重复整个序列。当步进器将脉冲发送到它的输出线上时，将触发一系列操作，但也会触发计数器。当计数器达到最大值，它在控制线 P_s 上发送一个脉冲使步进器进入下一个阶段。[45] 正如年中进度报告所述："步进器与计数器一起工作，计数器接收一个序列结束时发出的脉冲，反馈到序列的开头，这样反复执行，直至达到所需的次数。这个过程叫作序列编程。"[46]

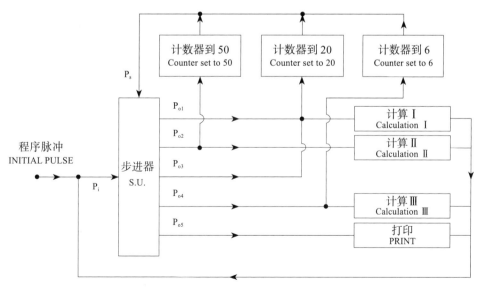

图 2.6　重新绘制了莫奇利的图表，展示了如何使用步进器（序列单元）和计数器控制指令序列的重复执行。（根据哈格利博物馆和图书馆收藏的原图绘制）

莫奇利的笔记还展示了如何使用步进器和计数器来控制修恩方法。在示意图中，两个相互连接的步进器重复博克斯的基本序列，在两次打印之间重复积分步骤 50 次，总共执行 40 次打印循环。如图 2.7 所示，左侧阶段 B 步进器的输出触发一个积分步骤，然后将输出脉冲传递给右侧的步进器。与阶段 B1 关联的计数器确保在步进器进入阶段 B2 之前执行 50 次积分步骤，从而发送输出脉冲来触发打印序列。图中莫奇利详细说明了步进器和计数器的组合如何控制 ENIAC 来执行计算，并以两种方式改进了图 2.6 所示的方法。首先，在触发初始化序列的同时，将 A 阶段左侧的步进器输出发送回步进器自身，使其进入下一阶段。其次，将 B2 阶段右侧步进器的输出定向到步进器上的"清除"输入，将其重置为第一阶段。这两个功能都重新出现在主程序器的最终设计中。

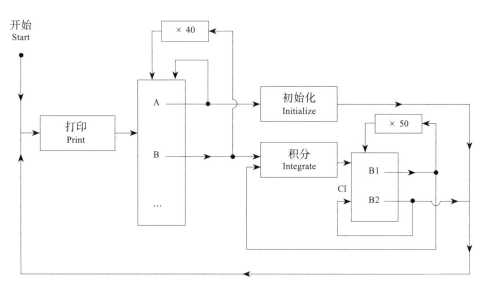

图 2.7　重新绘制的莫奇利的图表片段，博克斯的轨道计算设置中使用两个步进器来控制嵌套循环。（根据哈格利博物馆和图书馆收藏的原图绘制）

莫奇利的笔记还描述了其他用于序列编程的设备，比如分岔器，但是 ENIAC 没有用它们。其中一个叫"多程序单元"，它包含若干个触发器，每个触发器由单独的输入线控制。进入该单元的程序脉冲在所有设置了触发器的输出线上生成脉冲，从而触发同时执行任何所需的受控序列组合。这个多程序单元没有实现，但它支持的计算模式在后来的将函数表用作程序控制装置的设计中又重新出现，我们将在第七章讨论[47]。

主程序器

最终，主程序器由 10 个步进器和 20 个单位计数器组成。计数器根据每个问题的需要切换到特定的步进器，减少了计数器所需的电子管数量[48]。每个步进器有 6 个阶段（stage），通过开关设置该阶段控制的指令序列所应执行的次数。图 2.8 用后来描述 ENIAC 计算控制结构的符号展示了博克斯程序里的嵌套循环。这种方法没有分别表示步进器和计数器，而是显示步进器的 6 个阶段，以及每个阶段的程序序列所要重复执行的次数。每个步进器有 3 个输入端口。在图中，中间的端口接收正常的程序脉冲，底部的端口将步进器重置为第一阶段。

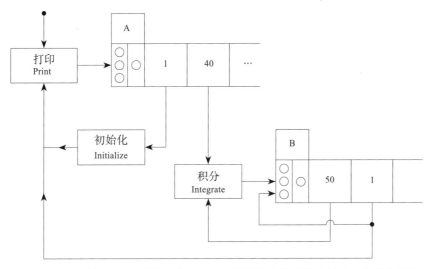

图 2.8　重新绘制的莫奇利的图表显示了用最后的主程序器符号表示的嵌套循环

最后的设计中，步进器能够做到在满足特定的条件时终止循环，而没有局限在重复指定次数之后停止。1944 年中期的进度报告详细讨论了以因变量的定期增量来打印轨迹数据这一问题，"指定的因变量增量存储在累加器中，并逐步减去因变量的实际值。在每个积分步骤结束时，累加器的 PM 信号被传送到步进器。因此，累加器中保存的数字的符号变化可以用来改变 ENIAC

的程序"[49]。

程序脉冲和数据脉冲通常在两个独立的主干线和电缆网络上循环。为了根据累加器的内容来"改变 ENIAC 的编程",必须找到把脉冲从数据网传输到程序控制网的方法。1943 年的进度报告和莫奇利的笔记都探讨了这一想法,研究小组将累加器 PM(符号)计数器发出的脉冲传输到编程电路中,充当程序脉冲。因为 ENIAC 的所有脉冲都是相同的形状,因此所引起的改变并不是根本性的。不过还要考虑一些时序问题,应该有专用的电缆连接到适配器,由适配器挑选出 PM 脉冲,再传输到程序线或控制器。

步进器上的第三个输入端,即直接输入端口,提供了来自 PM 计数器的脉冲如何影响后续计算过程的方法。这就是马库斯(Marcus)和阿克拉认为的 ENIAC 所缺少的条件分支"特殊机制"。如果步进器在此端口接收到一个或多个脉冲,将会直接进入下一阶段。图 2.9 是根据因变量的值控制制表的一种设置。步进器的前两个阶段有两个可选序列。差值计算出来后,来自结果的符号脉冲送到步进器的直接输入端。如果结果为正,则没有脉冲,步进器会保持在第一阶段。如果结果是负的,符号脉冲即触发步进器转移到第二阶段。然后正常程序脉冲传输给步进器,启动适当的程序序列[50]。

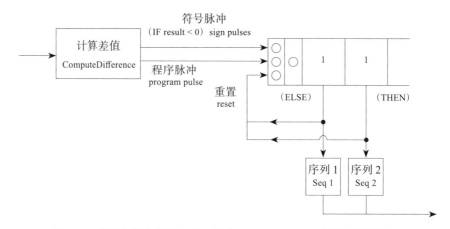

图 2.9 主程序器步进器上设置的 "IF...THEN...ELSE" 语句的等效图

ENIAC 团队在主程序器里设计了一个非常精巧的单元,以高度复杂的方式把指令序列组合成完整的设置,包括功能上等价于最初设想的两路分支,确定重复执行某个程序序列次数的机制。这甚至可以用来实现最基础的子程序机制，即"在给定的积分步骤内，多次执行某个插值过程。这个序列只需要设置一次，通过步进的方式，在任何需要的时候都可以使用相同的序列"[51]。步进器起到的作用与以后编程实践中的返回地址等价：控制权从插值序列转移到步进器，然后根据步进器的当前阶段返回到积分步骤中的适当位置。

探索条件控制

主程序器的设计完成后，团队花了一些精力来思考如何用更抽象的术语来描述条件控制。1944 年底的进度报告描述了在不使用主程序器的情况下实现这种能力的新方法。

根据存储数字的正负，利用 PM 计数器发出的脉冲来控制计算过程，现在被称为"符号判别"（sign discrimination）。团队发现，无需主程序器，组合累加器已有的内置功能就可以实现符号判别。传输正数不会在累加器的 A（Add）输出端产生符号脉冲，而是在 S（Subtract）输出端产生 9 个符号脉冲，负数则相反。传输一个数字，累加器的两个端口会同时将符号脉冲发送给两个程序序列的启动控制器，这意味着如果存储的数字是正的，其中一个程序将被启动，如果存储的数字是负的，则另一个程序被启动[52]。使用这种分支控制方法可释放主程序器上的步进器，却浪费了整个累加器。1946 年的 ENIAC 手册指出："如果这样设置累加器，那么累加器上除了符号判别程序之外，不能执行任何其他数字程序，因为它的两个输出端被完全占用了。"[53]

为了确保有充足的时间来正常完成被触发的操作，操作的启动时间延迟到 ENIAC 的下一个加法时间（类似以后的术语指令周期）开始之时，把脉冲发送到"哑程序控制器"便可以实现这一功能。这不是一个新装置，而是对每个累加器上已有电路和控制装置的巧妙改造。符号脉冲通过特殊的"程序适配器"电缆，传输到一个没有使用的累加器程序控制器输入端。"哑控制器"被设置成在下一次加法时间开始时发出程序脉冲，其余的什么也不用做。通过这种方式，在没有增加任何新电路结构的情况下，便可做到脉冲延迟。

利用符号脉冲控制计算过程的原理一旦建立起来，就很自然地扩展到一般的数字脉冲，称为"数字控制"。1944 年中的进度报告便使用了这样的一个例子来说明主程序器的灵活性。一个函数横跨 ENIAC 的三个函数表。函数参数（0、1 或 2）的第一个数位被发送到步进器的直接输入，"步进器转动到三个位置之一，决定用哪一个函数表来查找特定的值"[54]。

到 ENIAC 投入使用时，许多从事 ENIAC 工作的人已经熟悉了其后继计算机 EDVAC 简单而灵活的条件转移机制。尽管如此，ENIAC 编程的概念仍然主要是使用主程序器来构造一系列专门操作，如条件循环终止和数字控制[55]。

人们后来对 ENIAC 实现分支的误解是，它只不过是在计算机基本结构上的一个迟来而笨拙的补充。这种误解之所以出现，主要是由于 ENIAC 团队与约翰·冯·诺伊曼（John von Neumann）进行的计算机架构设计工作对现代计算机架构美学标准产生了持久影响。我们将在后面讨论新设计方法的美学标准，但在 ENIAC 的整体设计范式中我们注意到，主程序器实际上是相当优雅的解决方案。用条件循环的终止来实现分支有效地利用了主程序器的能力，重新利用了已经有其他用途的电路和电子管。"ENIAC 的分支很笨拙"，多年后亚瑟·博克斯自己写道，"本来可以增加更多的程序设备进行简化。但是这些（要增加的）设备在机器中已经存在，所以没有必要增加更多的电子设备来简化操作。"[56]

注　释

［1］Burks and Burks, "The ENIAC," 343.

［2］例如，埃克特曾经提到过由于"战时条件下的时间限制"，他建议"分布式控制的使用取决于构建的方便，以及能否及时完成"。J. Presper Eckert, "The ENIAC," in *A History of Computing in the Twentieth Century*, ed. N. Metropolis, J. Howlett, and Gian-Carlo Rota (Academic Press, 1980).

［3］"Report for Project PX, September 30, 1943, Accumulators and Transmitters," 3. Bound in "Reports on Project PX, Electronic Differential Analyzer, Moore School of Electrical Engineering, T. K. Sharpless," MSOD-UP, box 3.

［4］Sharpless, Z14 Notebook, p. 19.

［5］同［4］，第 24 页；Burks, Z16 Notebook, pp. 144–147.

［6］Stern, *From ENIAC to Univac*, 47.

［7］Burks, Notebook Z16. 图表贴在第 135 页。下一页是 1943 年 10 月 17 日的会议记录。

［8］Arthur W. Burks, 未完成的著作手稿，第五章。

［9］David Alan Grier, "The ENIAC, the Verb "to program" and the Emergence of Digital Computers," *IEEE Annals of the History of Computing* 18, no. 1 (1996): 51–55.

［10］事实上，认为计算机应该自动执行操作"序列"的想法在早期术语中是很普遍的，"序列"的含义与后来赋予"程序"的含义类似。IBM 把为哈佛大学制造的巨大的中继计算机叫作"自动序列控制计算器"（也经常被叫作 Mark Ⅰ）就突出了它自动执行计算操作序列的能力。与哈佛大学闹僵之后，IBM 又造了一台更大更好，灵活得多的计算机，在 IBM 纽约旗舰大楼一楼的大厅展示。这台机器的名字"选择序列电子计算器"突出了另一项进步：新机器可以自动根据当前计算的状态选择合适的序列执行。

［11］John Mauchly, "The Use of High Speed Vacuum Tube Devices for Calculating," MSOD-UP, box 51 (PX-Electronic Computation (Mauchly)). 莫奇利还用了一个略微不同的词"编程设备"，意思显然相同。如我们在第一章中讨论的，这个设备将起到中央协调的作用。

［12］"Report on an Electronic Difference Analyzer," April 8, 1943, appendixes A, C, and D.

［13］Sharpless, Notebook Z14, p. 19, dated "11-6-43" and headed "Desc. of Program Unit."

［14］Sharpless, Notebook Z14, p. 144, dated "Nov. 20, 1943," 为累加器程序单元电路画的方框图的标题用了"编程"这个词。

［15］1943 年的提案已经把配置 ENIAC 的动作称为"设置"，后来演变出把"设置"当作名词描述特定配置的用法。

［16］例如，1943 年 12 月 31 日的 ENIAC 进展报告里提到在乘法单元上可以设置"24 个不同的乘法程序"。这保留了 program 在 1946 年的文献 Adele K. Goldstine, *A Report on the ENIAC Part I:Technical Description of the ENIAC, Volume I* (Moore School, University of Pennsylvania, 1946), p. I-21 中的基本含义，即"单个程序控制的指令被称为'程序'"。J. Presper Eckert et al., *Description of the ENIAC and Comments on Electronic Digital Machines. AMP Report 171.2R. Distributed by the Applied Mathematics Panel, National Defense Research Committee, November 30* (Moore School of Electrical Engineering, 1945), 此文献的附录 B 的标题 Programming the ENIAC 是这个词最早的跟现代意义类似的用法。

［17］"ENIAC Progress Report 31 December 1943," XIV (1–3).

［18］这些参数以及防空应用，与 1946 年 8 月第一次使用 ENIAC 生成实际射击表时所选择的参数非常相似。见 "Deposition of Mrs. Genevieve Brown Hatch", October 18, 1960, in GRS-DC, box 35 (Civil Action No, 105-146. Sperry Rand vs. Bell Labs. Deposition of

Mrs. Genevieve Brown Hatch).

[19] "PX−1−81: Setup of Exterior Ballistic Equations" in volume II of "ENIAC Progress Report 31 December 1943."

[20] 图 2.2 中操作 2 里的累加器 2 和累加器 3 之间的传输与一个需要 9 个加法时间的乘法（没有显示在这个摘录中）是同时进行的，从表的第三列可以看出。表里的每一行对应一个数学操作，并行的操作应该都放进去。1944 年底，格式进行了调整，每一行表示一个加法时间，从而使设置中的详细时间节奏更容易读懂。

[21] "ENIAC Progress Report 31 December 1943," IV (9).

[22] "PX−1−82: Panel Diagram of the Electronic Numerical Integrator and Computer (Showing the Exterior Ballistics Equations Setup —Heun Method," in volume II of "ENIAC Progress Report 31 December 1943," GRS−DC.

[23] Donald F. Hunt to Burks, November 16, 1970, AWB−IUPUI.

[24] 与原始草图的布局相反，反映了 ENIAC 面板的物理布局。

[25] 最重要的区别是设置表里没有显示哪些数据线用来在单元之间传输数字。

[26] "ENIAC Progress Report 31 December 1943," XIV (8).

[27] "ENIAC Progress Report 30 June 1944," MSOD−UP, box 1, p. 2 of preface.

[28] 这后来成了 ENIAC 编程的标准做法，反映了团队对检查机器可靠性的重视。

[29] "ENIAC Progress Report 31 December 1943," IV (18).

[30] "Meeting of April 21," Z16 notebook, MSOBM−UP, box 1, serial no.16, pp. 244–255; also see Z14 notebook, MSOBM−UP, box 3, serial no. 14, pp. 60–61.

[31] Z16 notebook, MSOBM−UP, box 1, serial no.16, p. 252. 寄存器是在讨论输入输出功能的背景下介绍的，它 80 位的容量与打孔卡精确匹配。

[32] Arthur W. Burks, "Exhibit A: Contributions of Arthur W. Burks, Thomas Kite Sharpless, and Robert F. Shaw to the Design and Construction of the ENIAC," paragraph A6, part of *Exhibits of Arthur W. Burks* in *Honeywell Inc. vs. Sperry Rand et al.*, AWB− IUPUI.

[33] Notebook headed "Arthur W. Burks, PX April 28, 1944," MSOBM−UP, box 2, serial no, 17 (Z17), pp. 15–16; "ENIAC Progress Report 30 June 1944," IV−1. 最后落成的时候，ENIAC 由 30 个单元和 40 个面板组成，还包括一个初始化单元。

[34] Marcus and Akera, "Exploring the Architecture of an Early Machine," 21.

[35] Howard A. Aiken and Grace M. Hopper, "The Automatic Sequence Controlled Calculator—I," *Electrical Engineering* 65 (August–September 1946): 390.

[36] Richard Bloch, "Programming Mark Ⅰ," in *Makin' Numbers: Howard Aiken and the Computer*, ed. I. Bernard Cohen and Gregory W. Welch (MIT Press, 1999), 107.

［37］"ENIAC Progress Report 31 December 1943," XIV (8–9).

［38］同［37］，XIV (9).

［39］同［38］。

［40］"ENIAC Progress Report 31 December 1943," XII (2–3).

［41］同［40］，XII (3).

［42］Burks, 未完成的著作手稿，第 5 章。

［43］莫奇利没有注明日期的手稿，HLU, box 7 (ENIAC: 1944 Notes Programmer). 这些文档参考了博克斯的设置，并描述了主程序器的功能。因此，可以有把握地把它们的日期定在 1944 年上半年。年中报告（第 IV–33 页）指出，主程序器这一节的部分工作是在报告日期 1944 年 6 月 30 日以后完成的。

［44］"ENIAC Progress Report 30 June 1944," p. IV (40).

［45］事实上，这个图表不能像莫奇利说的那样重复整个计算过程，因为步进器在打印后没有返回到它的第一阶段。

［46］"ENIAC Progress Report 30 June 1944," IV (40).

［47］莫奇利的计划还描述了一个相当神秘的"程序耦合单元"，它的功能仍然很模糊。

［48］ENIAC Progress Report 30 June 1944, IV (33).

［49］同［48］, IV (41).

［50］这项技术在 Goldstine, *A Report on the ENIAC* 中有记载。

［51］"ENIAC Progress Report 30 June 1944," IV (40).

［52］"ENIAC Progress Report 31 December 1944," chapter 2 (11– 13).

［53］Goldstine, *A Report on the ENIAC*, (IV) 30.

［54］"ENIAC Progress Report 30 June 1944," IV (41).

［55］Eckert et al., *Description of the ENIAC (AMP Report)*, appendix B.

［56］Burks，未完成的著作手稿，附录 B。

第三章

赋予 ENIAC 生命

　　了解完 ENIAC 团队在构建以电子速度运转的自动计算控制方面所付出的努力之后，现在我们要转向 ENIAC 的工程开发环节。该环节最大的挑战也是以往历史记载中人们最为熟知的挑战，是使数以千计的真空管可靠工作而进行的技术开发。然而，想在战争期间迅速设计和建造 ENIAC，还面临许多其他的困难，从采购部件，到妇女们为 ENIAC 面板布线，以及组装部件的繁重的手工劳动，等等。

　　宾夕法尼亚大学是一所工程学校，由大量受过可靠性设计训练、车间管理和项目管理训练的人员组成。由这样一所有着深厚工业背景的学校管理，正是 ENIAC 项目的优势所在。如果 ENIAC 项目创新的挑战主要在逻辑和理论上，那么这所学校的管理优势就很容易被忽视。即使在商业历史学家的眼中，采购这类主题也是乏善可陈的几乎没有人写过计算机行业制造技术的历史。但是，在早期的计算机项目记录里，许多项目包括查尔斯·巴贝奇的差分机、约翰·阿塔纳索夫的计算机和康拉德·祖兹的 Z1，因它们的创造者缺乏克服工程障碍的资源和技能，使它们要么在建造过程中便被放弃，要么在完成后没有投入使用。然而 ENIAC 成功了，同样成功的还有哈佛的 Mark I（由 IBM 经验丰富的工程人员制造）、贝尔实验室（Bell Lab）的机器（由在生产可靠交换机制方面拥有非凡技能的电信实验室人员制造）和巨人（Colossus）机器（具有与 IBM、贝尔实验室类似的人员情况）。我们的研究发现，像电阻、电源、焊点，甚至电线等看起来很平常的技术问题也会给项目带来严峻的考验。对 ENIAC 来说，这些技术似乎没有真空管那么关键，但即使是最卓越、最具创新性的机器，如果不满足这些所有要素的需求，它也是无法运转的。

双累加器测试

1944 年初，累加器设计完成，随后开始了密集建设双累加器试验设备的相关工作。这项任务的主要责任落在约翰·戴维斯（John H. Davis）肩上，他在实验室笔记本里记录了对累加器电路所进行的漫长而系统的测试工作[1]。操作两个累加器需要一个循环装置来提供控制脉冲，还需要诸如电源、连接器和各种适配器等辅助设备。团队认识到，这相当于制造一台"小型 ENIAC"。若测试成功不仅能证明"累加器的工作能力"，还可以验证整个 ENIAC 的设计原则[2]。

工作进展缓慢。5 月 17 日，累加器基本完成。约翰·布雷纳德把项目的拖延归咎为累加器内部"大量只能一个人干的"线路连接工作。尽管由标准真空管器件组装的"可插拔"外部单元进展迅速，但这仍然延缓了累加器的进展[3]。测试工作在累加器完成一周之后开始。经过一段时间的调试，纠正了"细微的设计和施工错误"，累加器于 6 月下旬全面投入使用[4]。7 月 3 日，哈罗德·彭德写信给正在住院治疗黄疸病的赫尔曼·戈德斯坦，指出除了基本的算术运算测试，累加器也可以"求解正弦波和简单指数的二阶微分方程"[5]。这些计算基于谐波方程，即二阶微分方程，它的简单形式可用来测试自动数值积分。埃克特和莫奇利在 1943 年的提案里也包含了用四个累加器处理这一方程的例子，但在测试中使用了不太通用的版本，类似特拉维斯 1941 年报告里的例子，只需要两个累加器。

亚瑟·博克斯回忆道："看着累加器的内容随着指数函数增加，一个累加器显示正弦而另一个显示余弦，它们的值随着三角函数上下变化，这令人着迷。"[6]从这台简单的计算机上获得的经验在电路和循环单元接口的详细设计过程中发挥了非常大的作用[7]，包括每次按下一个按钮所触发的控制计划，允许操作员连续运行 ENIAC，或进行单步计算，如执行一次加法，甚至是只发送一个脉冲[8]。虽然前两个累加器建成后还在继续修修补补，但累加器的设计被证明是基本稳定的。1945 年夏天，包含了这些细微修改的新蓝图还在制作之中[9]。

制造 ENIAC

制造累加器并不容易。建设工作是在摩尔学院一层的一个大房间里开展的。根据斯科特·麦卡特尼（Scott McCartney）的记载，它有一个与其实际工作不太相干的昵称——"口哨工厂"。每个工程师都有一张靠墙的工作台。装配工和"连线工"（wiremen）占据了楼层中央的空间，机器就在那里装配[10]。电线穿过 ENIAC 的面板，连接的地方被焊接。从 ENIAC 前端伸出来的电缆在照片中看起来令人印象深刻，但与各式机柜里几英里长的电线，以及固定电路的大约 50 万个焊接头相比，这根本算不了什么[11]。

1943 年 12 月 17 日，当时的设计工作比生产任务更重，ENIAC 项目聘用了 11 名工程师、4 名技术人员和 5 名辅助人员，其中包括 1 名绘图员、1 名秘书和 1 名兼职速记员。随着生产和原型机器制作任务的推进，对这部分劳动力的需求激增。摩尔学院成了工业生产基地，项目的管理结构被重新组合成了 4 个小组。埃克特继续全面负责，他与莫奇利一起领导由 7 名工程师组成的工程和测试小组。电路图交给一个由 3 人构成的机械设计和绘图小组，组长是弗兰克·穆尔（Frank Mural）。画好的蓝图会交给 3 人模型制作小组。制作出的模型被工程和测试组测试并批准之后，蓝图才能发布成为生产指令。这种设计、原型和生产的分离在设计和生产过程中引入相当多的程序，并用正式的指令来代替口头指令[12]。博克斯后来指出，"由于我们在电路布线后和完工测试前一直修改更换，生产工人多有抱怨，士气低落，这些措施可能有助于解决这个问题"。[13]

ENIAC 设计工程师们的名字在历史文献中随处可见，与之不同的是生产工人一直被历史学家和记者忽略。生产团队由约瑟夫·切德克（Joseph Chedaker，从设计团队调过来的工程师）和一位男性检查员领导，但是几乎所有的"连线工"和装配工都是女性。1944 年 5 月，生产团队已经有 10 名成员，是 ENIAC 项目里最大的组。当年年底，完成 ENIAC 所需的工作量是在 34 名工人进行全职生产的基础上估算出来的[14]。

我们在项目的财务记录里找到了这些女性的名字。记录显示，她们一开始是"实习生"，在多数情况下，几个月后就会被提升为"助理装配工""装配工"或"技术员"。她们的离职率相当高——有些实习生被解雇了，但更多的是辞职了，有的因为怀孕，有的因为丈夫变更了工作地点[15]。现在有些网络和报纸上的消息称，当时招募了一些电话公司的职员。这似乎是一个合理的劳动力来源，就像当地的广播行业一样，但我们找不到任何关于招募这些妇女的可靠证据。1944 年中期，在战时劳动力短缺的情况下，一名经过培训的技术员每年能挣 2 000 美元，对于没有经验的女工来说这是一份不错的工资。男性技术人员的年薪高达 2 500 美元，介于秘书伊莎贝尔·杰伊（Isabelle Jay）和"头儿"埃克特之间。前者的薪水最近增加到了 1 800 美元，而后者当时是实验室主任，年薪为 4 000 美元。设计工程师的年薪起步为 3 000 美元。

战争期间，连线员、装配工跟工程师一样辛苦，他们推迟假期，夜间和周末也在工作。布雷纳德本来担心按原计划项目结束时他们就会被解雇，意味着他们永远没有机会休带薪的年假。但战争结束时，他们仍在两班倒的工作，所以至少还是有人从 ENIAC 的多次延误中得到了好处的。

采购组件

制造 ENIAC 主要使用了标准的组件和仪器，包括示波器、电阻器、冷凝器、变压器、扼流圈、真空管及其相关的插座，还有插头、支架、面板和底盘，当然还有电线[16]。要找到所有这些部件，不仅需要钱——弹道研究实验室的合同提供了足够的资金，还需要有关系和智慧来驾驭战时的官僚主义。战争期间美国的经济由政府机构主导。供应首先要确保满足军事上的需要而给平民的黄油、鞋子，甚至打字机都是定量配给的。民用工厂转而进行军事生产。军队本身由许多不同的组织组成，每个组织都有自己的需求、库存和供应系统。在这种类似苏联计划经济的体制下，仅靠正式的官僚机制很难成功地运作一个项目或工厂。以物易物和通过个人网络交换往往能更迅速有效地满足需求。这项工作的大部分落在赫尔曼·戈德斯坦肩上，作为摩尔学院和弹道研究实验室之间的联络官，戈德斯坦使 ENIAC 项目能够利用正式和非正式的军事供应网络。许多 ENIAC 部件是戈德斯坦从费城通信兵的仓库库存里弄到的。陆军通信兵是电子设备的主要使用者，而费城仓库是它的主要采购中心[17]。有时候还要帮分包商拉关系。卡尔·赖克特（Carl E. Reichert）钢铁公司是一家位于费城的企业，它负责制造 ENIAC 的主底盘，但买不到合适的原材料，直到戈德斯坦出面，写信给费城军械区的一位联络人请求协助，才买到必需的钢材[18]。

即使采购电线这样看起来很普通的东西，也有挑战。制造 ENIAC 意味着要把数量空前的、分布在一大片区域的电子元件连接起来。布雷纳德 1943 年 8 月访问麻省理工学院的辐射实验室时，偶然发现了一个合适的电线样品，但谁也不知道供应商是谁。他只好邮寄一些小的样品给供应商，询问他们是否认识这种电线，能否供应 26 000 英尺[19]。后来，布雷纳德还不得不游说五角大楼军械部司令办公室进行干预，批准向 Lenz 公司购买电线的订单。开关和插座供应商交货缓慢也影响了 ENIAC 的进度，ENIAC 不得不请求干预[20]。

ENIAC 使用的电阻数量比电子管还多[21]。大多数电阻体积小、性能可靠，很容易找到，但设计中还需要大量高精度的特殊电阻。1944 年 8 月，戈德斯坦把生产延迟归咎于这种特殊电阻引起的"可怕的耽搁"：战时生产委员会与项目的联络人对"我们的需求，无论是数量还是质量"都置若罔闻。这种电阻只有国际电阻公司能生产，而此官员"极难被打动"，他提供给 ENIAC 的样品都不合适。这一次是摩尔学院的院长哈罗德·彭德挽救了 ENIAC，他是国际电阻公司的联合创始人和董事[22]。

在 ENIAC 项目整个的推进过程中，采购工作一直不断地进行着。1945 年年中，在这台机器基本完工的时候，戈德斯坦仍在与费城军械区合作，完成来自弹道研究实验室的 4.5 万美元的补充合同，提供一系列备件、定制的示波器、一个特殊的表和用于测试计算机外部的"插件"设备[23]。在 ENIAC 搬到阿伯丁之后，摩尔学院仍在订购和派送合同清单里罗列的备品、备件[24]。

可靠性设计

ENIAC 电路设计对量产元件质量的要求之高前所未有，而这些元件的原本用途对质量的要求是比较低的。研究 ENIAC 的历史学家对埃克特一致称赞，说他巧妙地利用本不可靠的部件制造出了一台相当可靠的机器。

真空管是 ENIAC 逻辑和记忆单元的基本元件。关于 ENIAC 真空管的总数，最经常引用的数字是 17 468，但这些年来随着功能单元的增加和修改，这个精确得不合逻辑的数字其实在不断波动。埃克特本人往往四舍五入到 18 000[25]。真空管就像灯泡，用过一段时间之后就很可能会在通电的时刻被烧坏，而这段时间所持续的长短还不可预测。如果 ENIAC 这么多电子管跟通常情况下的普通电子管一样频繁地发生故障（例如收音机里的电子管），那它们就不能正常工作，也不可能完成任何计算。

工程师们找到了提高成功率的方法。并不是所有电子管的质量都一样，质量差的电子管通常在其生命早期就会出问题。埃克特的团队设计了一种特殊设备，可以检验买来的每一批电子管的质量，并积累其失效模式的数据。结果会反馈给设计过程。电子管发生故障的概率很大程度上与通过的电流大小有关，所以埃克特最后决定，任何电子管的电流都不得超过制造商建议的电流的百分之二十五。电子管都要经过高压条件下的"烧制"，在安装到 ENIAC 之前，那些质量差的电子管就已经被淘汰了[26]。由于大多数电子管的故障都发生在通电和预热的阶段，ENIAC 应该尽可能减少机器关闭的次数，并且在夜间和周末继续供电。这些措施结合在一起，提高了机器的预期可靠性，使它有可能在一天内完成一次计算，甚至有可能坚持一个完整的、没有间断的轮班。

不过幸运的是，附近就能找到可供应真空管的供应商，他们本来是本地收音机工厂的供货商。埃克特给几英里外的 RCA 所生产的几个型号制定了尽可能多的标准规范。1944 年 1 月，生产双累加器系统需要的真空管开始大量交付，8 月，摩尔学院购买的真空管数量已经多到足够被当作"生产制造商"。这样，它过去和以后的采购就便可享受退税待遇[27]。

从 18 000 个真空管中找到失效的那一个本身就是巨大的挑战。ENIAC 的各种面板采用了标准的构件设计，即插件单元，用的是标准的真空管和辅助部件，可以很容易地去除和更换。找到出故障的插件单元比找到那个失效的真空管要容易多了。故障单元被换成好的，ENIAC 很快就能恢复工作，有缺陷的部件则会被隔离出来进行修理。

1945 年生产全面展开时，质量保证成为团队工作中日益突出的一部分。团队建立了专门的"测试表"，制定严格的测试程序，并且详细记录每个真空管的使用。[28]

图 3.1　更换 ENIAC 的真空管。ENIAC 面板把房间分开，前面有开关，后面的"插入式"单元塞满管子并暴露在外，便于拆卸。（美国陆军图）

图 3.2　插件"decade"单元存储了一位十进制数。它的 28 根管子安装在外部，便于更换。"连线员"负责设备内的这些清晰可见的电线、电阻和焊接接头。

与其他项目的联系

ENIAC 项目的联络网为它提供了知识和物质上的支持。ENIAC 的保密级别是"秘密",而不是"机密"或者"绝密"(这两个级别用于真正敏感的项目)。战争期间,在科学项目和军事承包商的联络网中,ENIAC 是公开的秘密。在离它完成还有很长时间的时候就有参观这台机器的请求了。事实上,戈德斯坦似乎一直在系统地推进人们对 ENIAC 的认识。早在 1944 年 8 月,他就安排清理生产现场,接待参观[29]。他安排的访客除了计算机专家,还包括潜在的企业用户——例如,1945 年 6 月钱斯沃特飞机公司(Chance Vought Aircraft)的代表团[30]。最后,军械局局长办公室通知戈德斯坦,为了避免进一步的拖延和分心,"ENIAC 完成之前不允许任何人访问"[31]。因此,英国邮政代表团一开始被拒之门外,但后来为建造了更加机密的"巨人"计算机的威廉·钱德勒(William W. Chandler)和汤米·弗劳尔斯破了例[32]。

ENIAC 项目的一个重要联系是纽约的贝尔电话实验室。贝尔的自动中继计算机专家乔治·斯蒂比茨(George Stibitz),曾是美国国防研究委员会(National Defense Research Committee)负责战时计算项目的小组成员,也是贝尔实验室在战争期间制造的一系列计算机的设计者。1943 年 11 月,他对 ENIAC 的看法是,对于相同的操作,"电子设备"比中继技术的执行速度更高,但"开发时间将是中继计算机的四到六倍"[33]。如果是这样的话,ENIAC 将对战争毫无用处。斯蒂比茨提议,他可以为弹道研究实验室快速建造一台"继电器微分分析仪",鉴于弹道实验室已经对 ENIAC 进行了投资,因此这一想法最初被拒绝了[34]。斯蒂比茨对中继技术的热衷有时被视为纯粹的保守主义,但他对 ENIAC 计划的怀疑是有充分根据的;尽管如此,他还是认为"开发 ENIAC 是可取的,也很必要,应该继续"[35]。

1944 年 1 月,戈德斯坦写信给斯蒂比茨,感谢他近期对弹道研究实验室的访问,并希望他帮忙采购一台贝尔实验室的中继计算机[36]。紧随其后,他们之间还有一系列交流,其中最重要的是 2 月 1 日在阿伯丁举行的会议,摩尔学院、弹道实验室和贝尔实验室的高级职员参加了会议。会议要求贝尔实验室

"开发向 ENIAC 输入数据以及从 ENIAC 提取数据的磁带或电传纸带等高速设备"。与会者还决定委托贝尔实验室为弹道实验室建造一台中继计算机和一台用于微分分析器的打印机[37]。这样斯蒂比兹和贝尔实验室的其他工作人员，如凯恩（K. T. Kane）和萨缪尔·威廉姆斯（Samuel B. Williams），得以进一步参与 ENIAC 的工作。但为 ENIAC 制造高速磁带机的计划很快就被放弃了。保罗·吉隆在军械部办公室的新位置上与 ENIAC 项目仍然保持紧密的联系，他写信给哈罗德·彭德说，进一步讨论得出的结论是"威廉姆斯和斯蒂比兹对这项工作并不热心"，"我们被迫接受的每一次延迟……都变成了斯蒂比兹推销设备的优势"[38]。尽管如此，戈德斯坦还是继续与斯蒂比兹合作，斯蒂比兹为弹道方程的数值方法提供了详细建议[39]。戈德斯坦和坎宁安继续游说弹道研究实验室，要求订购继电器计算机，最后终于成功了。关于这件事我们在后面的章节会再说到[40]。

ENIAC 直接从贝尔实验室这个合作伙伴中获得收益。它的 1 500 个继电器——可以用电力翻转开关位置的微型开关——也有可靠性问题。戈德斯坦便安排贝尔系统的制造部门西部电气公司（Western Electric）供应继电器，到了1944 年 9 月，他还在催促这家公司"尽快交付"[41]。

摩尔学院和弹道研究实验室都使用了微分分析仪。在美国，这样的机器很少，它们的用户成立了一个非正式的俱乐部，时不时地交换一些看法，这为ENIAC 团队与麻省理工学院等机构之间的交流提供了另一条现成的渠道。同一时期，麻省理工学院与摩尔学院还合作开展了另一个雷达项目。通信显示，早在 1944 年 2 月，"讨论电子计算机"的会议里就有来自麻省理工学院的研究人员[42]。

ENIAC 项目和其他计算项目之间直接联系的证据更不清楚。记载最多的联系是约翰·冯·诺伊曼，他在 1944 年初就对哈佛的计算机了如指掌，并从1944 年 8 月开始深入参与 ENIAC 的研制[43]。目前还不清楚在此日期之前确定的 ENIAC 设计，是借鉴还是有意偏离了哈佛 Mark Ⅰ 的设计。

工程分包

每个累加器上的数字可以从它的氖灯显示上读出，但是如果等待操作员记下每个结果，便会浪费 ENIAC 前所未有的高速运行能力。ENIAC 的其他输入、输出设备的设计在开发后期才能确定。20 世纪 40 年代的大多数计算小组都将输入数据的编码记录在电传机使用的那种薄薄的五道纸带（five-channel paper tape）上。虽然 ENIAC 不需要读取大量数据来执行射表计算，弹道研究实验室还是决定使用穿孔卡片处理数据——这个决定大大提高了 ENIAC 在未来十年中的实用性。1944 年 4 月，经戈德斯坦安排，ENIAC 得到了 IBM 特别修改的读卡器和适合连接 ENIAC 的穿孔器。这些纸带比传统纸带更快、更灵活、更结实。尽管如此，它们仍然无法在计算量小而输出数据量大的情况下跟上机器的全速运行速度。

正如戈德斯坦在给布雷纳德的信中写道："机器的生产不会被包括在合同中的各种手续耽搁。"[44] 这种不受官方程序约束的工作方式，加速了 ENIAC 的最终完成。到 1944 年 5 月，机器已经基本完成，但戈德斯坦仍在与军械局的部门敲定最后的合同条款。[45] 常数发生器是穿孔卡设备和 ENIAC 其余部分之间的接口，它的设计已于 6 月完成。在贝尔实验室的帮助下，于 1 年之后建设完成[46]。

一拖再拖

1944 年 2 月，监督弹道研究实验室的研发主管格雷登·巴恩斯（Gladeon M. Barnes）将军提醒哈罗德·彭德，ENIAC "在战场上发挥作用是极其紧急的"。他说："对于这个部门，ENIAC 项目应该尽早完成，不允许任何能够克服的困难干扰它。"赫尔曼·戈德斯坦向上级承诺了一系列 ENIAC 完工日期的估计，先是在 1944 年 5 月 26 日承诺 ENIAC 将 "在 10 月 1 日前完工"[47]。戈德斯坦补充说："到目前为止，延误都是由雇人布线这一困难造成的。"[48] 他承诺的日期总是不会超过 4 个月。戈德斯坦这种不屈不挠甚至虚伪的乐观可能是出于一种认识：战争即将结束，如果继续拖延，ENIAC 项目很可能会被取消。

1944 年 6 月 8 日，诺曼底登陆两天后，约翰·布雷纳德收到了军械部司令莱文·坎贝尔（Levin H. Campbell）少将的来信，信中表示："你们要为世界战场上那些为你们而战的军队而持续不断地努力，我对你们的未来成果充满信心。"[49] 其他的鼓励就没这么婉转了。7 月，戈德斯坦提醒彭德说："军械司令办公室弹道学处处长塞缪尔·费尔特曼（Samuel Feltman）对 ENIAC 的研制速度有点担心。"戈德斯坦向费尔特曼保证道："累加器的设计刚刚完成，结果令人满意；复制单元的制造进展的速度也相当快。"他告诫彭德，"加快生产 ENIAC 是极其必要的"，因为"我们必须在军械局决定削减长期研究项目之前完成这项工作。"[50]

1944 年 9 月初，戈德斯坦向保罗·吉隆汇报说："ENIAC 的工作进展顺利……所有累加器的'decade'计数器以及大量的门电路和开关组件都已经完成了。乘法器、除法器和函数表电路也完成了；通风系统正常；IBM 也已经完成了输入和输出的卡片机器。"[51] 研究队伍正走在"正确的道路上"。8 月，戈德斯坦向弹道研究实验室的莱斯利·西蒙上校（Colonel Leslie Simon）承诺，"除了最后的测试和交付，ENIAC 将在年底基本完成"。1944 年底是合同到期的时间[52]。到了 12 月，戈德斯坦仍然很乐观。"我们"，他向吉隆保证说，"正处于 ENIAC 生产的最后过程之中……两个月之内机器就应该可以完成了。"[53]

1945 年 2 月，坎贝尔少将给彭德写了一封措辞尖锐的信，提醒他"迫切需要尽早完成"ENIAC，并指责彭德说，当时积压的射表"是项目开始时的 4 倍"[54]。ENIAC 在 1945 年的大部分时间里还是处于接近完工的阶段。当年 5 月，戈德斯坦写道，ENIAC 已经"接近尾声"，除了除法器之外，其他所有的单元"基本上都完成了"。通风系统的工作正在进行中，"我们希望电源通风系统完成后尽快开始测试——大约从现在开始的两周之后"[55]。

戈德斯坦提到 ENIAC 的电源系统，我们可能认为这种技术很容易获得或生产，但实际上它含有不寻常的和极具挑战性的高要求。在 1944 年，能够驱动分布在相当大的房间里的大约 18 000 个真空管、每秒高达 10 万次脉冲的电力系统还没有面世。这台机器正常运转时耗电约 150 千瓦，加上 ENIAC 的设计者几乎没有将许多部件所使用的电压标准化，更增加了挑战的难度，结果这台机器"要 28 个独立电源才能供应所需的 78 个不同的电压等级"[56]。由此引起的采购危机把 ENIAC 的完成进程推迟到了足以考验军械部耐心的程度。

通用电气（General Electric）是定制变压器的首选供应商，但由于该公司还有许多其他军事任务，因此要到 1945 年 10 月之后才能交付。马奎尔工业公司（Maguire Industries）前身是自动武器公司（Auto-Ordnance Corporation），以通用电气 3 倍的价格、但可在 1 个月内交货的承诺赢得了合同[57]。马奎尔工业公司当时是新近才开始涉足电子设备领域的，它在战争期间接到了大量主要供应汤普森冲锋枪相关部件的订单，从而使公司的财富迅速增加[58]。然而，它开始无法兑现自己的承诺。到 2 月底，也就是 28 套完整的、经过全面测试的设备应该交付的几周之后，马奎尔工业公司才运出了 4 个单元的部件[59]。在军械部门的调解下，马奎尔工业公司承诺加快速度，但它 3 月份交付的变压器质量低劣，根本无法满足合同所要求的标准。这些标准被负责交付的经理忽略了，他以为普通应用可以接受的绝缘性能也可以满足 ENIAC 的要求。（最后，宾夕法尼亚大学的律师事务所也参与进来，经过专家的评估，马奎尔工业公司同意退款给摩尔学院。）[60]

马奎尔工业公司未能交付变压器，导致 ENIAC 没有电力供应，摩尔学院无法在组装完成后对其面板进行测试。所幸的是，弹道实验室已经订购了全套的备件，包括全套的电源，因为他们意识到，任何一个特殊部件发生故障，在人们寻找替代部件的时候，都可能会"导致机器瘫痪两周或更久的时间"[61]。这第二套变压器是从诺特尔弗·文森实验室（J. J. Nothelfer Winding Laboratories）订购的，且无须支付像马奎尔工业公司那样夸大的加急价格。备件的到来挽救了局面，不久之后测试就正式开始了。

1945 年 8 月 22 日，ENIAC 接近完工，之后要做的"最终动静态测试"将在阿伯丁进行。博克斯列出了一份未完成任务的清单，区分了哪些任务要"立即完成"，哪些可以在将来搬到阿伯丁之后再完成。其中还有 70 多个任务要做，包括在计算机的每个面板上要做的事。博克斯用红墨水把做完的勾掉[62]。两周后，布雷纳德要求核心工程团队在工作日实行两班制，ENIAC 的工作从早上 8

点一直持续到午夜 12 点 30 分，每周工作 5 天。星期六只有一个轮班[63]。清单上的任务取得进展之前日本就投降了。战争于 1945 年 9 月 2 日正式结束，当时的 ENIAC 连一套射表也没有制作出来。由于特殊终止条款，战争期间的许多其他合同被取消，留下了大量未完工的建筑和未建造的武器[64]。

在多次延期后，最新的合同规定 ENIAC 应该在 9 月 30 日前完成。但很明显，在那个日期之前这台机器是完成不了的。经过 6 次补充合同，项目的成本已经增加到 487 125 美元（包括已编列预算的向阿伯丁搬迁的另外 96 200 美元）[65]。加上通货膨胀的因素，这个数字超过了今天的 760 万美元[66]。尽管有超支和坎贝尔少将的抱怨，ENIAC 项目并没有被取消。项目被延期至 12 月 31 日。ENIAC 的灵活性和它在其他问题上的潜在作用在当时受到了广泛的赞誉，尤其是约翰·冯·诺伊曼，他的观点在政治、军事和学术界都有巨大的影响力。坎贝尔自己评论说，ENIAC"使许多导弹弹道问题的成功解决有了可能，而这些问题目前由于计算量过大而无法进行"。此外，不管有没有战争，弹道研究实验室都要计算射表[67]。

使用 ENIAC

即便是功能完备的 ENIAC，如果没有工作人员来操作它，那么它对弹道研究实验室也毫无用处。1945 年夏天，到了可以在这方面做点什么的时候了。约翰·霍伯顿（John V. Holberton）是弹道研究实验室的一名员工，也是摩尔学院射表计算团队的高级主管，被任命为 ENIAC 操作的负责人[68]。为了保障连续性，霍伯顿和他的操作员团队将与机器一起搬到阿伯丁。

"ENIAC 的女人们"

约翰·霍伯顿和阿黛尔·戈德斯坦从当时的计算员里挑选了 6 名女性，组成第一批 ENIAC 操作员。除了针对应用问题做初始的物理设置之外，她们还要管理 ENIAC 的卡片穿孔机和读卡器，配置和操作传统的穿孔卡片设备，以及检测和尝试解决计算机运行时出现的错误和故障。就像之前和之后的大多数技术人员和支持人员一样，她们默默无闻地工作，几十年后才因被称为"ENIAC 的女人"和"第一批计算机程序员"而出名。

今天的"操作员"和"程序员"等概念的语义都不能准确表达这些女性的实际工作范围。最初使用的"操作员"一词，让人联想起她们与计算机之间亲密的、手工操作的关系，但在早期阶段，她们也得规划机器的设置，研究数学序列如何输入到 ENIAC 之中[69]。当 ENIAC 表现异常的时候，其实很难区分开关电线的物理错误和设置的设计错误。这就要求操作员对 ENIAC 的功能和运行的应用问题有深入的了解。"电脑操作员"后来成了社会地位较低、几乎是蓝领工作的代名词。追溯过往，将这些女性称为程序员更能凸显她们工作的创造性及其工作所包含的数学因素。

和摩尔学院数百名其他计算员一样，这些实习操作员挤在一起，拿着普通的工资，却从事着高要求而又令人麻木的重复性数学工作。她们都是年轻的未婚女性，这通常是她们的第一份工作，而她们的描述中表达了远离家乡、与新朋友在大城市享受生活的兴奋。这 6 个人都有大学学位（其中 4 个人的专业是数学），是她们与大多数计算员不同的地方。凯瑟琳·麦克纳尔蒂（Kathleen McNulty）（后来的莫奇利）和她的同学弗朗西斯·比拉斯（Frances Bilas，后来的斯宾塞）在费城的栗山女子学院（Chestnut Hill College for Women in Philadelphia）主修数学，1942 年毕业时被录用。弗朗西斯·伊丽莎白·斯奈德（Frances Elizabeth "Betty" Snyder，后来的霍伯顿）1939 年在宾夕法尼亚大学获得新闻学学位。玛丽莲·韦斯科夫（Marlyn Wescoff，后来的梅尔策 Meltzer）获得了天普大学社会研究专业学位。露丝·利希特曼（Ruth Lichterman，后来的泰特尔鲍姆 Teitelbaum）在纽约的亨特学院获得了数学学位[70]。

如今，贝蒂·琼·詹宁斯（Betty Jean Jennings，后来的琼·巴蒂克 Jean Bartik）是最著名的"ENIAC 的女人"，她接受口述历史的采访，出版回忆录，努力讲述自己的故事。她出生在密苏里农场上的一个家庭，父母一共有 7 个孩子，有宗教信仰且滴酒不沾。1945 年 6 月，詹宁斯从密苏里州西北师范大学数学专业毕业，几乎一到摩尔学院就转到了 ENIAC 研究组。她的回忆录给人一种她对东方生活充满热情的感觉，在那里她结交了异国情调的新朋友，并抓住了获得新工作体验的机会[71]。ENIAC 操作员是由她们的直接主管推荐的。但主管不能提名自己，因此这至少要让一个人失望了[72]。然而，这六人并不是在摩尔学院弹道研究实验室工作的最资深或最合格的女性。他们都认识玛丽·莫奇利（Mary Mauchly）和阿黛尔·戈德斯坦，这两人负责训练计算小组的新成员，给她们讲解当时使用的数学技术和台式机械计算器。莫奇利和戈德斯坦招募了许多她们培训过的女性[73]。戈德斯坦去了很多大学参加招聘会，包括她本科的母校纽约亨特学院，在那里她为项目抢到了露丝·利希特曼[74]。

阿黛尔·戈德斯坦拥有密歇根大学的硕士学位，是所有参与 ENIAC 项目的女性中数学背景最好的。1942 年，她跟随当时在军队服役的丈夫赫尔曼前往大西洋中部地区。阿黛尔在费城的一所公立学校教书，这是默认的受过教育女性的传统职业之路[75]。玛丽·莫奇利是两个孩子的母亲，拥有西马里兰大学（Western Maryland College）的数学学士学位。正如阿克拉所说，靠丈夫战前微薄的工资，她努力维持着中产阶级的生活方式[76]。

妇女的工作和应用数学

和她们这一代的许多年轻女性一样，ENIAC 操作员抓住了和平时期所不可能有的机会。男人们穿着军装派往海外，妇女们则负责制造军火和铆接船只，帮助美国将工业生产能力提高到打赢战争所需的水平。女性计算数学表格并没有太偏离正常的性别角色。计算是应用数学的一部分，是这门学科中地位最低的一部分，但也是最受女性欢迎的部分[77]。我们往往认为，第二次世界大战前完全禁止女性从事科学和工程这样的职业。的确，女性面临严重的歧视，但也有一些人认识到应用数学是个避风港，在这里，只要有足够的聪明才智和决心，就可以建立起能够立足的职业生涯。女性已经参与了战前的机械化计算——例如，1936 年莉莉安·费恩施坦（Lillian Feinstein）就成为哥伦比亚大学华莱士·埃克特（Wallace Eckert）计算实验室的管理者，后来被一位计算机先驱称为"世界级的高级全职科学穿孔卡片专家"[78]。

相当数量的女性已达到了数学教育的最高水平。在 20 世纪 30 年代获得数学博士学位的人中，大约有 15% 是女性。格蕾斯·霍珀是这群人中最著名的一位，她 1934 年在耶鲁大学（Yale University）获得博士学位[79]。（霍珀被描述为是第一位，而非第十一位从耶鲁大学获得博士学位的女性，这变成了一个经久不衰的神话。这个神话在很大程度上反映了我们想要简化女性在科学发展过程中处于不平衡地位的历史的愿望。）1943 年，霍珀自愿加入海军预备役，随后被分配到哈佛大学 Mark Ⅰ 计算机中心工作。在接下来的几十年里，随着计算机技术的发展，她依然表现得非常突出。后来，当她以计算机工作者的公众形象重返海军时，赢得了广泛的赞誉。另一位女性博士格特鲁德·布兰奇（Gertrude Blanch）负责联邦工程项目管理局（Federal Works Projects Administration）数学表格项目的数学操作工作。这是 1938 年的一项经济刺激措施，目的是雇佣失业者制作数学表格。1940 年 6 月，布兰奇管理了 400 多名计算员。战争期间，她的团队采用了打卡机和其他机械化设备，虽然减少了人员数量但产出却提高了[80]。

就像大多数领域一样，在数学领域，女性在地位较低的工作中表现更好。例如，她们有学士学位的比例要高于博士学位。然而，大多数为弹道研究实验室计算战时表格的女性甚至连数学学士学位都没有——很快就证明不可能找到足够多有学位的人来满足不断扩大的需求。在受过良好教育的妇女看来，从事计算员那样繁重而重复的工作并不能使她们成为数学家。与大多数领域一样，职业机会差、知名度低、薪酬低的职位看起来总是比机会好、薪酬高的职位更适合女性。简而言之，雇佣女性计算员是和平时期就存在的做法，只是战时男性劳动力的短缺加剧了这一现象，而实际上这并没有与人们普遍接受的职业性别角色差异形成明显背离。

最初从计算员中选择 ENIAC 操作人员的决定似乎是一个更重大的转变。然而，我们认为这是一个保守的决定，是希望保持她们的工作的连续性，以及对她们的技能和轨道计算知识可以转移到新工作中去的信念。虽然这在一定程度上可以用战时劳动力短缺来解释，但还是表明了人们对女性操作计算机的能力的信心。正如珍妮特·阿贝特（Janet Abbate）所指出的，劳动力短缺并没有说服摩尔学院有关部门培训女性从事 ENIAC 的电子设计工作[81]。出于类似的原因，他们选择了两名有维修电子设备经验的士兵来承担维护 ENIAC 硬件的工作。因此，赫尔曼·戈德斯坦和约翰·霍伯顿的聘用决定表明，他们认为，与设计或安装电子机械相比，操作 ENIAC 与在纸上进行科学计算或操作微分分析仪（女性在这项工作中的地位已经确立）有更多共同点。

培训操作员

ENIAC 依靠定制的 IBM 穿孔卡机器来读取输入的数据，并输出结果。其他类型的标准机器用于把输入数据打孔，将输出卡片打印出表格，对于许多应用程序，可以在运行的间隙对卡片进行排序和处理。打孔卡技术并不是操作员必须了解的唯一技术，但这是一个成熟的实践领域，她们可以在 ENIAC 尚未完工的时候学习。在还没有看到 ENIAC 的时候，实习操作员就从费城来到了阿伯丁，并在弹道研究实验室的穿孔卡工厂接受为期六周的培训。她们共住在一间宿舍，很快就成了朋友，在空闲的时间和士兵们打情骂俏[82]。

19 世纪 80 年代发明的打卡机，开始是专门用来辅助统计人口普查结果的。这种机器的使用已经扩展到许多其他领域，后来的型号已经能够打印结果，处理文本和数字，并计算结果。在第二次世界大战开始时，它们被广泛地用于印制工资支票和更新账户余额[83]。

打卡机在科学计算中的应用也变得越来越普遍。从 1928 年开始，莱斯利·科姆里（Leslie J. Comrie）在伦敦的皇家格林尼治天文台（Royal Greenwich Observatory）安装了打孔机，为女王陛下的航海年历计算天文表。水手们要依靠天文表来导航，所以英国政府非常重视这些表的制作。科姆里发表了一系列描述这一技术的论文，并被其他人（包括哥伦比亚大学的天文学家华莱士·埃克特）引用[84]。1940 年，埃克特出版了一本相关主题的综合性著作——《科学计算中的穿孔卡片方法》（*Punched Card Methods in Scientific Calculation*）。他一直与 IBM 保持着密切的关系，用 IBM 捐赠的设备充实他的实验室，并与该公司合作设计和测试实验穿孔卡设备[85]。

贝蒂·琼·詹宁斯后来回忆道："我们花了很多时间在阿伯丁试验场学习控制板如何与各种穿孔卡片机连接，包括制表机、分类机、读取机、复制机和穿孔机。作为培训的一部分，我们把阿伯丁试验场为制表机开发的四阶差分板拆开，并试图完全理解它。"[86] 为一个特定任务提供合适的插件配置绝非易事，这需要了解机器内置的各种传感器和计数器，能够创造性地与其他机器一起使用，并将特定过程中的步骤自动化。完整的连好线的插板可能包含数百条短电线，很难在不影响现有连接的情况下进行修改。

对于在 ENIAC 工作的女性来说，一个更有挑战性的问题是："该如何学会操作一台功能还不完整，也没有文档记录，而且还处在保密状态的机器？"对第一批 ENIAC 操作员的培训是 ENIAC 历史上颇具争议的话题之一。后来，阿黛尔在 1956 年代表 IBM 向专利局提交的宣誓书中，以及赫尔曼·戈德斯坦在各种法律材料中，都声称他们在培训操作人员方面发挥了重要作用。在 1972 年出版的书中，赫尔曼·戈德斯坦称："她们主要是由我妻子培训的，我也帮了一些忙。"戈德斯坦夫妇成了"唯一透彻了解如何编写 ENIAC 程序的人"[87]。的确，阿黛尔·戈德斯坦是两卷 ENIAC 文档的唯一作者，这两卷文档详细介绍了配置机器的步骤，还有大量的能够工作的示例和丰富的图表[88]。

而在詹宁斯和麦克纳尔蒂的宣誓书中，有几段文字则明确反驳了赫尔曼的说法，包括戈德斯所称的他和他妻子"教给 ENIAC 的编程小组，包括霍伯顿先生，如何在 ENIAC 上编程"。事实上，詹宁斯和麦克纳尔蒂都声称，"在研究了 ENIAC 图表后，这些女性学员自学了如何在 ENIAC 上编程"，而且"在这方面，来自戈德斯坦博士（当时还是上校）和戈德斯坦夫人的帮助微乎其微"。这份宣誓书声称，对约翰·霍伯顿以及由他领导的操作员而言，赫尔曼·戈德斯坦的权威纯粹是名义上的，霍伯顿接受的实际命令来自弹道研究实验室的其他人。玛丽莲·韦斯科夫、贝蒂·斯奈德和约翰·霍伯顿在宣誓书中也表达了同样的意思，只是用词略有不同[89]。律师们反复训练这些证人，让他们以一种特殊的方式来描述自己的经历。类似的短语后来还出现在审判证词和口述历史中，特别是坚持把"方框图"作为主要的知识来源，因为"方框图"提供了从实际电路中抽象出来的 ENIAC 单元的功能概述[90]。

赫尔曼·戈德斯坦被上述声明激怒了，阿黛尔·戈德斯坦已于 1964 年去世，无法再发表自己的立场。1971 年，当诉讼激战正酣的时候戈德斯坦完成了自己的历史著作。他从 IBM 的专利团队收到便签，表明他编辑了手稿以保护

IBM 的利益。例如，他补充说，他对摩尔学院的抱怨"应该缓和一些了，因为 IBM 目前在费城有一个科学中心，它的存在很大程度上依赖于与宾夕法尼亚大学的良好关系"。IBM 也曾要求戈德斯坦从书中删除其妻子 1956 年的宣誓书，因为它没有经过交叉询问，也没有根据法庭命令保存下来，所以不能作为证据被接受。还要求他对于"有关霍伯顿小组的能力问题，不要提到任何有'争议'或'争端'的事实"。他被要求删除约翰·霍伯顿教授及其团队很大程度上依赖阿黛尔《手册》草稿的说法，以及他们问了戈德斯坦夫妇许多问题，而且声称他们要学习的"框图"正是在阿黛尔的指导下准备的[91]。

图 3.3 亚瑟·博克斯坐着，手持启动和停止 ENIAC 的控制箱，琼·詹宁斯站着检查乘法器面板。（由西北密苏里州立大学琼·詹宁斯·巴蒂克计算博物馆提供）

　　毫无疑问，事实是介于前几段所描述的两种根深蒂固的立场之间的。从后来对操作人员的采访中可以明显看出，她们从彼此之间和 ENIAC 项目团队的其他成员那里学到了很多东西。她们后来都承认并没有简单地被这些图表困住，而是转身去弄清楚机器是如何工作的。贝蒂·琼·詹宁斯在回忆录里写道，从阿伯丁回来后，这些女性在摩尔学院一间空空的教室里待了几天，无助地盯着方框图，这时约翰·莫奇利恰好散步到这里，于是开始给她们讲解"这可恨的累加器是如何工作的"。她写道："约翰是个天生的老师。"他鼓励学员提问，她们"每天下午都去办公室问问题"[92]。在项目的那个阶段，约翰·霍伯顿和莫奇利共用一间办公室，所以他的团队肯定会接触莫奇利[93]。操作员们对莫奇利有美好的回忆，认为他善良、乐于助人、平易近人。随着项目从概念发展到详细设计和施工阶段，莫奇利在项目中的中心位置逐渐有所弱化，所以他很欢迎她们咨询相关问题。后来，詹宁斯写道："约翰·莫奇利是世界上最聪明、最完美的人。"[94]在巴克利·弗里茨（W. Barkley Fritz）和巴蒂克的同事的回忆里还有一些其他的教师。凯瑟琳·麦克纳尔蒂回忆说，在解释方框图上博克斯的帮助最大，这似乎是合理的。因为博克斯早在 1943 年就设计出了 ENIAC 解决射表问题的第一个装置，他曾帮助开展主程序器的概念化，在设计机器的整体控制系统方面扮演了重要角色。贝蒂·斯奈德告诉弗里茨，另一位工程师哈利·赫斯基（Harry Huskey）曾是她的"头儿"教练[95]。

这些与莫奇利和博克斯频繁交流的描述，与操作员在宣誓书里所声称的完全依赖于方框图的说法，显示出一种截然不同的图景。她们至少得到了 ENIAC 团队一些成员的帮助。训练计算员是阿黛尔·戈德斯坦最初受聘时的主要任务，1945 年底，她已经全面深入到 ENIAC 的内部工作。因此，即使 ENIAC 团队的成员主要依赖于莫奇利，但是如果说在这段时间里从来没有和阿黛尔说过话，也会显得很奇怪。鉴于她的《手册》涉及的范围极广，而且其中一些材料是根据进度报告改编的，《手册》里的一些文本和插图草稿很有可能在正式出版前几个月就已经存在了。

阿黛尔·戈德斯坦和操作员之间的紧张关系，可能也源于妻子们和操作员在 ENIAC 项目中所处的迥然不同的位置。阿黛尔·戈德斯坦像玛丽·莫奇利和后来的克拉拉·冯·诺伊曼一样，在意想不到的、要求很高的角色中表现出色。尽管如此，这 3 个女人最初与 ENIAC 的关系都要归功于她们对丈夫的选择。她们的职位比操作员更高，操作员被迫通过做手工计算的"繁重工作"来证明自己，而她们却通过与项目领导人的婚姻关系发挥着格外的影响力。

洛斯阿拉莫斯的第一次计算

1945 年 12 月，ENIAC 已经准备好了，可以执行完整的程序。这时计算任务的优先顺序发生了改变。它的第一个任务不是测试程序的设置或者很明确的轨道计算，而是一个复杂的计算——帮助洛斯阿拉莫斯实验室理论部确定爱德华·泰勒（Edward Teller）的氢弹设计是否可行。泰勒是匈牙利出生的物理学家，才华横溢，个性极强，他深信氢弹这种武器可以按比例放大，产生任意威力的爆炸。用来对付日本的核裂变武器会面临基本的物理限制，其爆炸威力的上限被限制在一百万吨 TNT 当量之下 [96]。这可以轻而易举地摧毁一座大城市，但当时投放炸弹的准确度较低，还不能够打击顽固的军事目标。

安·菲茨帕特里克从其他研究人员所无法获得的洛斯阿拉莫斯文献中得知，证明泰勒"超级"炸弹可行性的主要困难是确定作为燃料的氢的种类。氚是一种极其罕见的同位素，它可以被用作引爆装置的小型原子弹在自持的聚变反应中"点燃"。而氘是一种比较常见的同位素，只有在人类所无法创造达到的 4 亿摄氏度才会燃烧 [97]。生产可燃混合物所需的氚的最小量是多少？这是不可能通过实验的方法得知的。由于没有氚的储备，即使牺牲其他武器需要的钚的生产，让庞大的华盛顿汉福德（Hanford）反应堆设施专门生产氚，美国也需要数年时间才能产出"几百克"[98]。

泰勒痴迷于武器设计，即使在缺乏证据的情况下他也会不顾他人反对而继续推进他的设计。他做了大量工作试图模拟炸弹的点火过程，但最后得出的结论是，用手工计算器或传统的打卡机方法无法有效地模拟炸弹的点火过程 [99]。泰勒的两位同事，尼古拉斯·梅特罗波利斯（Nicholas Metropolis）和斯坦利·弗兰克尔（Stanley Frankel），正在寻找速度更快的计算机。1945 年 2 月，弗兰克尔找到保罗·吉隆，提出要"租用 ENIAC"[100]。那年夏天，他在华莱士·埃克特的实验室里进行了一次不成功的计算，这让他别无选择 [101]。接下来的几个月里，赫尔曼·戈德斯坦继续向梅特罗波利斯和弗兰克尔提供有关 ENIAC 的信息，帮助他们做好使用的准备 [102]。

这个应用问题的详细资料仍处于保密状态，但菲茨帕特里克表示，计算

"由 3 个对应于不同初始温度和氚浓度的偏微分方程组成，可以预测氘－氚系统的行为"。菲茨帕特里克还指出，梅特罗波利斯和弗兰克尔为了适应 ENIAC 的计算，不得不忽略了物理学的几个关键方面。

ENIAC 的工作人员都没有核机密的安全许可。但幸运的是，实现模型的计算步骤本身并不是保密的，因此 ENIAC 团队可以帮助梅特罗波利斯和弗兰克尔设计一个合适的机器设置。

梅特罗波利斯和弗兰克尔于 1945 年的 6 月或 7 月间第一次参观了 ENIAC，他们与设计者交谈，了解它是如何工作的[103]。几个月后，梅特罗波利斯回忆起第二次拜访阿黛尔·戈德斯坦的经历，当时他和弗兰克尔正在研究机器的设置问题。作为洛斯阿拉莫斯穿孔卡片装置的负责人，他们在把复杂计算分解成在现有机器极限之内可以解决的数值程序方面，是很有经验的。随着准备工作的继续，两名操作员凯·麦克纳尔蒂和弗朗西斯·比拉斯被派去提供帮助。后来，贝蒂·琼·詹宁斯和贝蒂·斯奈德对洛斯阿拉莫斯实验室物理学家们的创造力表示钦佩，他们对这台机器进行了"修补"，使计算问题得以运行。他们还把卡片倒着插进读卡器，并且"分割了累加器"，在每个累加器里都塞进了好几个变量[104]。

1945 年 12 月，这一应用问题真正开始在机器上运行，操作人员按照指令操作，赫尔曼·戈德斯坦"像乐队指挥一样"站在机器中间，大声读出设置信息，指挥安装开关和电线。据詹宁斯说，这是她们第一次见到 ENIAC 和它的大部分工程人员[105]。

这个计算几乎使用了 ENIAC 的全部能力，对于即将完成的计算机来说，这是一项严苛的压力测试。ENIAC 的服务日志用粗体标题"问题 A-12/10/45"记录了此项工作的开始。接下来是令人满意的"机器测试合格"，还有一页又一页更换真空管的糟糕报告，decade 单元的错误、乘法错误、减法问题、电路短路、进位错误、除法器故障等各种"麻烦"。负责设计面板的工程师都聚集在那里，来照看他们的机器正常运行。霍默·斯宾塞和其他硬件专家更换管子，重新焊接，消除出现的问题。

据报道，从洛杉矶运来了一百万张穿孔卡片[106]。人们倾向于认为在

ENIAC 上运行的计算任务的输入和输出数据都相对较少，它输入几个参数，并输出穿孔卡片，把最终结果制成表格。但实际上，它的大部分任务都需要操作人员向机器输送大量卡片，其中包含许多需要进一步处理的中间数据，需要处理的输出卡片也同样多。

12 月 17 日下午 6 点的一条记录写着"ENIAC 一切正常"。这台机器打了一些卡片，随后就出现了输出错误。在接下来的几天里，许多错误浮出水面。12 月 20 日下午 4 点，"尝试用 A-deck 进行测试"。这次"卡片运行到一半时停止了"，说明设置里还有错误。操作员们还不习惯处理卡片，在测试期间，测试卡片"完全弄混了"。尽管如此，当天结束的时候，一些测试已经顺利完成。ENIAC 时断时续地运转着。

图 3.4　ENIAC 的面板封闭成了一个空间，里面容纳了操作人员、可移动函数表和穿孔卡设备。这里，埃克特（前左）在可移动函数表上设置一个值，莫奇利（前中）在查看机器。背景中的霍默·斯宾塞（后左）正在检查累加器，赫尔曼·戈德斯坦（后右）正在调整其中的一块函数表面板，贝蒂·琼·詹宁斯（后中）在另一张便携式功能表上设置了一个开关，露丝·利希特曼（前右）站在读卡器旁。（摘自宾夕法尼亚大学档案馆）

接下来的几周里记录了许多对函数表里存储的值和机器设置的修改。一些修改是为了断开用于诊断的连线，这些连线有助于在不中断计算连线的情况下判别问题。错误的发生不再那么频繁，但往往也是间歇性的，因此更难识别。ENIAC 团队使用 "断点"（去掉一条连线使程序脉冲流中断）在特定的点停止计算，以便检查存储在内存中的数值。"断点" 因此成了专业术语，沿用至今[107]。还有一次一个进气口上的固定螺丝没有拧紧，导致内部温度升高到华氏 120 度，使得 ENIAC 的一部分功能自动关闭，许多真空管损坏[108]。

并非所有的技术挑战都来自于电子方面，环境条件也同样面临考验。12 月 23 日，"窗户上通风机的蒸汽管道" 破裂了，房间里充满了蒸汽，几小时后修理工才赶到。不过，通过转动阀门、打开房门和调节通风，ENIAC 产生的热气逐渐减少，机器勉强能继续工作。他们辛苦地度过了圣诞节。12 月 25 日晚上 9 点 30 分，积雪融化产生的水渗透进了摩尔学院的二楼。凌晨 3 点莫奇利才回到家，他的日志里提到 "还有五个人在工作，清理积水，将盛满水的水桶倒掉"[109]。这不是第一次洪水了。10 月的一场暴风雨摧毁了一个定制的电子管测试器，损失了价值几千美元的项目物资[110]。11 月，布雷纳德曾抱怨说，一天晚上 "我办公室的天花板漏进了大量的水"[111]。

图 3.5　ENIAC 的许多作业涉及通过计算机运行数千张 IBM 穿孔卡。弗朗西斯·比拉斯（在）在操作卡片穿孔机，贝蒂·琼·詹宁斯（右）在查看读卡器。(84.240.8 UV-HM；由哈格利博物馆及图书馆扫描)

第一阶段的工作已于 1946 年 1 月底完成，可是在 1946 年 2 月 7 日，梅特罗波利斯又回到了 ENIAC，在公开演示的问题的基础上做了进一步的工作[112]。洛斯阿拉莫斯实验室的负责人诺里斯·布拉德伯里（Norris E. Bradbury）在 3 月 18 日为这个"极有价值的合作"向吉隆表示感谢，他说，"在 ENIAC 上已经完成和正在运行的计算程序对我们非常有价值"，"如果没有 ENIAC 的帮助，几乎不可能达成任何解决方案"[113]。

梅特罗波利斯和弗兰克尔后来发誓说，这次考察主要是为了试验电子计算机，用 1962 年宣誓书里的话来说："我们对实际问题的答案不感兴趣，也没有得到答案。"[114] 尽管梅特罗波利斯和弗兰克尔对结果确实有一些保留意见，但泰勒在 1946 年 4 月的一次秘密会议上宣布自己是正确的，坚持认为"超级炸弹"只需要少量的氚[115]。直到 1950 年在 ENIAC 上进行了另一组计算之后，这个问题才得到最终解决。

从 ENIAC 团队的观点来看，这次访问的结果是明确的：ENIAC 经受住了严格的测试，或多或少显示出它的工作能力。赫尔曼·戈德斯坦后来写到，他"当然认为，在正式落成之前，ENIAC 的运转是令人满意的"。他说，到 1946 年 1 月的时候，情况已经很好地稳定下来了，真空管的故障率"每天少于 1 个"。有一次整整四天没有发生过真空管故障[116]。1945 年 12 月 17 日，ENIAC 的"机密"安全级别被取消，弹道研究实验室和摩尔学院可以自由地向全世界宣告它的存在了[117]。

注　释

[1] "Project PX #1, Notebook #8, issued Sept 30, 1943 to J. H. Davis," MOSBM−UP, box 12, serial no. 2 (Z2), pp. 12–57.

[2] "ENIAC Progress Report 30 June 1944," I−5.

[3] Brainerd to Goldstine, May 17, 1944, MSOD−UP, box 48 (PX−2 General Jan−Jun 1944).

[4] "ENIAC Progress Report 30 June 1944," II−1. See Davis' notebook for accumulator tests.

[5] Pender to Goldstine, July 3, 1944, GRS−DC, box 19 (PX—Project 1943–1946).

[6] Burks and Burks, "The ENIAC," 343 解释了双累加器测试的数学原理，并强调了它与微分分析仪的设置之间的相似性。

[7] Sharpless, Z14 notebook, pp. 71–72 (June 27, 1944) and 73–75 (July 10, 1944).

[8] 同［7］, pp. 76–77 (July 18, 1944).

[9] Arthur W. Burks, "Exhibit A: Contributions of Arthur W. Burks, Thomas Kite Sharpless, and Robert F. Shaw to the Design and Construction of the ENIAC," paragraph S15, part of Exhibits of Arthur W. Burks in *Honeywell Inc. vs. Sperry Rand et al.* in AWB–IUPUI.

[10] McCartney, *ENIAC*, 79.

[11] 关于 ENIAC 里连接点的数目，各种引用的差别达到 50 倍。流传最广的数字是 500 万个，目前得到了维基百科的认可。但是，ENIAC 所有电子管、电阻、开关和电容的总数大约是 105 000 个，这样每个部件都有好几十个连接。ENIAC 专利案件的一位见证人说 ENIAC 的连接点数是 10 万量级，这又意味着连接点比部件还少。(Richard F. Clippinger, ENIAC Trial Testimony, September 22, 1971, ETR–UP, 8 888.) 我们找到的最可信的数据是 50 万，来自对 ENIAC 发布午餐的一个媒体报告，后来得到埃克特本人的认可。"Physical Aspects, Operations of ENIAC are Described," War Department Bureau of Public Relations, HHG–APS, series 10, box 3, early February 1946, and "Remarks by J. Presper Eckert, Dinner Marking 15th Anniversary of ENIAC," University of Pennsylvania, October 12, 1961, SRUV–HML, box 381 (Whitpain Dedication and ENIAC Dinner).

[12] "PX–Project Laboratory Organization," May 4, 1944, MSOD–UP, box 48 (PX–2 General Jan–Jun 1944).

[13] Arthur W. Burks, "Exhibit A: Contributions of Arthur W. Burks, Thomas Kite Sharpless, and Robert F. Shaw to the Design and Construction of the ENIAC, part of Exhibits of Arthur W. Burks in *Honeywell Inc. vs. Sperry Rand et al*," 1972, AWB–IUPUI, S7.

[14] "Estimate of cost of six months (January 1 to June 30, 1944) continuation ...," December 7, 1943 and "Estimation of Cost: Completion of the ENIAC (Jun 1 to June 30, 1945)," both in MSOD–UP, box 49 (PX—Estimates).

[15] 我们在 MSOD–UP, box 48 (MS-112) 里找到了 "Project PX-2" 详细的 ENIAC 施工人员名单和财务报表。这些清单包括了大部分雇员，在同一个档案盒还找到了 "PX-2 Payrolls, 1944-1945"，含有部分月工资表格。1944 年中，领取工资的 ENIAC 的创建人员大部分都是女性。MSOD, box 48 (MS-104) 里的人事记录是更早时候的雇员情况；工资增长和变化记录在 MSOD, box 49 (PX-2 Accounts 1944). 与后一年被 BRL 雇用的 ENIAC 操作员不同，除了 "项目数学家" 阿黛尔·戈德斯坦，这些女性都没有被历史记录。我们所能做的也只有在 ENIAC 项目历史的脚注文字里记住她们。这些人事资料里记录的 1944 年帮助设计、建造 ENIAC 的女性有 Viola Andreoni, Martha Bobe, Lydia R. Bell, Vava Callison, Nellie T. Collett, O'Bera Darling, Helen Anna

De Lacy, Jeanette M. Edelsack（画图员）, Theresa Fraley, Gertrude E. Gilbert, Ann Gintis, Rita Golden, Margaret Henshaw, Jane Hodes, Virginia Humprey, Mary Ann Isreall, Dorothy F. Keller, Mary Knos, Alice T. Larsen, Alma Markward（装 配 工）, Mary Martin, Anne D. McBride, Cathrine J. McCann（画 图 员）, Rose McDonough, Mary E. McGrath, Mary McNetchell, Gertrude Moriarty, Anna Munson, Ann O'Neill, Violet Paige, Jane L. Pepper（画 图 员）, Alice Pritchett, Ruth Ruch, Marjorie Santa Maria（画 图 员）, Nancy Sellers, Eleanor Simone（技师）, Carolyn Shearman, Dorothy K. Shisler, Frances Spurrier, Grace M. Warner, Evangeline E. Werley, Charlotte Widcamp, Sally Wilson, Diana Wrenn, and Isabelle Jay（秘书）.

[16] "List of supplies for beginning PX−1, April 24, 1943" and "List of supplies and equipment needed for PX−1, May 6, 1943." In MSOD−UP, box 48 (PX—Drawings, Pamphlets, Estimates, Misc.).

[17] Goldstine to Strachen, September 14, 1945, ETE−UP. 1941 年 6 月，信号部队在芝加哥和旧金山的采购中心并入费城运作，费城成了全国电子供应中心。到 1942 年 4 月，费城补给站每月处理超过 1 400 万磅的输入物资，并储存了超过 10 万件不同的物品。George Raynor Thompson et al., *The Signal Corps:The Test (December* 1941 *to July* 1943*)* (Government Printing Office, 1957), 182.

[18] Goldstine to Bennie, March 30, 1945, ETE−UP.

[19] Brainerd to Bernbach Radio Corp, August 12, 1943, MSOD−UP, box 48 (PX−Manufacturers 1943). 电线样品的两股小铁丝还钉在文件副本上。

[20] Various letters in MSOD−UP, box 48 (PX−2 General Jan−Jun 1944).

[21] 根据埃克特的说法，ENIAC 包含 7 万个电阻，大多数是 "1.5 瓦的小型合成电阻"。J. Presper Eckert Jr., "Reliability of Parts," in *The Moore School Lectures:Theory and Techniques for the Design of Electronic Digital Computers*, ed. Martin Campbell−Kelly and Michael R. Williams (MIT Press, 1985).

[22] Goldstine to Gillon, August 21, 1944, ETE−UP. Travis, OH 36: Oral History Interview by Nancy B. Stern 的第 20 页讨论了彭德与 IRC 的关系.

[23] Goldstine to Bogert, July 9, 1945, ETE−UP.

[24] Travis to Warshaw, MSOD−UP, box 52 (ENIAC Moving to Aberdeen).

[25] Eckert, "Reliability of Parts."

[26] Akera, *Calculating a Natural World*, 100–101.

[27] 同［26］, 100. Randolph to Brainerd, August 5, 1944, MSOD−UP, box 48 (PX Tubes Manual).

[28] Dais, Z2 Notebook, p. 100 有测试表的草图。单个电子管的测试实例见 1944 年 10 月的

笔记 Sharpless Z14 Notebook, 86–95.

[29] Goldstine to Stibitz, August 12, 1944, ETE−UP.

[30] Goldstine to Power, June 9, 1945, ETE−UP.

[31] Goldstine to Pender, June 26, 1945, ETE−UP.

[32] DuBarry to Greathread, September 15, 1945, GRS−DC, box 3 (与 PX 项目相关的资料) 允许钱德勒和弗劳尔斯在当年 9 月和 10 月参观。

[33] Stibitz to Weaver, November 6, 1943, MSOD−UP, box 49 (PX−1 General, 1943).

[34] "Discussion of a Proposal by Dr. Stibitz for the Development of a Relay Differential Analyzer for Ballistics," circa October 1943, MSOD−UP, box 49 (PX−1 General, 1943).

[35] Stibitz to Weaver, November 6, 1943, MSOD−UP, box 49 (PX−1 General, 1943).

[36] Goldstine to Stibitz, January 4, 1944, ETE−UP.

[37] "Report of a Conference on Computing Devices," February 1, 1944, ETE−UP.

[38] Gillon to Brainerd, February 21, 1948, GRS−DC, box 3 (Material Related to PX−Project).

[39] Goldstine to Stibitz, August 12, 1944, ETE−UP.

[40] 在这些讨论中冯·诺伊曼也是一个重要的声音。Von Neumann to Oppenheimer, August 1, 1944（洛斯阿拉莫斯解密文件，作者所有）。他和戈德斯坦后来都帮助 BRL 定义了其对机器的需求。Curry to Goldstine, September 12, 1945 and Goldstine to von Neumann, September 13, 1945, ETE−UP.

[41] Goldstine to Gillon, September 2, 1944, ETE−UP.

[42] Goldstine to Brainerd, February 1, 1944, ETE−UP.

[43] William Aspray, *John von Neumann and the Origins of Modern Computing* (MIT Press, 1990), 30.

[44] Goldstine to Brainerd, April 21, 1944, ETE−UP.

[45] Goldstine to Quaintance, May 27, 1944, ETE−UP.

[46] Stern, *From ENIAC to Univac*, 30.

[47] Barnes to Pender, February 1, 1944, MSOD−UP, box 48 (PX−2 General Jan−Jun 1944).

[48] Goldstine to Gillon, May 26, 1944, ETE−UP.

[49] Ingersoll to Brainerd, June 8, 1944, MSOD−UP, box 48 (PX−2 General Jan−Jun 1944).

[50] Goldstine to Pender, July 28, 1944, ETE−UP.

[51] Goldstine to Gillon, September 2, 1944, ETE−UP.

[52] Goldstine to Simon, August 11, 1944, ETE−UP.

[53] Goldstine to Gillon, December 14, 1944, ETE−UP.

[54] Campbell to Pender, February 20, 1945, MSOD−UP, box 49 (PX—Estimates).

[55] Goldstine to von Neumann, May 15, 1945, ETE–UP.

[56] Burks, "Contribution of Arthur W. Burks," S16. 博克斯为这些单元制定了规格。总功耗来自 War Department Bureau of Public Relations, "Physical Aspects, Operations of ENIAC."

[57] Goldstine to Smith, February 12, 1945, MSOD–UP, box 48 (PX–Maguire Power Supplies).

[58] Bill Yenne, *Tommy Gun:How General Thompson's Submachine Gun Wrote History* (Thomas Dunne Books, 2009).

[59] Burks to Sarbacher, February 27, 1945, MSOD–UP, box 48 (PX–Maguire Power Supplies).

[60] "Memorandum Concerning Meeting Between the Representatives of the University of Pennsylvania and Representatives of Maguire Industries, Inc.," April 7, 1945, MSOD–UP, box 48 (PX–Maguire Power Supplies). 马奎尔工业公司转向无线电和消费产品，但最终被它的所有者罗素·马奎尔的政治活动蒙上阴影。

[61] Goldstine to Bogert, July 9, 1945, ETE–UP.

[62] Burks, Z17 Notebook, pp. 57–62.

[63] Brainerd to Goldstine et al., September 8, 1945, MSOD–UP, box 48 (PX–2 General Jul–Dec 1945).

[64] 国会提前规定了在战争结束后行使政府的"便利条款"时应采用的程序，1944 年通过了的《合同解决法》Pub.L.No.78–395, 58 Stat. 649.

[65] "Summary of W–670–ORD–4 962," MSOD–UP, box 55a (ENIAC General, 1944–1945).

[66] 这是根据美国劳工局使用的通货膨胀计算器（http: //www.bls.gov/data/inflation_calculator.htm）算出的生活成本通胀指标。由于 20 世纪 40 年代的经济体量比现在小得多，即使在考虑了通货膨胀因素之后，仍然低估了投资的重要性。

[67] Campbell to Pender, February 20, 1945, MSOD–UP, box 49 (PX—Estimates).

[68] 丽萨·托德对霍伯顿职责的讨论在 page 15 of W. Barkley Fritz, "The Women of ENIAC," *IEEE Annals of the History of Computing* 18, no. 3 (1996): 13–28.

[69] 詹宁斯回忆说，1945 年底，她和斯奈德被分配为 ENIAC 设计计算轨道的设置，而利希特曼和韦斯科夫用手工做同样的计算，结果用于验证 ENIAC 的设置，并在稍后帮助调试物理设置。Bartik, *Pioneer Programmer*, 85.

[70] Fritz, "The Women of ENIAC." Jennifer S. Light, "When Computers Were Women," *Technology and Culture* 40, no. 3 (1999): 455–483 重现了计算员的工作和培训。

[71] Bartik, *Pioneer Programmer*.

[72] Fritz, "The Women of ENIAC," 15.

[73] 同［72］，15–16. 赫尔曼·戈德斯坦后来称，他已经劝说摩尔学院终止当时培训计算员的几个年长教师的协议，换成 3 位女性，包括他妻子。Light ("When Computers

Were Women," 467) 表明 3 位妻子实际上是一个包括 3 位男性和 9 位女性的更大团队的成员。

[74] Grier, *When Computers Were Human*, 260.

[75] Adele K. Goldstine, "Affidavit in Public Use Proceedings by IBM against the 1947 ENIAC Patent Application," 1956, HHG−APS, series 10, box 3 中谈到她抵达费城的情况。

[76] Akera, *Calculating a Natural World*, 82.

[77] Judy Green and Jeanne LaDuke, *Pioneering Women in American Mathematics:The Pre-1940s PhDs* (American Mathematical Society, 2008).

[78] Herbert R. J. Grosch, Computer: *Bit Slices from a Life* (Third Millennium Books, 1991), 81.

[79] Judy Green, "Film Review: Top Secret Rosies," *Notices of the AMS* 59, no. 2 (2012): 308–311.

[80] David Alan Grier, "The Math Tables Project of the Work Projects Administration: The Reluctant Start of the Computing Era," *IEEE Annals of the History of Computing* 20, no. 3 (1998): 33–50. 更多材料可以参考: Grier, When Computers Were Human. 在第 242 页上有工人的数量。

[81] Janet Abbate, *Recoding Gender:Women's Changing Participation in Computing* (MIT Press, 2012), 18–19.

[82] Bartik, *Pioneer Programmer*, 66–74.

[83] JoAnne Yates, *Structuring the Information Age (Johns Hopkins University Press*, 2005*). Lars Heide, Punched-Card Systems and the Early Information Explosion*, 1880–1945 (Johns Hopkins University Press, 2009).

[84] L. J. Comrie, *The Hollerith and Powers Tabulating Machines* (Scientific Computing Service, 1933).

[85] Wallace J. Eckert, *Punched Card Methods in Scientific Computation* (Thomas J. Watson Astronomical Computing Bureau, Columbia University, 1940).

[86] Fritz, "The Women of ENIAC."

[87] Goldstine, *The Computer*, 229–230. 这个说法不光激怒了相关的女性，似乎也低估了博克斯的工作，在有关 ENIAC 控制方法的设计和火力表早期工作的档案材料中，博克斯的重要性比戈德斯坦夫妇都要高。

[88] Goldstine, *A Report on the ENIAC*.

[89] 这些 1962 年 2 月的宣誓书与一些法律资料一起保存在 HHG−APS, series 10, box 3.

[90] 所有 ENIAC 单元都制作了方框图，给出了电路的示意图。这些是通常假定操作员讨论用的图表，但是这个词有时也用于专门表示 ENIAC 程序结构的图表格式，很明显这

种格式非常适合当作编程教程。例如，阿黛尔·戈德斯坦把主程序器的配置图描述为"用来总结应用问题的各种程序序列如何联系在一起的框图"。Goldstine, *A Report on the ENIAC*. 莱默把后来被称为流程图的东西描述为展示程序决策点的"ENIAC 设置框图"。D. H. Lehmer, "On the Converse of Fermat's Theorem II," *The American Mathematical Monthly* 56, no. 5 (1949): 300–309, at 302.

[91] Bromberg to Goldstine, "Comments in Regard to Proposed Changes in Your Book Manuscript," April 5, 1971, HHG–HC box 1 (Correspondence, Apr 2, 1960–Apr 6, 1971).

[92] Bartik, *Pioneer Programmer*, 75–76.

[93] Fritz, "The Women of ENIAC."

[94] 同［93］，21.

[95] W. Barkley Fritz, "ENIAC—A Problem Solver," *IEEE Annals of the History of Computing* 16, no. 1 (1994): 25–45, at 28.

[96] 美国 1952 年测试了一种裂变炸弹——Ivy King，其 TNT 当量约为 50 万吨，但由于第一颗氢弹已经成功测试，美国没有在这方面做进一步的努力。Jeremy Bernstein, *Oppenheimer:Portrait of an Enigma* (Ivan R. Dee, 2004), 118.

[97] Fitzpatrick, *Igniting the Light Elements*, 104.

[98] 同［97］，175.

[99] 同［97］，114.

[100] Goldstine to Gillon, February 19, 1945, ETE–UP.

[101] Fitzpatrick, *Igniting the Light Elements*, 115.

[102] Goldstine to Metropolis and Frankel, August 23, 1945, ETE–UP.

[103] Nicholas C. Metropolis, ENIAC Trial Testimony, December 13, 1971, ETR–UP, p. 14, 454.

[104] Jean J. Bartik and Frances E. (Betty) Snyder Holberton, "Oral History Interview with Henry S. Tropp, April 27, 1973," National Museum of American History, 1973 (http: // amhistory. si.edu/archives/AC0196_bart730427.pdf), pp. 41–47 and 89.

[105] Bartik, *Pioneer Programmer*, 84. 巴蒂克暗示洛斯阿拉莫斯计算是 10 月开始的，这与原始材料不一致。

[106] Goldstine, *The Computer*, 226.

[107] "ENIAC Service Log (1944–48)," AWB–IUPUI, January 1, 1946.

[108] 同［107］，December 9, 1945.

[109] 同［107］，December 26, 1945. The entry is signed "JWM."

[110] Brainerd to Pender, November 14, 1945, MSOD–UP, box 48 (PX–2 General Jul–Dec 1945).

[111] Brainerd to Pender, November 15, 1945, MSOD–UP, box 47 (Overhead Third Floor).

[112] "ENIAC Service Log (1944–48)," February 7, 1946.

[113] Bradbury to Barnes and Gillon, March 18, 1946, MSOD–UP, box 55a (Parts Supplies).

[114] Nicholas C. Metropolis, Affidavit in *Sperry Rand et al. vs. Bell Telephone Laboratories*, January 3, 1962, HHG–APS, series 10, box 3.

[115] Fitzpatrick, *Igniting the Light Elements*, 122–124.

[116] Goldstine, *The Computer*, 231.

[117] "Item 22904: Reclassification of the Project for Development of the Electronic Numerical Integrator and Computer," GRS–DC, box 3 (Material Related to PX–Project).

第四章

让 ENIAC 工作

在繁忙的 ENIAC 调试过程中，赫尔曼·戈德斯坦一直在想方设法确保这台机器能够高调发布，得到媒体的大力报道。1945 年 12 月 26 日，他向莱斯利·西蒙汇报宣传计划进展情况时提到，保罗·吉隆希望能"请到艾森豪威尔将军在典礼上做主要发言"[1]。

ENIAC 揭幕

1946 年 2 月，ENIAC 的首次亮相被分成了两次。第一次以军械司令办公室的名义给"全国科学作家协会以及邮件列表里所有的科学和流行杂志"发出了 2 月 1 日午餐活动的邀请[2]。根据一份规划文件的记载，操作员"女孩们"作为导游带领访客参观，回答问题，并介绍工程师[3]。这次活动安排了机器的演示，包括运行四项简单的数学任务，以及更复杂一些的洛斯阿拉莫斯计算程序里的一部分，以便记者们提前撰写报道，从而在保密情况下在正式揭幕当天就可以印刷发行。

2 月 15 日，在一群杰出的观众面前举行了一场更为复杂的演示活动。那天晚上，相关方面在休斯敦大厅为科学和军事界的要人举办了一场答谢晚会。宾夕法尼亚大学的休斯敦大厅是精致的石头结构，是美国最古老的学生会建筑。座位表上列出了 110 位客人。他们受到的款待是龙虾浓汤、菲力牛排、冰淇淋

和 "花式蛋糕"[4]。显然，所有的客人都是男性。这台机器的设计工程师都出席了，而那些给它装上电线和程序的女人却没有到场[5]。活动快结束时，举行了隆重的 ENIAC 落成仪式，军械部研发部主任格雷登·巴恩斯少将按下了按钮。这应该是打开了机器，不过团队成员知道它实际上根本就没有被关掉[6]。然后，客人们步行 5 分钟来到摩尔学院，迎接他们的是亚瑟·博克斯，他给大家演示了一个新编码的轨道计算实例，展示 ENIAC 解决这方面问题的能力[7]。

图 4.1　ENIAC 项目负责人在落成典礼上与军械部来访官员的合影。从左至右：小普雷斯波·埃克特、约翰·布雷纳德、萨姆·费尔特曼（军械部工程师）、赫尔曼·戈德斯坦、约翰·莫奇利、哈罗德·彭德、格雷登·巴恩斯、保罗·吉隆。（美国陆军图）

在博克斯讲解的同时，操作人员拿着在 ENIAC 和辅助设备之间传递数据的卡片，在房间里进进出出。贝蒂·琼·詹宁斯后来回忆说，"我们把卡片从穿孔器里拿出来，在走廊里的制表机上打印出轨道的数据"，"我们也会从读卡器输出托盘里把刚运行完毕的卡片取出，然后把它们放回读卡器进行再次的读取，以便重复演示。打孔卡通过制表机一遍又一遍地读取，以获得足够的轨迹副本，作为纪念品分发给每个人"[8]。

《纽约时报》自诩是"记录历史的报纸"，通过它的报道，对什么该保留、什么不该保留等，已经为后人做了初步判断。从这个角度看，它对 ENIAC 处理得很好。当时的报纸版面更宽，印刷字体更小，《纽约时报》将 11 个报道的开头压缩到头版。这台新机器在落成那天就登上了头版，但这并不是当天最大的新闻。那天最大的新闻是钢铁工人罢工，这篇报道有一个巨大的标题，左右两边配上篇幅较小的一些头版报道，主要是解决物资短缺、政府工资改革和价格政策等方面的内容。联合国大会的开幕会议也抢了 ENIAC 的风头。ENIAC 被塞进了在折叠栏的下面的一个小网格里，标题是"电子计算机闪现答案，有望加速工程推进步伐"。这个标题没能抓住报道的主要要义，报道开头的第一句话是"战争的最高机密之———一台神奇的机器"。然后报道提到，一位不具名的"领导人"认为它是"一种工具，在此基础上可以重建科学事务"[9]。在该报道的内页里可以看到，埃克特和莫奇利的肖像出现在一张机器的大照片下面，而照片中一名士兵（下士欧文·戈尔茨坦）正在检查前景中的函数表，其他几个人在后台工作。这仍然是 ENIAC 的经典形象。

图 4.2　1946 年《纽约时报》报道中所使用的这张照片，仍然是 ENIAC 辨识度最高的图片。在房间的前半部分，可以看到维修工程师欧文·戈尔茨坦（Irwin Goldstein）正在使用可移动函数表。霍默·斯宾塞、弗朗西斯·比拉斯和贝蒂·琼·詹宁斯在房间的后面。（摘自宾夕法尼亚大学档案馆）

ENIAC 能正常工作吗?

在后来关于 ENIAC 揭幕式的记忆中,落成仪式之后运行的轨道计算演示程序占据了重要位置。灯光闪烁,机器疯狂地计算,炮弹在虚拟轨道上模拟的飞行比真实炮弹跑得还要快。尽管后来计算结果的准确性和程序作者的身份都受到质疑,但至少这是一种宣告。20 世纪 70 年代 ENIAC 专利战中最关键的一点是,无论演示程序还是 ENIAC 在最初 6 个月里设置的任何程序,是否能真的正常工作。ENIAC 就像随后几年出现的计算机一样,在从"基本建成"跨越到"实际工作"之间的道路上遇到了一些困难。ENIAC 的这个转变过程花了多长时间,是决定专利有效性的关键问题之一。

埃克特和莫奇利在 1944 年就开始与摩尔学院以及其他利害关系方讨论了专利问题,但直到 1947 年 6 月 26 日才正式提出专利申请。博克斯后来把准备专利申请的缓慢进度归咎于莫奇利,他本应在 1945 年就专注专利问题,但他错过了多个截止日期。同时,项目的工程师们确实相当分心,也很难从军械部律师那里得到持续的帮助[10]。无论什么原因,这一延迟是灾难性的,因为法律规定,发明人在首次"出售"他的发明之后一年里可以申请专利。如果在这段时间内没有申请,那么这项发明就将永远进入公共领域,不属于任何人。在这种情况下,"出售"并不意味着机器实际上已经完善和做过宣传,可以购买,而只是表明它已经向公众宣布,它的工作状态已经足够好,具有潜在的商业价值。因此,ENIAC 只有在 1946 年 6 月 26 日之前的所有使用均属于严格的实验状态,它的专利才有效。

洛斯阿拉莫斯的试验早在这一关键日期之前就开始了,公开演示和《纽约时报》头版的报道也是在此之前。当时,摩尔学院认为 ENIAC 第一次成功的运转就是洛斯阿拉莫斯计算。1946 年,欧文·特拉维斯曾这样答复军械部律师的询问:"关于开始运行的日期……ENIAC 第一次完整的成功操作是在 1945 年 12 月 10 日。"[11]摩尔学院与军械部门的最后一份合同于 1945 年 6 月 30 日到期,为完成必要的文书工作、进度报告和文件,又多留了一些时间。那些为该专利辩护的人称,之前所有的使用都是在调试机器,直到 7 月 25 日政府才接手 ENIAC[12]。

这个立场一再受到挑战。阿黛尔·戈德斯坦在她 1956 年的宣誓书中说："从 1945 年 12 月，在 ENIAC 完成之后，就开始了上面所说的实际应用，我在那里工作的整个期间它都在运行。"而埃克特、莫奇利和最初的 6 名女性操作员团队的成员却反驳说，ENIAC 仍然非常不可靠，它的输出除了帮助诊断机器的错误之外没有任何用处[13]。他们发誓，创建和运行这些有问题的设置只是为了测试硬件，并使编程方法具有可操作性。贝蒂·琼·詹宁斯（那时的琼·巴蒂克）所签字的宣誓书的一个典型主张是"1946 年 7 月之前，ENIAC 上没有应用到实际中的问题，早期 ENIAC 的所有操作都只是在探索、开发和展示机器的功能，学习如何操作它，或帮助发现其中的缺陷"[14]。这一点在 1972 年那场决定性的专利审判中仍存在争论，一群令人印象深刻的证人——包括尼古拉斯·梅特罗波利斯、斯坦利·弗兰克尔、爱德华·泰勒和数学家斯坦尼斯夫·乌拉姆（Stanislaw Ulam）——被召来为最初的洛斯阿拉莫斯计算作证。代表斯佩里·兰德公司（Sperry Rand Corporation）的律师们用他们的故事争辩说，这种计算仅仅是为了给这台机器进行压力测试，确定它的程序设计方法是否可行，而且从来没有人试图解释计算的结果或评估结果的可靠性。

展示 ENIAC 可操作方面的成功，对 ENIAC 专利也构成了类似的威胁。在演示之后发现的各种缺陷也被用来质疑 ENIAC 能否正常工作。硬件工程师霍默·斯宾塞在一份宣誓书中说，ENIAC 的周期单元出了问题，导致 2 月份演示之后这台机器整整一个月都无法使用。这些问题使人"严重怀疑"机器演示时的准确性[15]。斯宾塞进一步断言，演示中运行的弹道程序对于实际用途是无用的。

从 1945 年 12 月 ENIAC 项目完成到 1946 年 7 月完成第一次有用的操作之间，有 8 个月的间隔。这种观点虽然很难与历史记录相符，但从本质上讲并不荒谬。后来的计算机有时会在几乎可以工作的临界状态花费更多时间，而有些则从未出现过这种状态。以前从来没有人尝试过解决如此复杂的电子设备故障，而 ENIAC 每秒 10 万个脉冲的高时钟速度，意味着信号必须比通常情况下传输得更清晰、检测得更精确、处理得更迅速。

尽管他们如此的反复宣誓，提供证词，说明这台机器在向全世界宣布时以及之后的几个月里毫无用处，这样做必定会伤害团队的骄傲，然而最终专利申请还是失败了。专利最终失效后（1973 年），莫奇利很快开始强调早期机器的可靠性，声称"即使在 ENIAC 已经完成测试之前……它也常常连续工作几小时或几天的时间而没有发生错误"；洛斯阿拉莫斯的计算于 1946 年 1 月结束之后，"毫无疑问，ENIAC 已经完成了全部测试，达到了每个人的满意度。"这些断言和莫奇利多年前的誓言很不相符[16]。

编程演示

1946 年 2 月演示中使用的轨迹计算设置的发明者身份也存在争议。对贝蒂·琼·詹宁斯来说，这个设置代表 ENIAC 操作人员终于在"创造历史"的时刻站了出来，在机器的编程中开始发挥创造性的作用[17]。ENIAC 完成了最初设计的任务是一件极具象征意义的大事。在 20 世纪 50 年代、60 年代和 70 年代的专利和法律程序中发生了优先权之争，而这个问题为什么在法律上很重要（除了确立相关人员的其他声明的权威性之外），我们并不清楚。

阿黛尔·戈德斯坦发誓，在 1946 年 3 月离开 ENIAC 项目之前，她一直是 ENIAC 所有应用问题的直接主管。她的职责是"为演示的每个应用问题准备 ENIAC 解决方案，并监督 2 月 1 日和 2 月 15 日会议上演示的每个应用问题的设置过程"[18]。赫尔曼·戈德斯坦后来进一步强调了这个观点说："演示的应用问题的实际准备工作是由阿黛尔·戈德斯坦和我完成的，约翰·霍伯顿和他的女孩们在一些更简单的问题上提供了帮助。"他坚持说，1946 年 2 月"只有我和我妻子对如何编写 ENIAC 程序有全面详细的了解"，"主要计算和各种应用问题之间的相互关系"完全是由他们夫妻二人完成的。他从 ENIAC 日志里摘录了一些内容来支持自己的观点，虽然最引人注目的条目都是 2 月 1 日演示的那些简单的题目[19]。关于 2 月 15 日的演示，他只是提到最后一分钟手写的一条"演示成功！！"的记录。他还回忆起摩尔学院的彭德院长曾在深夜出现，送给他和阿黛尔一瓶波旁威士忌供他们在工作劳累时饮用。

而在 1962 年的宣誓书里，贝蒂·琼·詹宁斯指出，1946 年 2 月演示的轨道计算问题是她和弗朗西斯·斯奈德（后来的霍伯顿）设计的，而且"戈德斯坦上校和夫人没有检查这次演示的准备工作"[20]。她在自传里详细描述了她和斯奈德如何在 1945 年 10 月开始设置轨道计算：露丝·利希特曼和玛丽莲·韦斯科夫得到了一个任务，严格按照 ENIAC 的操作顺序用手工全部重新计算一遍。后来证明这项工作对调试设置非常有用。按照詹宁斯的说法，2 月 1 日演示之后，赫尔曼·戈德斯坦问她和弗朗西斯·斯奈德，能否在 2 月 15 日之前安装好轨道计算[21]。关于赫尔曼·戈德斯坦讲的波旁威士忌的故事，詹宁斯提供了一个相似的翻版，演示前一天晚上最后一班通勤火车开出后，她和斯奈德留了下来，收到彭德的感谢礼物"一瓶酒"[22]。

这一争端似乎已经成为参与者之间发生摩擦的主要原因之一。詹宁斯从未原谅赫尔曼·戈德斯坦抢了功劳，在最后的采访中，她变得更加尖刻（或者至少不那么谨慎了），甚至说"他（戈德斯坦）伪造了一些记录塞进日志里"[23]。

现在已经不可能确定是哪位女士收到了哈罗德·彭德的那瓶贺酒。我们不能从那两个可怜巴巴地为占有这瓶酒而扭打在一起的鬼魂手里抢过那瓶有争议的酒，只希望彭德的酒分给了他许多应得的下属。更重要的历史问题是，这些争吵从根本上系统地破坏了对早期机器某些方面的历史记忆，使口述历史和回忆录比通常情况下更成问题。它们还将历史的注意力引向那些陈年往事，而忽视了对更广泛的档案记录的调查。这些档案里记载的 1946 年 2 月的设置，无论是谁制作的，既不是第一个 ENIAC 轨道计算，也不是对 ENIAC 轨迹计算的最具创新性的处理。

ENIAC 的应用

亚瑟·博克斯 1943 年设计了轨道计算的设置，这项工作对 ENIAC 产生了深远的影响，但我们发现在洛斯阿拉莫斯计算之前，没有任何其他问题做过同样细致的工作。这并不能说明他们缺乏远见。在此后十年里，那些第一次安装计算机的组织都大大低估了应用问题的设置和维持计算机正常运行所需要的工作量[24]。作为有史以来第一支与如此强大的计算机做斗争的团队，ENIAC 创造者们比大多数追随者有更好的理由为这种忽视提供借口。

ENIAC 程序的表示方法

在 ENIAC 的原始控制模式中，对于设计问题的开发实践和符号，仅有零星记录。未来的使用者将面临以下两方面的问题：规划 ENIAC 将要执行的操作序列；记录实现这些操作所需的物理配置。埃克特和莫奇利在 1943 年的原始提案中提到了这两个问题，他们最初的图表绘制技术也随着时间推移逐渐完善。

ENIAC 的建议书里只有一个相当粗糙的插图，图中用线连接黑盒子，但博克斯 1943 年底的"面板图"则详细展示了 ENIAC 所有的开关应该如何设置，以及所有的电缆线应该如何连接，以便执行特定计算[25]。这些图本质上是 ENIAC 的程式化图片，到 1946 年仍在使用，那时它们还被称为"设置图"。博克斯的原图有几码长，用起来很笨拙，不方便。为了缓解这种情况，后来在预先打印的模板上绘制框图，这样一个页面便可以显示四个面板。每个面板所需的设置都画在"程序卡片"上[26]。程序卡片放在相关单元的支架上，便于操作人员在测试后检查程序设置是否能够正确恢复[27]。

操作的顺序在"设置表"（set-up tables）中有所描述。这是从博克斯的"设置单"（set up form）演变而来的，"设置单"里的弹道计算操作顺序又是建立在埃克特和莫奇利的设计大纲之上的[28]。博克斯把 ENIAC 的面板名放在"设置单"的头部，定义表单每一列的内容。"设置单"中每一行描述的是同时进行的操作，每个单元则记录了 ENIAC 的功能单元在某个特定操作中的作用。在 1944 年 12 月的进度报告中，对平方和立方计算顺序的说明便使用了"设置表"的格式[29]。列仍然表示 ENIAC 单元，但每一行中的操作都发生在一个加法时间内[30]。除此之外，程序员还能检查并行操作的调度是否正确。表中的单元格显示了各个程序控件的开关设置，以及将程序脉冲输入、输出到这些控件的程序总线的细节。詹宁斯后来回忆说，这些图表是"脚踏板"的起源——ENIAC 的操作员使用了一个相当古怪的术语。詹宁斯推测，操作员把这些设备称为"脚踏板"（或许是因为……它们向我们展示了每踩一次"脚

踏板", 或者说每增加一个加法时间, 将要发生的事情)[31]。这里暗示了
ENIAC 的"循环单元"概念的隐含意义, 即它提供了为调试目的逐步遍历程
序的能力。

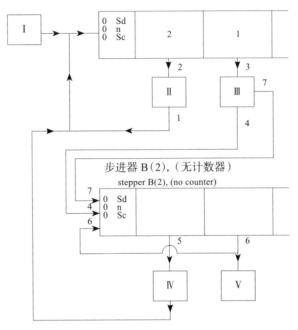

图 4.3 "主程序器连接图"记录了主程序器的配置, 向读者说明了道格拉斯·哈特里的一
个计算结构。[来源: W. F. Cope and Douglas R. Hartree, "The Laminar Boundary Layer
in Compressible Flow," *Philosophical Transactions of the Royal Society of London. Series
A; Mathematical and Physical Sciences* 241, no. 827 (1948): 1 – 69; 经英国皇家学会许可
复制]

设置表包含了单个序列的详细信息, 但没有给出整个计算结构中这些序列
的组合信息。因为这个"序列编程"是由主程序器控制的, "主程序器连接图"
显示了主程序器步进器的每个阶段设置的数字, 以及步进器和程序序列之间的
连接。基础序列显示为黑盒, 其详细信息记录在设置表中。这些图表表达的信
息与稍后赫尔曼·戈德斯坦和约翰·冯·诺伊曼开发的流程图类似, 但是更具
体一些。

1945 年 11 月的一份报告附录里包含对"ENIAC 程序设置"更深入的讨
论[32]。1946 年, 阿黛尔·戈德斯坦在亚瑟·博克斯的指导下汇编了《ENIAC

手册》，里面包含了一些详细的 ENIAC 设置的例子[33]。这些都是弹道学问题，包括防空和地面火炮的轨道计算，以及轨道计算中使用的阻力函数。其他例子用来说明特殊的编程技术，例如"大小判别"（条件分支的 1 种），或者用函数表生成程序控制脉冲等。目前，尚不清楚这些例子是这台机器完成后的真实实践，还是只是试验。早期进展报告里有一些图表不是阿黛尔·戈德斯坦绘制的，所以不清楚她在多大程度上参与设计、实现手册中的技术，或者她只是作为编辑整合了项目工程师所生产的这些材料[34]。弹道研究实验室的报告里有一些关于设置的相关信息，但我们发现，实际运行且有详细文档的唯一设置表实例是道格拉斯·哈特里在 1946 年运行的计算的一部分[35]。

除了已经讨论过的 3 种图表形式外，戈德斯坦在 1946 年的《手册》中描述了"设置分析表"。其中，操作序列执行的动作和图表之间的关系是用非正式的英语描述的。这与后来的用伪代码编写文档的实践并无不同，只是有些项如循环终止的条件，是以程式化的形式来显示。我们还没有找到这项技术在 ENIAC 上实际应用的任何档案证据，也可能是被流程图代替了[36]。

这 4 种表示方法展示了开发 ENIAC 设置的完整过程的大纲。分析表里记录了必需的基本程序序列和它们之间的关系。然后，主程序器图是形式化的高级结构，而设置表里是各个序列的详细设计。最后，这些图上的信息被合并到设置图或卡片上，用于 ENIAC 的物理配置。

在实践中，各种图表的使用方式非常灵活，而且比较随意。1945 年 11 月的报告确立了基本原则，即"在 ENIAC 设置的设计中，建议通过主程序器将基础的程序序列连接成复杂的整体"，而不是用设置表在相当粗略的注释面板图里罗列出各个序列的细节[37]。其他解释性的文章里也出现了类似的非正式图表和图片[38]。哈特里 1946 年计算的设置表又回到了博克斯的早期实践，表里的每一行对应一个数学运算（通常是乘法），而不是单个加法时间。这种计算主要是乘法运算，而 ENIAC 只有一个乘法器，所以很少使用并行运算。每增加一个时间周期都会使流程图膨胀，但几乎没有添加有用的信息。从那时起，程序员们就接纳了这种随意的文档标准和惯例。

如果把 1946 年记录的图表绘制方法与早期的项目文档相比较，可以发现整个的 ENIAC 项目周期对程序的编写都相当关注，用于规划和描述设置的基本符号系统在 1945 年初就已经发展起来了。尽管 ENIAC 早期操作员后来发誓说，她们自学了编程，并发明了自己的技术，但是很明显，她们所用的图表和分析方法，在她们被雇佣之前很早就已经确立了。

ENIAC 上运行的应用

为支持各种与 ENIAC 有关的诉讼，赫尔曼·戈德斯坦收集了大量的证据，其中包括 1 份 3 页的 ENIAC 在 1948 年底前运行的应用问题清单[39]。在列出的 18 个数学任务中，有 12 个是机器转换成新编程方法之前的应用。其中，前 11 个或者至少有一部分，似乎已经在摩尔学院运行了。这个列表至少包括了一些保密的 ENIAC 应用，但不包括其他来源的几个应用——其中就有德里克·莱默的质数筛选。其他一些设置设计出来后从未被使用过。我们整合了一些现存的档案和二手资料，把这些应用罗列在表 4.1 中。

表 4.1 **ENIAC 在摩尔学院期间运行或计划运行的应用问题。**

洛斯阿拉莫斯应用（1945 年 12 月—1946 年 3 月）	模拟爱德华·泰勒的"超级"氢弹设计的可行性计算。这是运行在 ENIAC 上的第一个问题，其设置的主要完成者是梅特罗波利斯和弗兰克尔
正弦和余弦的生成（1946 年 4 月 15 日—16 日）	2 月 1 日演示的应用问题之一，后来用来检验拉德马切的"舍入误差与截断误差理论"中数值积分期间的误差累积预测。这些结果作为一个"特别简单的"实验在摩尔学院的讲座中展示过[①]

---

① Hans Rademacher, "On The Accumulation of Errors in Numerical Integration on the ENIAC, " in *The Moore School Lectures:Theory and Techniques for Design of Electronic Digital Computers*, ed. Martin Campbell-Kelly and Michael R. Williams (MIT Press, 1985); Hans Rademacher, "On the Accumulation of Errors in Processes on Integration on High-Speed Calculating Machines, " in *Proceedings of a Symposium on Large-Scale Digital Calculating Machinery*, 7–10 January 1947, ed. William Aspray (MIT Press, 1985); W. Barkley Fritz, "ENIAC—A Problem Solver, " *IEEE Annals of the History of Computing* 16, no. 1 (1994): 25–45. 数据来自 Travis to Kessenich, 18 November 1946, MSOD-UP box 49 (Letters regarding reduction to practice).

（续表）

有 10 位有效数字的正弦和余弦表	2 月 1 日演示的应用问题之一。这个表后来又重新计算，用在学院自己的弹道计算项目里 [1]
炮弹轨道计算（1946 年 2 月，演示版本）	用于证明 ENIAC 结构的合理性。2 月 15 日的演示应用之一
零迎角平板情况下，可压缩流体中的层流边界层流动（1946 年 6 月—7 月）	由道格拉斯·哈特里运行，以模拟超音速弹丸周围的气流。哈特里自己设置了机器，但承认凯瑟琳·麦克纳尔蒂曾帮助他设计并操作机器 [2]
轨道计算实验	两种情况：使用 x 作为自变量和使用 t 作自变量的计算
莱默的质数问题（大约 1946 年 7 月）	莱默的数论，这台机器的实验应用。根据报告，7 月 4 日运行
核裂变的液滴模型计算（1946 年 7 月 15 日—31 日）[3]	洛斯阿拉莫斯的另一个项目。由梅特罗波利斯和弗兰克尔编制设置，他们感谢了冯·诺伊曼和戈德斯坦夫妇"对其操作的指导"，报告中还感谢了"ENIAC 操作人员的专业性技能，事实证明他们在解决这个问题和前面的问题中是不可或缺的" [4]
轨道计算，包括计算 90 mm 火炮的导向器数据（1949 年 8 月）	"轨道计算"的应用 [5]。包括不同的气象条件和时间间隔，没有使用乘法器 [6]。1946 年 8 月，为满足弹道研究实验室的紧急需要，至少算出了一组火力表 [7]

① "List of ENIAC Problems, " n.d., Plaintiff Trial Exhibit 22 753, ETE-UP.

② Cope and Hartree, "The Laminar Boundary Layer in Compressible Flow."

③ Goldstine, *The Computer*, 232.

④ S. Frankel and N. Metropolis, "Calculations in the Liquid-Drop Model of Fission, " *Physical Review* 72, no. 10 (1947): 914–925.

⑤ "List of ENIAC Problems, " n.d., Plaintiff Trial Exhibit 22 753, ETE-UP.

⑥ 同⑤。

⑦ "Civil Action No. 105-145 *Sperry Rand vs. Bell Labs*. Deposition of Mrs. Genevieve Brown Hatch, " October 18, 1960, GWS-DCA, box 35.

（续表）

冲击波的反射和折射（1946年9月3日—24日）[1]	阿黛尔·戈德斯坦为亚伯拉罕·陶布（Abraham Taub）负责的洛斯阿拉莫斯应用问题，当时陶布刚离开摩尔学院[2]。詹宁斯还回忆了解决这个问题的过程[3]。"获得了平面冲击折射的数值解……"[4]
双原子气体零压特性的计算（1946年10月7日—18日）[5]	根据后来的历史记载，"J.A. Goff，Towne 科学学院的院长，利用当时最好的光谱方法，评估了一个获得双原子气体零压特性的数学模型"[6]
积分计算（随后是复数积分）	弗兰克·格拉布斯关于统计异常值测试的问题。当 ENIAC 还在摩尔学院的时候，这个问题就已经准备好了，但是直到 1948 年 3 月 ENIAC 在阿伯丁时才完全解决。（后续的章节还会再讨论）
炮弹轨道计算，采用分析阻力函数	与火力表问题非常类似，是关于从飞机上扔下炸弹的问题。在弹道研究实验室官方正式拥有 ENIAC 后，仍由摩尔学院代表实验室管理运行
Mathieu 方程的解	Mathieu 函数是求解周期微分方程的一种特殊函数。摩尔学院的研究人员在 12 小时的计算机时间内计算出了 200 条轨迹，并将它们作为对电路建模的贡献发表在了论文中。一份报告指出，这是由摩尔学院的工作人员操作的。但是，弹道研究实验室后来又重新运行了同样的问题，计算了 1 500 条轨迹，这表明弹道研究实验室对该方程也有直接的兴趣[7]

---

① Goldstine, *The Computer*, 233.

② 来自描述这次计算结果的论文：A. H. Taub, "Reflection of Plane Shock Waves, " *Physical Review* 72 (1947): 51–60.

③ Bartik, *Pioneer Programmer*, 105.

④ Fritz, "ENIAC—A Problem Solver, " 44, 48.43.43.

⑤ Goldstine, *The Computer*, 233.

⑥ Fritz, "ENIAC—A Problem Solver, " 44, 48.43.42.

⑦ Harry J. Gray, Richard Merwin, and J. G. Brainerd, "Solutions of the Mathieu Equation, " *AIEE Transactions* 67 (1948): 429–441. S. J. Zaroodny, *Memorandum Report 878:An Elementary Review of the Mathieu-Hill Equations of Real Variable Based on Numerical Solutions* (Ballistic Research Laboratories, 1955) 提到，报告里的发现基于"1948 年在 ENIAC 上"计算的轨道。他在第 23 页区分了"伯纳德数据"和"BRL 数据"。

（续表）

ENIAC 的插值方法研究	弹道实验室的数学家哈斯科尔·科里（Haskell B. Curry）和麦克斯·洛特金（Max Lotkin）与高级计算员维拉·怀亚特（Willa Wyatt）进行了细致的准备工作。详细的设置被保留下来，但是这些应用程序似乎都没有运行过[1]
高速弹的冲击波问题	这个应用已经完成编程，但后来被放弃，取而代之的是克里平格（Clippinger）的方法[2]

注：除非另有说明，所有引用的应用问题名称和描述都来自 HHG-APS，系列 10，盒 3 中的"已用 ENIAC 解决的问题列表"。

　　许多应用问题的主要设置都是由外部用户完成的，如洛斯阿拉莫斯实验室的 3 个应用问题，以及汉斯·拉德马切和德里克·莱默的数学实验。正如我们之前看到的，1945 年年中，赫尔曼·戈德斯坦和约翰·霍伯顿都认为，自己为 ENIAC 挑选的是机器操作员而不是程序员。与她们的创造性贡献一样重要的一个事实是，虽然最初的 6 名 ENIAC 操作员的创造性贡献非常重要，但他们花在机器上的时间及对设备设置的贡献绝没有她们最近得到的名声大。表 4.1 中列出的科学应用问题，只占 ENIAC 在其生命周期里所解决的几百个或更多独特的科学问题中的一小部分。这表明人们普遍关注的是这个特殊的女性群体，而不是此后她们在弹道研究实验室的继任者，这是人们普遍的对"第一"和对起源故事的迷恋，也影响了我们对 ENIAC 历史其他领域的理解。

　　哈特里的应用问题

　　1946 年夏天，杰出的英国科学家道格拉斯·哈特里为了使用 ENIAC 而来到费城。作为一名训练有素的物理学家，哈特里为 20 世纪 20 年代的量子力学

[1] De Mol, Carle, and Bullynck, "Haskell before Haskell." 这里认为怀亚特是一位 ENIAC 程序员，虽然她不是在摩尔学院期间操作 ENIAC 的 6 名女性之一。ENIAC 的设置规划参见：Haskell B. Curry and Willa A. Wyatt, *Report No. 615:A Study of Inverse Interpolation of the ENIAC* (Ballistic Research Laboratory, 1946), 和 Max Lotkin, *Report No. 632:Inversion on the ENIAC Using Osculatory Interpolation* (Ballistic Research Laboratory, 1947).

[2] "List of ENIAC Problems, " n.d., Plaintiff Trial Exhibit 22 753, ETE-UP.

发展作出了重要贡献，是探索原子及其组成粒子奥秘的国际物理学家团体中的一员。在物理学领域，哈特里最重要的成果是根据新发表的薛定谔方程计算原子结构的"自洽场法"（现在更为常见地被称为哈特里－福克法）。

第一次世界大战时，哈特里在剑桥大学的学业因服兵役而中断，在此期间他曾协助剑桥大学的一位教授对高射炮进行实验研究。战争早期，英国曾遭受齐柏林飞艇的袭击，而地面的火炮只能偶尔击落它们。此后几年，哈特里常说，大炮在面对如此庞大笨拙的目标时的表现非常拙劣，1916 年大家都知道所能瞄准的唯一飞行目标就是松鸡[40]。哈特里的第一篇论文发表在 1920 年的《自然》杂志上，这是一篇关于炮弹轨道计算的短文[41]。他的方法与阿伯丁试验场的美国数学家所采取的方法极为相似，战争期间的弹道计算经验引起美国科学家对数值计算的兴趣。如我们在第一章中指出的，新的战术需求促成了弹道理论的创新，使用新方法计算弹道正是 ENIAC 的设计要解决的问题[42]。

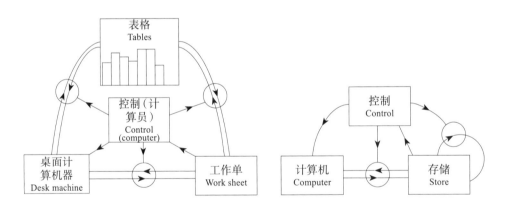

图 4.4　哈特里描述了计算组织从"手工计算"（左）到"自动计算机"如 ENIAC（右）的变化和延续。[资料来源: 道格拉斯·哈特里,《计算仪器与机器》(*Calculating Instruments and Machines*), 伊利诺伊大学出版社, 1949 年]

哈特里后来成为数值分析领域中的著名专家，他用数值方法而不是符号方法解决数学问题。哈特里花数千个小时手工计算或者使用机械计算器计算，在计算中得到了极大的满足，这在当时的杰出科学家中是很少见的。他把特殊才能应用到了广泛的物理问题，把微分方程改造成用已有工具可以解决的方程系统。这需要深入理解物理问题，也需要某种与特定类型的微分方程和数值方法相配合的技巧。这种技巧来自一生坚持不懈的估算初始值，摇动计算机器的手柄，记录中间结果，估计解决方案的速度。

哈特里对计算机技术的最新发展很感兴趣。20 世纪 30 年代，他在曼彻斯特大学监督制造了两台微分分析仪：一个是用 Meccano（一个铁制拼装玩具的品牌，译者按）零件搭起来的精巧模型，随后又完成了完整的版本。

第二次世界大战爆发时，哈特里把分析仪交给了国家的供应部，他和这台机器都被用于解决各种各样的战时问题。其中的许多工作与弹道研究实验室一样，包括了与炮弹和火箭轨道相关的计算。他还做了有关铀浓缩和爆炸冲击波传播的计算。他花了很多时间来模拟空腔磁控管（便携式雷达的关键部件）中的电子流，这项工作使他接触到电子学的最新应用。

供应部负责管理英国的国家物理实验室，该实验室在第二次世界大战结束时成立了数学部门，它的职责包括建造计算机器。战争结束前不久，当时还是国家物理实验室执行委员会成员的哈特里访问了美国，以了解最新的发展情况。他看到了 Mark Ⅰ 在哈佛的运作，但对当时即将完工的 ENIAC 印象更深刻。他写了一篇详细描述这台新机器的文章，并于第二年春天 ENIAC 解密后不久发表在《自然》杂志上。他与赫尔曼·戈德斯坦就 ENIAC 后继机器的计划（我们将在第六章讨论）有详细的通信往来，戈德斯坦给他留下了极好的印象[43]。

1946 年初，哈特里应戈德斯坦的邀请参加了 ENIAC 的落成典礼，并在摩尔学院访问一段时间[44]。这本不在哈特里的日程安排里，然而在美国人的帮助下，哈特里和他的妻子跨过大西洋，于 4 月抵达，并在此停留了 3 个月。摩尔学院和弹道研究实验室的环境正在快速变化，因为战争的紧迫性已经减退，被征召的科学家开始"回流"到他们各自的大学[45]。4 月，戈德斯坦写信给保罗·吉隆建议了几种方法，其中包括利用哈特里的专业知识和声望来振作员工低落的士气，并为 ENIAC 的使用提出新方向。特别是戈德斯坦认为"应该尽一切努力鼓励哈特里去计划和运行"与空气动力学研究相关的工作[46]。这项工作涉及"可压缩流体的层流边界层"，研究空气在物体（如外壳或机翼）周围平滑流动的区域。哈特里在战前曾使用微分分析仪研究层流，当他回到自己的个人研究方向时，急切地想知道 ENIAC 是否适合承担这一任务[47]。

哈特里对这个问题的兴趣是从试图"定性地估计边界层对弹体的空气动力系数的影响"和"计算边界层的分离位置"开始的，在这种情况下，平滑的流动为湍流所取代。这项工作与弹道研究实验室高度相关，实验室在超音速风洞实验中研究了类似的现象。哈特里与柯普（W. F. Cope）合作撰写的论文介绍了这项工作，包括子弹飞行的照片，显示出不同的分离点[48]。以前该领域的工作仅限于平板这种高度简化的情况，但弹道研究实验室的工作人员从飞行的子弹照片发现，其形状周围形成的边界层要复杂得多。

经过大量细致的数学工作，柯普和哈特里成功地用 3 个微分方程描述了要在 ENIAC 上计算的问题。这 3 个微分方程定义了一组层流建模函数。不像射表问题那样求出满足单个方程的最优值即可，这个计算必须找到同时满足 3 个方程的值。哈特里解释说，这样的方程对初始条件的选择非常敏感，用微分分析仪求解，需要用大量略有不同的输入数据进行试验，并最终找到一个解。哈特里用他的聪明才智开发出了更适合 ENIAC 独特优势，能够扬长避短的新方法。这些方程定义了不同"阶"的函数。在所谓零阶函数的基本情况下，方程可以大大简化。哈特里建议先解这些方程，然后再处理更复杂、更一般的情况。他考虑了两种解零阶方程的方法：一种是直接的迭代法，另一种是用某些函数"试验值"的计算结果评估解的方法。虽然第一种方法在数学上更优雅，但考虑到 ENIAC 的内存有限，需要手工处理大量卡片，因而没有被采用。结果表明，试验值方法完全实现了自动运行。

这些方程的一个特殊之处在于，它们在两个点上给出边界条件。边界条件表示微分方程允许的解的约束条件。如果它们像在弹道方程中那样都在一个点上给定，那么从这一点一直计算下去，就可以得到数值解。然而，在哈特里的问题中，并不能保证计算到第二个边界点所得到的值，会满足那个点的边界条件。因此，哈特里在两个方程的第一个边界点用"试验"值开始计算，而将第二个边界点的结果与边界条件比较，可以计算出更好的试验值。重复这种"生成并测试"的方法，可以快速生成满足所有边界条件的解。

因此，设置 ENIAC 的目的是实现方程从初始值进行积分以评估结果，并在需要时产生更好的估计。主程序器控制这些任务之间的切换，并在得到的解足够精确的时候结束计算。ENIAC 把每个试验解的结果打在一张卡片上，以便跟踪进展情况。当得到精确的解时，ENIAC 开始运行另一个积分步骤，为自变量的每个值打印一张卡片，以便将计算过程完整地记录下来。为了防止数值误差的累积，自变量的增量设定得非常小，这样就需要 250 个积分步骤来覆盖所有的值。ENIAC 在一秒钟内可以进行 8 次这样的计算，所以一个试验解大约需要 30 秒。一个典型的计算要找到 5 个解，总共需要两分钟半 [49]。

哈特里已经在一系列不同的流动速度取值范围内算出了零阶方程组的解，并公开发表 [50]。执行计算在很大程度上需要团队的共同努力。ENIAC 操作的负责人约翰·霍伯顿深度参与了这个计算，详细记录了哈特里的方法，并在随后 1947 年 11 月计算机学会的一次会议上做了简短报告。道格拉斯·哈特里特别感谢了凯瑟琳·麦克纳尔蒂 "在为机器组织工作、规划机器设置和运行机器方面提供的指导、建议和帮助"，并补充说："得到了积极友好的帮助，实现了工作目标，不仅有趣而且是真正的快乐。" [51]

图 4.5 显示了上述问题的 "踏板" 表的一部分，是唯一已知的在 ENIAC 上实际运行的踏板表。表中的列是 ENIAC 的累加器和其他单元，在标题中有标识。标题下面的第一行指定数据端口和插件；下一行是初始值。后面的每一行表示计算的后续阶段。哈特里的计算集中在乘法上，所以他使用乘法运算，而不是 ENIAC 的 "加法运算"。哈特里在长达 4 页的图表中列出了 62 步。每个格子包含开关设置和各单元的程序线在各阶段活动状态的符号表示（使用了阿黛尔·戈德斯坦报告里定义的符号），并且包含定义每个累加器中存储的数量的公式。

哈特里的注意力接着转向了一阶方程更复杂的要求。这些方法的特殊困难不在于方程本身，而在于每个解都需要大量本身由复杂函数定义的数值信息。这意味着现在除了分割计算之外别无他法。首先用数值数据计算，把结果记录在穿孔卡片上，然后在解方程时再从穿孔卡片上读出数据。

可压缩层流边界层。零阶方程。积分过程的设置。

	...	Acc 9 ier	Acc 10 icand	H.S.M.	Acc 11 L.H.P.P.	Acc 12	Acc 13 R.H.P.P.	Acc 14	...
数据线 移位器 清除器 Digit Line Shifter Deleter		αβγδA 21341	αβγδ 1242 -12			αβγ A 234 1	αβγAS 21321	αβγAS 23242 -1	
主程序器 的脉冲 Pulse from M.P. → A-1		0	0	0	0	0	0	0	
启动积 分序列 initiating integration sequence		F_0	H_0	A-1　1 αC αO SC1 A-2			F_0H_0		
		H_0	H_0	A-2　2 βCOC AC1 A-3			H_0^2		
		F_0	R_0	A-3　3 αC αC AC1 A-4			$F_0 R_0$	A-3　1 AO1 H_0^2	

图 4.5　哈特里从"踏板表"中重新绘制的细节展示了积分过程中涉及的前三个乘法。（由琼·詹宁斯·巴蒂克计算博物馆提供）

　　针对这些计算已经制定了详细的计划。定义了多种卡片格式，每种格式包含了计算的特定步骤所需要的值[52]。数值在 ENIAC 上计算，并在卡片上打孔，有时需要运行多次。哈特里解释了这些函数变量的全部取值范围是如何用手工打孔到卡片上的。需要重复运行时，可以用一种专门的复制打孔机创建一副卡片，每副卡片都包含 8 个输入变量的一组排列。然后，ENIAC 对这些参数进行处理，对函数求值得到输出值，生成输出卡。这些参数依次作为几组输入之一，用来计算整个方程组[53]。另一种专门的穿孔卡片机，即分选机，根据特定参数的穿孔值将卡片分开。哈特里特别感谢麦克纳尔蒂提出使用这种穿孔卡辅助设备的建议，这表明女士们在阿伯丁接受的打卡机初步培训提高了 ENIAC 的使用效率。输入的卡片包准备好了，也得到了一阶方程的初步解。但在 1946 年 7 月中旬，ENIAC 被重新分配去做哈特里所说的"优先级更高的工作"。我们现在才知道，这是梅特罗波利斯和弗兰克尔的洛斯阿拉莫斯计算的进一步工作。洛斯阿拉莫斯这次计算是关于核裂变的计算。

哈特里后来说，ENIAC 的"小容量"高速存储是它"作为通用计算机器的主要局限"。他 1946 年的计算证明解决这个问题的一种方法是在卡片上打上中间结果，然后将它们的内容读回去，以便进一步处理。这就需要大量的数据交换，但是正如哈特里观察到的，操作员"不需要做任何计算……只要在不同的机器之间交换存储在穿孔卡片包上的大量数字。通过这种方式，ENIAC 与穿孔卡片设备配合，特别是复制穿孔机和分选机，能实现非常强大的功能；虽然这个过程不是完全自动的，但是它仍然很快，而且与其他计算方法相比，节省了劳动力"[54]。ENIAC 的这种使用方式在整个计算过程中的作用相当于日后 IBM 生产的专业电子打卡处理器，如 604 型电子穿孔计算器，是处理和更新卡片组的一系列机器中的一台。

回到英国后不久，哈特里被任命为剑桥大学普卢默数学物理学教授。他在就职演讲里介绍了 ENIAC，并以此为内容出版了一本小书。这本书是当时对 ENIAC 这台机器以及电子计算这一新领域的最清晰、最详细的描述[55]。

莱默的假期计算

大量文献记载了伯克利数论理论家德里克·莱默 1946 年的另一项计算。在 1945 年至 1946 年期间，莱默加入了弹道研究实验室的一个小组，帮助他们规划 ENIAC 的应用。在没人用 ENIAC 的时候，莱默会运行一些"小问题"来试验这台机器 [56]。服务日志上的记录表明，到了 4 月份，他对这台机器已经相当熟悉，甚至可以做一些日常的维护工作了，如换掉发生故障的真空管 [57]。这表明 ENIAC 还是一个非常个人化的机器，可以有效地被个人用户借用和操作。

德里克·莱默后来讲到，他和家人在 7 月 4 日的那个周末看到了 ENIAC。在美国，这个周末几乎没有什么工作可以做。莱默的妻子艾玛（Emma）是一位著名的数学家，她做了大量的计算工作，并把这次访问 ENIAC 的成果转化成了可出版的形式。在约翰·莫奇利的帮助下，他们把原来一切的设置都从机器上清理掉，并设置自己的问题 [58]。

到那时为止，ENIAC 上的大部分计算工作都是微分方程。作为一个数论学家，莱默感兴趣的问题可没有局限在微分方程。他的程序测试了识别质数的"筛"法。"筛"法的一个例子就是我们熟悉的"埃拉托色尼的筛子"，含有素数因子的数被逐渐地筛出，只留下素数。莱默对自动化的筛法特别感兴趣。20 世纪 20 年代和 30 年代间，他制造了机电和光电设备来加速这一过程，后来又制造了一系列专用的电子设备。一直到 20 世纪 70 年代，这些设备的工作速度仍远远快于通用计算机。

莱默认为是莫奇利提出了在 ENIAC 上使用"筛"的想法。历史学家马丁·布林克和利斯贝斯·德·摩尔曾经重新构建过莱默的程序，利用了 ENIAC 同时执行一个计算的几个部分的能力 [59]。重构的程序用 14 个累加器同时测试一个数的不同质数因子 [60]。莱默的论文没有足够信息来确定他最终是否采用了这种技术，但是后来讨论计算时，他抱怨 ENIAC "被冯·诺伊曼搞坏了，在这之前它可是一台高度并行的机器"。他继续为 ENIAC 设计了更多程序，包括为汉斯·拉德马切编写的程序和计算黎曼 ζ 函数的根的完整设置 [61]。然而"在这些程序运行之前，ENIAC 已经经过了彻底的修改，对解决这个问题毫无用处" [62]。那时莱默也已经回到加利福尼亚，他的热情很快就转移到其他机器上了。

搬家

1946 年 6 月 30 日，ENIAC 被联邦政府正式接收。这表明摩尔学院履行了合同中所承诺的一切，包括一大堆文件，政府对此感到满意。现在要把这台机器搬到它在阿伯丁弹道研究实验室的永久基地。阿伯丁距离费城 70 多英里。但是 ENIAC 所在的大楼还没有完工，不可能立即搬迁。后来，戈德斯坦又为拖延找到了另一个理由：ENIAC 正在进行一项很有价值的工作，不能被长时间打断。这次拖延的时间很短，ENIAC 于 1946 年 11 月 9 日被关闭。

计划搬家

1944 年 12 月，赫尔曼·戈德斯坦曾预期 ENIAC 在两个月内完成。当时的计划是搬到阿伯丁之后再测试 ENIAC，然后运行一些实验性的问题，这就使得阿伯丁准备新机房的工作变得有些紧迫。戈德斯坦注意到，分配给 ENIAC 的房间在超声速风综合设施内，是用来容纳"诱导风洞"的。房间里有很多梁和柱，湿度很高，而且 ENIAC 就在风洞水塔的旁边，这给通风和温度调节都带来了挑战 [63]。

ENIAC 迁至弹道研究实验室的准备工作于 1945 年 1 月正式开始。根据摩尔学院战时项目的两字母代码系统，搬迁和 ENIAC 新驻地的准备工作被命名为项目 A 和项目 B。1945 年 1 月 26 日，弹道实验室跟摩尔学院签了一个 15 000 美元的合同，用于搬迁和新场所的布置 [64]。摩尔学院的代表约翰·布雷纳德与弹道实验室的指定联络人赫尔曼·戈德斯坦进行了谈判，在一些重要问题上很快达成了一致。ENIAC 周围的地板将会是光秃秃的，四周是隔音的墙壁，大厅里应该还有平板玻璃窗，参观者可以透过玻璃窗看到正在工作的机器。电线、照明、电源、防火、油漆和应急排水的规格也已达成一致。他们选了本地的 Eggly 工程公司（Eggly Engineers）作为承包商，设计详细的布线图并安装必要的设备。其中，包括新设计的"ENIAC 主控制面板"，将安装在墙上，用来控制机器的停止和启动。

相对于最初分配给 ENIAC 的简陋空间来说，这些计划显得过于宏大。

1月26日，团队发现，高架的风洞设备和维护通道需要使原计划里较大一片区域的天花板高度不能超过6.5英尺，因而展示厅面临缩小的可能[65]。到了4月，容纳ENIAC的空间的情况得到改善：在弹道研究实验室的三楼给它安排了一个新家[66]。新的空间是计算大楼建筑的延伸部分，被称为计算配楼，ENIAC放在弹道研究实验室的其他计算机附近。这个空间是围绕ENIAC设计的，充分展示了ENIAC的优势，并为它的穿孔卡设备、测试设备和主面板也提供了空间。主面板起到了分隔房间的作用，为操作员围起来一个更小的内部工作区域。

1945年6月，弹道研究实验室与摩尔学院签了一份合同，批给摩尔学院96 200美元，用来支付搬迁和重新安装ENIAC的全部费用。摩尔学院成为整个搬迁的总承包商[67]。考虑到成本超支和ENIAC开发的延迟，哈罗德·彭德不愿意承担任何可能让学校面临亏损风险的事情。因此，他指示这项工作"主要通过分包来完成"，以便"根据批准的计划从承包商处获得确定的价格，我们将非常密切地了解开销，不会有明显的风险"。这样，任何意料之外的复杂情况，都将落到Eggly工程公司和其他被选中的安装天花板和空调等工作的承包商头上[68]。

ENIAC 着火了

1946年10月26日的早晨，保安发现ENIAC被火烧坏了一部分。一个函数表面板上真空管加热器的电源线绝缘层发生短路后起火，小火焰烧坏了面板。这个面板的表面被连夜取下，通风系统的有效性也因此而降低。ENIAC的电木（Bakelite）插座就像塑料和橡胶绝缘体一样，在热点出现时就变得比较易燃。幸运的是，自动防护措施切断了风扇装置的电源，因而火势在蔓延之前并没有造成太多破坏[69]。机器的其余部分仍然可以操作，损坏的面板由里夫斯仪器公司（Reeves Instrument Corporation）负责重建。修复费用是5 794.90美元——如果火势在面板之间蔓延开来的话，就不是这个数目了[70]。

ENIAC的所有者对他们期待已久、价格昂贵的计算机在夜间无人看管的情况下有可能发生自燃而感到担忧。莱斯利·西蒙收到了一份关于火灾的长篇解释，报告说："按照惯例，最近机器上的直流和交流电源都是整晚开着的。"根据过去的经验，"保持交流电源一直开着极为关键，可以避免每次开关电源时 18 000 个电子管中的一个或几个出现故障，造成机器无法持续工作。就直流电而言，最近的经验表明虽然不如交流电的情况有效，但连续使用也有助于保持操作的连续性"[71]。这件事被之前的历史学家忽略，但它能帮助解释为什么弹道研究实验室的工作人员最初不愿意让真空管加热器整夜开着。莫奇利后来嘲笑军队，认为他们犯了目光短浅和官僚主义的错误，极大地降低了机器的可靠性[72]。

摩尔学院团队提出的方案促成了一份价值 1.6 万美元的合同，以"尽可能消除任何未来的火灾隐患"，而不仅仅是弥补损失，包括"安装一个切断直流电源的开关，对函数表做一些更改，以及改善电源变压器的保险丝系统"。在 ENIAC 搬到阿伯丁试验场重新启动之前，相关部分的改进已经完成[73]。

离开费城

搬家的打包工作预计需要三周时间，计划从 1947 年 11 月 11 日开始，每个主要单元安排一两个人进行一到两周的全职工作。面板经过了仔细测试，然后与 ENIAC 的其余部分断开，真空管和"插入式"模块单元和托盘单独包装[74]。所有的电缆和备件也进行了盘点和装箱。

正如以往的延迟一样，开始包装的时间也往后拖了一点，这次推迟到 12 月初[75]。摩尔学院为此支付了 2 000 美元的保险费，覆盖运输途中和之后 30 天内总额 10 万美元的损失[76]。这个保单 12 月 23 日开始生效，而这一天可能就是板条箱和面板第一次移动的时间。

费城的斯科特兄弟公司（Scott Brothers）负责运输。他们的要价是 8 350 美元，包括"装箱、拆卸和运输"的费用，这在整体搬迁预算中只占相对较小的一部分。"拆卸"指通过动力绞车穿过摩尔学院外墙上的一个洞来移除重物，包括 ENIAC 的主面板以及相关的电源和通风设备[77]。拆除外墙然后重建是额外的开销，也是 ENIAC 离开费城让人印象最深刻的场景。

团队解散

埃克特和莫奇利离开摩尔学院比 ENIAC 还早，且离开方式也不愉快。早在 1944 年秋天，他们就与大学的管理部门和项目的其他参与者开始了不愉快的谈判。他们希望获得提交专利申请的权利，从而能够体现他们在 ENIAC 构建过程中所做的贡献。这在当时是有争议的，也损害了他们与摩尔学院其他人的关系。几十年后，专利审判的法官得出结论，认为大学之所以放弃了这项发明的权利，是因为若非如此，埃克特和莫奇利就不愿意继续帮助摩尔学院履行剩余的军队合同责任[78]。根据 1944 年 9 月签订的一份后续合同显示，这种紧张关系很快开始对摩尔学院制造新计算机 EDVAC 的工作产生了负面影响。双方的不满情绪都在增长。1946 年 3 月，莫奇利和埃克特收到摩尔学院的最后通牒，被要求放弃未来的专利权利，并且要把学院的经济利益放在更重要位置。之后，他们二人双双辞职。

埃克特和莫奇利后来创办了 Eckert-Mauchly 计算机公司。该公司是世界上第一家计算机创业公司。由于人手和资金不足，该公司的计算机产品定价远远低于最终的生产成本，不可避免地导致了一系列财务危机。1950 年，它被当时领先的办公技术公司雷明顿 – 兰德（Remington Rand）公司收购。1951 年，雷明顿 – 兰德生产的第一台 Univac 计算机被美国人口普查局（U.S. Bureau of Census）购买。尽管埃克特和莫奇利没有因此而变得非常富有，但他们可以理所当然的声称，他们共同发明了计算机行业和计算机。赫尔曼·戈德斯坦和亚瑟·博克斯 1946 年离职，加入了约翰·冯·诺伊曼在高等研究院组建的团队，设计一台新的电子计算机。

ENIAC 操作团队最初被招募进来的目的是希望她们成为弹道研究实验室运行团队的核心。然而，由于婚姻、搬迁延迟，以及恢复机器可靠服务所需的较长时间等综合因素的影响，当 ENIAC 在 1948 年夏天回到合理的生产计划时，六人中只有一人仍然受雇于弹道研究实验室。1946 年底，贝蒂·琼·詹宁斯和玛丽莲·韦斯科夫没有跟着计算机去阿伯丁，而是辞职了。不过，詹宁斯继续以签约程序员的身份工作。弗朗西斯·斯奈德去了阿伯丁，但第二年她就离开

ENIAC 团队，加入了埃克特和莫奇利的新计算机公司。ENIAC 牵线的另一个姻缘是弗朗西斯·斯奈德后来嫁给了她的前老板约翰·霍伯顿。

ENIAC 操作团队的另外三名成员在弹道研究实验室工作了足够长的时间，并把技能传授给了团队的新成员。麦克纳尔蒂在弹道研究实验室工作的最后一天是 1948 年 2 月 6 日。1946 年，约翰·莫奇利的第一任妻子溺亡之后，麦克纳尔蒂嫁给了他，进一步表明了操作员团队的女性对莫奇利的喜爱，同时莫奇利也得到了回报。莫奇利很喜欢这些年轻女人的陪伴，在摩尔学院的时候经常跟她们一起吃午饭和晚饭[79]。贝蒂·琼·詹宁斯与威廉·巴蒂克结婚的时候，是莫奇利而不是她父亲陪她走过了红地毯[80]。

弗朗西斯·比拉斯嫁给了霍默·斯宾塞，在操作 ENIAC 的时候，她和他一定有过密切的合作。1948 年 3 月下旬的日志里，她的婚姻状态已成为"已婚"，但不久之后，她由于怀孕离开了弹道研究实验室。露丝·利希特曼在实验室待的时间最长，她最终于 1948 年 9 月 10 日结束了在 ENIAC 的工作。据报道，其原因是结婚。在费城工作过并使用过这台机器的几十个人中，最后只剩下了约翰·霍伯顿和霍默·斯宾塞。对他们来说，婚姻并没有阻碍他们继续工作。

在接下来的章节中我们会清楚地看到，1948 年 3 月对 ENIAC 实施的改造意味着未来的程序员和操作员的工作将与原来的程序员和操作员的工作有很大不同。与其他的早期计算机一样，此时的程序被写成一系列指令，并转换成数字，通过转动函数表上的旋钮在计算机上进行设置。因此，编程工作从机器的详细物理设计中抽象出来，操作和配置所需要的专业知识也不再那么复杂。现在操作 ENIAC 的工作与操作其他早期计算机更加相似。从一个任务到另一个任务所改变的只是函数表上编码的信息。

注　释

［1］Goldstine to Simon, December 12, 1945, ETE-UP.

［2］"Press Arrangements for University of Pennsylvania E.N.I.A.C. Press Demonstration, 1 February 1946," HHG-APS, series 10, box 3.

［3］ "ENIAC Guide for Press Day, Feb 1, 1946," JWM-UP (Notes and Datasets: ENIAC Functions in Comparison to Other Computers, 1944–45).

［4］ "Dinner and Ceremonies Dedicating the Electronic Numerical Integrator and Computer," HHG-APS, series 10, box 3.

［5］ "Seating chart, ENIAC Dinner, Houston Hall, February 15, 1946," HHG-APS, series 10, box 3.

［6］ 事实上，邀请上的开始时间是晚上 6:30，但也注明 ENIAC 的"非正式演示和技术讨论"将在前一天上午和下午进行，以便那些有兴趣的人可以"在 2 月 15 日最方便的时间"到达。"University of Pennsylvania Announcement re Dinner and Ceremonies," HHG-APS, series 10, box 3. 埃克特和莫奇利被要求这一天守在 ENIAC 旁边，回答关于它的任何问题。

［7］ Goldstine, *The Computer*, 225–226.

［8］ Bartik, *Pioneer Programmer*, 98.

［9］ T. R Kennedy Jr., "Electronic Computer Flashes Answers, May Speed Engineering," *New York Times*, February 15, 1946.

［10］ Warren to Mauchly, November 2, 1945, AWB-IUPUI. 信件中记载了摩尔学院对莫奇利在专利工作上缓慢进展的担心。专利申请过程后来引起了相关方的兴趣，这是可以理解的。许多留存下来的 ENIAC 资料都是从其诉讼文件中收集而来的。在此，我们相对较少关注专利处理缓慢的原因以及埃克特与莫奇利与摩尔学院管理者之间的纠纷。其他人对这些问题进行了深入的讨论，对 ENIAC 的开发和使用历史没有什么帮助。

［11］ Travis to Kessenich, November 18, 1946, MSOD-UP box 49 (Letters regarding reduction to practice).

［12］ 戈德斯坦对美国政府接受 ENIAC 的日期有不同意见，他认为 ENIAC 是在 1946 年 6 月 30 日被费城军械区正式接受的。Goldstine, *The Computer*, 234.

［13］ "Affidavit of Adele K. Goldstine," May 1, 1956, HHG-APS, series 10, box 3.

［14］ "Affidavit of Mrs. Jean J. Bartik," February 17, 1962, HHG-APS, series 10, box 3, p. 3.

［15］ "Affidavit of Homer W. Spence," February 15, 1962, HHG-APS, series 10, box 3, p. 1.

［16］ John W. Mauchly, "The ENIAC," in *A History of Computing in the Twentieth Century*, ed. N. Metropolis, J. Howlett, and Gian-Carlo Rota (Academic Press, 1980), 541–550, 451–452.

［17］ Bartik, *Pioneer Programmer*, 90.

［18］ "Affidavit of Adele K. Goldstine," May 15, 1956, HHG-APS, series 10, box 3.

［19］ Goldstine, *The Computer*, 229–230. 演示中使用的其他设置并没有吸引到这样的激情。就连巴蒂克也认为"ENIAC 的女性与 1 号的记者午餐会没有任何关系，但我从在场的人那里了解到，午餐会没什么意思……只有正弦和余弦之类的东西"。Jean Bartik, "Oral History Interview with Gardner Hendrie, Oaklyn, New Jersey, July 1,"

Computer History Museum, 2008, accessed July 25, 2012 (http: //archive.computerhistory. org/resources/text/ Oral_History/Bartik_Jean/102658322.05.01.acc.pdf).

［20］ "Affidavit of Mrs. Jean J. Bartik."

［21］ Bartik, *Pioneer Programmer*, 80–81, 84–85, 91–92.

［22］ Bartik, "Hendrie Oral History, 2008," 28; Bartik, *Pioneer Programmer*, 95.

［23］ Bartik, "Hendrie Oral History, 2008," 30.

［24］ Thomas Haigh, "The Chromium−Plated Tabulator: Institutionalizing an Electronic Revolution, 1954–1958," *IEEE Annals of the History of Computing* 23, no. 4 (2001): 75–104.

［25］ "PX−1−82: Panel Diagram."

［26］ "ENIAC Progress Report 31 December 1943." 的第 8 页第一次提到程序卡片。模板在 "ENIAC Progress Report 31 December 1944." 的第 23 页和图 4。

［27］ 例如，莫奇利在 "ENIAC Service Log (1944−48)" (December 18, 1945) 第 50 页上的评论。

［28］ "PX−1−81: Setup of Exterior Ballistics Equations."

［29］ "ENIAC Progress Report 31 December 1944," 21–23. 这个例子成了大家都熟悉的教程资源，在以后的几个报告和出版物中反复出现。

［30］ 同［29］，22.

［31］ Bartik, *Pioneer Programmer*, 91. 巴蒂克声称是这些女士开发了这种绘图技术，但档案证据表明，它早于她们参与 ENIAC 工作的时间。

［32］ Eckert et al., *Description of the ENIAC (AMP Report)*.

［33］ Goldstine, *A Report on the ENIAC*.

［34］ 詹宁斯后来坚持认为，戈德斯坦完成手册之后才有了编写 ENIAC 程序的经验，并称在 1946 年 9 月与陶布一起工作时，曾教过她如何编写 ENIAC 程序。Bartik, *Pioneer Programmer*, 105. 她在第 11 页写道："我教阿黛尔编写 ENIAC 程序。她编写过操作手册所以了解 ENIAC 的技术，但在我指导之前，她还没写过真正的程序。"

［35］ 琼·詹宁斯·巴蒂克博物馆提供给我们的 3 张纸的标题是 "可压缩层流边界层""零阶方程""积分程序设置"。我们认为那是哈特里的笔迹。

［36］ 例如，可以追溯到 1947 年的德里克·莱默的黎曼 ζ 函数设置，记录在手写的流程图和两个设置表里，保存在 MSOD−UP, box 9 (Riemann Zeta Fctn)。

［37］ Eckert et al., *Description of the ENIAC (AMP Report),* appendix B.

［38］ 例如, Herman H. Goldstine and Adele K. Goldstine, "The Electronic Numerical Integrator and Computer (ENIAC)," *Mathematical Tables and Other Aids to Computation* 2, no. 15 (1946): 97–110.

[39] "List of Problems That the ENIAC Has Been Used to Solve," in "Sperry Rand v. Bell Telephone Laboratories Civil Action No. 105－146: Defendant's Goldstine Exhibits," HHG－APS, series 10, box 3.

[40] Charlotte Froese Fischer, *Douglas Rayner Hartree—His Life in Science and Computing* (World Scientific Publishing, 2003), 14.

[41] Douglas R. Hartree, "Ballistic Calculations," Nature 106 (1920), September: 152–154. 关于第一次世界大战中英国人在弹道计算工作的更广泛的概述，集中在统计学家卡尔·皮尔森的领导作用上，可以参考 Grier, *When Computers Were Human*, 126–133.

[42] Fischer, *Douglas Rayner Hartree—His Life in Science and Computing*, 11–15.

[43] Goldstine, *The Computer*, 246.

[44] Hartree to Goldstine, January 19, 1946.

[45] Goldstine, The Computer, 246.

[46] Goldstine to Gillon, April 13, 1946. HHG－APS series 10, box 3.

[47] Fischer, *Douglas Rayner Hartree—His Life in Science and Computing*, 109–113.

[48] Cope and Hartree, "The Laminar Boundary Layer in Compressible Flow," plate 1, facing p.4.

[49] Douglas R. Hartree, *Calculating Instruments and Machines* (University of Illinois Press, 1949), 90.

[50] Cope and Hartree, "The Laminar Boundary Layer in Compressible Flow," 56–63.

[51] Cope and Hartree, "The Laminar Boundary Layer in Compressible Flow," 69.

[52] "Compressible Laminary Boundary Layer: Calculation of Inputs for the Higher Order Equations," ENIAC－NARA, box 5, folder 2 (Hartree's Original Notes).

[53] 整个方程极为复杂，参见 pp. 25–26 of Cope and Hartree, "The Laminar Boundary Layer in Compressible Flow."

[54] Hartree, *Calculating Instruments and Machines*, 91.

[55] Hartree, *Calculating Machines*.

[56] J. Brillhart, "Derrick Henry Lehmer," *Acta Arithmetica* 62 (1992): 207–220; Bartik and Holberton, Oral History Interview with Henry S. Tropp, 68–69.

[57] 根据 1946 年的记载，莱默只在 4 月 22 日和 23 日（很可能持续到 4 月 26 日），以及 5 月 13 日和 14 日在 ENIAC 上工作。

[58] Lehmer, "On the Converse of Fermat's Theorem II," 301; Lehmer, "A History of the Sieve Process," in *A History of Computing in the Twentieth Century*, ed. N. Metropolis, J. Howlett, and Gian－Carlo Rota (Academic Press, 1980). 这件事没有记录在服务日志中，但 ENIAC

上运行的应用程序归档列表确实记录了"几个假期周末完成的计算",看起来这些记录似乎不太一致。哈特里当时正在使用 ENIAC,所以如果莱默记的时间正确,那么哈特里的设置一定被打乱了。

[59] Bullynck and De Mol, "Setting-up early computer programs: D. H. Lehmer's ENIAC computation."

[60] 我们完成了他们的设置,并通过 ENIAC 模拟器进行了实验验证。只需稍作修改,它就能按预期工作,计算出莱默报告的结果。

[61] Lehmer, "A History of the Sieve Process," quotation on p. 451.

[62] D. H. Lehmer, "On the Roots of the Riemann Zeta-function," *Acta Mathematica* 95 (1956): 291–298. 我们在第六章讨论这些修改。

[63] Goldstine to Gillon, December 14, 1944, ETE-UP.

[64] "Letter Order W 18-001 Ord 355 (P.O.5-6 016) " to Moore School from Ordnance Department, January 26, 1945, MSOD-UP, box 51 (Summary of Status of ENIAC Moving).

[65] "Notes on Design and Construction for the AB-Installation," MSOD-UP, box 51 (AB—Installation—Dr. Brainerd, 1945).

[66] Goldstine to Pender, April 13, 1945, MSOD-UP, box 51 (Summary of Status ...).

[67] 这个合同是 "Contract W 18-001 Ord 335 (816)." 5 月 8 日还发过一个最早的版本,摩尔学院对部分条款有异议,6 月 22 日收到了修改后的合同。MSOD-UP, box 51 (Summary of Status...). 这个数来自 "Summary of Status MS111," dated March 14, 1947.

[68] Pender to Dubarry, February 5, 1945, MSOD-UP, box 51 (Summary of Status...). 这使"摩尔学院必须以一种保守的方式运作,即使这可能导致军队的成本更高",根据同一文件夹中的 "Moore School Project AB Principles of Operation"。

[69] Sharpless to Research Division, October 26, 1946, MSOD-UP, box 51 (ENIAC Alterations, Repair of Fire Damage).

[70] Travis to Murray, November 21, 1946 and Travis to Murray, January 21, 1947, both in MSOD-UP, box 51 (ENIAC Alterations, Repair of Fire Damage).

[71] Lubkin to Simon, October 28, 1946, MSOD-UP, box 55a (ENIAC General, 1944–45).

[72] 莫奇利后来对军队的规定颇有微词,"任何无人看管的热电气设备都需要一个警卫来防火,而这笔费用没有被批准。不管这条规则的理由是什么,它被应用到 ENIAC 上,就像例行公事一样。制定这条规则的人可能是出于某种原因,但对 ENIAC 一无所知……这是一个明显的例子,不仅是愚蠢地应用了一条愚蠢的规则,而且未能传递出正确使用 ENIAC 至关重要的信息"。Mauchly, "The ENIAC," 542–543.

[73] "Government's Order and Contractor's Advice," issued to the University of Pennsylvania

by Aberdeen Proving Ground, December 5, 1946, MSOD–UP, box 51 (ENIAC Alterations, Repair of Fire Damage).

[74] "Schedule ENIAC Move MS–111," MSOD–UP, box 51 (ENIAC and EDVAC Progress Reports, 1946–1949).

[75] Travis to Murray, November 8, 1946, MSOD–UP, box 51 (Summary of Status of ENIAC Moving).

[76] Universal Insurance Company, "Special Floater Policy NO. V.S. 4 098," MSOD–UP, box 51 (Summary of Status...).

[77] Scott Brothers to Trustees of the University of Pennsylvania, September 13, 1946, MSOD–UP, box 52 (ENIAC Moving (Frank T. Wilson Co., Scott Brothers)).

[78] Stern, *From ENIAC to Univac*, 52.

[79] Bartik, *Pioneer Programmer*, 88–89.

[80] 同 [79], 111.

第五章

ENIAC 到达弹道研究实验室

1946 年夏天，摩尔学院的合同顺利完成，管理 ENIAC 的责任也移交给了项目的资助者弹道研究实验室。尽管随着战争的结束，对曾用来证明 ENIAC 结构合理性的射表的迫切需求已经有所减弱，但弹道实验室对计算机能力的需求依然很大。

关于 ENIAC 的建设和摩尔学院的团队，我们已经描述了很多。尽管弹道实验室委托制造了这台机器，且之后运行维护 ENIAC 长达 8 年之久，还解决了其应用过程中的大部分问题，但人们对 ENIAC 在弹道研究实验室工作的情况知之甚少。因此，这一章我们将首先关注弹道实验室，以及它所在的更大机构阿伯丁试验场。时至今日，这些机构仍被人们铭记的原因，至少在计算机历史学家的眼中，它们是主要的幕后推动者，其最大贡献是为 ENIAC 买了单。事实上，在整个过渡时期，联邦政府日益成为科学研究的重要赞助者，对若干科学技术领域的发展都作出了重要贡献。

1938 年，阿伯丁试验场的研究部门经过重组，成立了弹道研究实验室。这时试验场本身也才刚刚成立几年。20 世纪下半叶，美国人想当然地认为，联邦政府将通过政府机构向大学提供大量资助来支持广泛的基础科学研究，以增进公共利益。但是弹道研究实验室反映了一种更早、更实用的途径，即政府聘请科学家在直接关系到国家利益的领域里推进应用型工作，如勘探矿产、促进农业生产和开发新武器等。

新的实验室加强了机构的高层次人才建设工作，聘请了更多的博士和从麻省理工学院以及其他著名机构获得学位的人。随着战争威胁的增加，实验室的工作变得更加紧迫，吸引了像约翰·冯·诺伊曼这样著名的科学家加入顾问委员会。这在很大程度上要归功于数学家奥斯瓦尔德·韦布伦（Oswald Veblen），他在"二战"期间协调科学活动方面发挥了重要作用。战争早期，韦布伦曾负责管理阿伯丁的计算小组。后来，他是普林斯顿高等研究院的教授。赫尔曼·戈德斯坦说，是韦布伦首先决定资助 ENIAC。（当戈德斯坦介绍 ENIAC 项目方案到一半的时候，韦布伦就退场了，他一边走一边不容置疑地说："西蒙，把钱给戈德斯坦。"这是令戈德斯坦最难以忘记的轶事之一。）[1]

20 世纪 40 年代的弹道研究实验室是由高素质科学家组成的年轻机构。战争爆发后，它迅速发展壮大，从一个只有 40 人左右的小组织，发展为 500 人的大规模研究机构 [2]。它的领导人与政界关系密切，在美国科学界的最高圈子里都有支持者。例如，在 1944 年，它完成了美国第一个超音速风洞项目。这个项目由埃德温·哈勃（Edwin Hubble）领导，如今他的名字既与宇宙的膨胀定律有关，也与 NASA（美国宇航局）的轨道天文台有关。

在 ENIAC 的开发过程中，戈德斯坦一直是军械部管理 ENIAC 项目的核心人物，但战争结束后他不想再继续留在军队里了。ENIAC 需要一个新主人。1945 年弹道实验室成立了计算委员会，组织了一批专家来规划 ENIAC 在弹道实验室的相关工作，确保它能得到有效使用。计算委员会的成员包括数学家哈斯科尔·科里、弗兰兹·阿尔特（Franz Alt）、德里克·莱默和天文学家利兰·坎宁安。他们都是在战争期间来到阿伯丁协助弹道实验室的计算工作的，并且在之后的几年里，他们与实验室也保持着联系——有些是雇员，有些是经常回访的客人。目前还不清楚计算委员会完成了多少工作。阿尔特后来写道，因为弹道实验室的每个人都还在忙着战时的工作，而 ENIAC 还只是"一堆乱七八糟的零件"，所以委员会"只能致力于几个孤立的组件"问题，其中有些是实际问题，有些只是为了测试 [3]。

此时，弹道实验室需要比委员会更持久和更实质性的组织。1945 年 8 月，作为弹道研究实验室内部全面重组的结果，成立了一个新的计算实验室，由路易斯·德德里克（Louis S. Dederick）领导[4]。作为一位平民科学家，德德里克已经是弹道实验室的副主任，直接向主任莱斯利·西蒙汇报工作。琼·巴蒂克后来写道："德德里克是一个非常温和、体贴的人，但是他已经很老了，正慢慢地退出。"[5] 她还回忆说，德德里克负责 ENIAC 的工作，没退休的时候在摩尔学院有一间办公室。德德里克 1953 年退休，因此，尽管对年轻女性来说，他似乎已经有些老态龙钟，但仍可以工作几年时间[6]。

在弹道实验室安装 ENIAC

ENIAC 搬到阿伯丁并在弹道实验室落户进行的准备工作，从 1945 年 1 月就开始了。摩尔学院虽然把 ENIAC 的大部分安置工作都转包给了分包商，以使学校面临的风险最小，但学校的合同责任并没有随着 ENIAC 到达弹道实验室而结束。分包商安装了 ENIAC 的各种面板形成内墙，安装了必要的专用电线、合适的空调和通风系统。ENIAC 有一个漂亮的附加装置就是安装在墙上的主控制单元，里面有启动和停止计算机的按钮。在摩尔学院，同样的任务是在一个手持设备上完成的。

ENIAC 的老板们在机房吊顶的问题上犹豫不决，这种天花板在机器的新机房规划初期就已经讨论过了；然而，这项开支直到 1947 年 6 月才最终被批准，天花板也因此一直到 1948 年才完工[7]。莱斯利·西蒙决定在 ENIAC 安装之前不批准安装天花板，他要亲眼看到 ENIAC 的安装情况再作出相关判断[8]。

寄存器和转换器

ENIAC 交付给弹道实验室后不久，摩尔学院得知，弹道实验室决定向埃克特和莫奇利的小型初创公司电子控制公司（Electronic Control Company）购买两个新面板，"以获得更多的编程设施"。1947 年 2 月 18 日，莱斯利·西蒙写信给哈罗德·彭德，要求估算修改安装合同的成本，以提供墙壁空间、风扇、电源和新面板的电缆[9]。

新的面板被称为"寄存器"和"转换器"。寄存器是一种延迟线存储器，用于增强 ENIAC 的可写小存储器。这是电子控制公司必须掌握的技术，以实现其制造可靠、价格合理的商用计算机的野心。由于或多或少总是处于永久性的现金流危机中，电子控制公司迫切需要立即获得收入。我们猜测，埃克特和莫奇利找到路易斯·德德里克，想把新技术改造并应用到 ENIAC 上，从而把延迟线内存的开发成本分摊给更多客户。我们尚不清楚转换器的用途，也不太清楚两个新单元（现在称为"自动程序选择器"）是如何协同工作的[10]。

"程序选择"的概念并不新鲜。1945 年 8 月 11 日的一份手写笔记描述了从穿孔卡片中读出数字，"从大量预设的程序中进行选择"的想法[11]。这种想法是不切实际的——ENIAC 只有一个读卡器，用它来获取控制信息意味着要么完全放弃输入数据，要么以某种方式把适当的控制信息穿孔到数据所在的卡片上。1946 年初，ENIAC 团队提出用函数表而不是穿孔卡片来选择程序的想法。阿黛尔·戈德斯坦的《手册》介绍了这一技巧。《手册》设想了一个场景，涉及"14 个不同的程序计算，计算过程中的不同时刻需要调用其中的一个或几个"[12]。如果以主程序器的方式提供这样的调用，很快就会超出 ENIAC 的条件控制能力。《手册》解释了如何使用函数表的数字存储能力，来保存要调用的程序的有关信息。函数表的数字输出连接到程序控制总线，开关设置为程序线的某个特定排列[13]。当某一行被访问时，这些连接将触发多达 14 个序列（或者我们今天称之为子程序）同时执行，而这些序列是使用普通的 ENIAC 技术设置的。

转换器也提供了一种"程序选择"机制。当它接收到两位数数字时，它会在一百条输出线中的一条上发出控制脉冲。我们推测，转换器的目的是触发子例程，以响应从函数表或寄存器本身按顺序读取的数字。这将是驱动长子例序列的一种简单方法。

弹道研究实验室和摩尔学院的资深员工都不希望依赖这家新公司。路易斯·德德里克，以及当时在弹道实验室设计 EDVAC 程序系统的萨缪尔·卢步金（Samuel Lubkin）与欧文·特拉维斯有过一次谈话。这次谈话不同寻常地被记录了下来。德德里克透露说："莫奇利和埃克特已经给我们报了一个明确的价格，除去个人考虑和个人感情，最自然的做法显然是把合同给莫奇利和埃克特。那为什么要绕过他们？确实有一些个人的考虑。我们一直在与摩尔学院合作，以后还要继续合作。"德德里克和卢步金向特拉维斯简要解释了阿伯丁高级管理层和联邦采购部门可能会批准、也可能不批准的原因。卢布金说"西蒙上校会毫不犹豫地"把合同交给"出价高于埃克特和莫奇利"的竞争对手[14]。

建造两个新面板的合同给了摩尔学院。特拉维斯建议，现有的搬家合同还有很多剩余资金，可以用来支付新面板的成本，有效地补贴实施方案的需要。新面板的插入式部件由纽约市的里夫斯仪器公司制造[15]。

德德里克对于电子控制公司是否有能力以承诺的低价来提供可靠的存储器感到担忧。这一忧虑在接下来的几年里得到了证实，因为电子控制公司一直在UNIVAC 计算机的定价上过于乐观，还长期受困于设备的不可靠、错过交付期限，以及资金缺乏。1950 年被迫出售给雷明顿·兰德之后，电子控制公司才有了持续的财务基础。相反，摩尔学院因大批优秀的计算机人才流失而陷入瘫痪，未来已经没有制造计算机的可能。面对两个糟糕的选择，德德里克选择了更糟的那个。结果，摩尔学院花了两年多的时间才交付寄存器，而且从未运行起来。这就是采用还在发明过程之中的技术的挑战。幸运的是，即使没有寄存器，转换器也被证明是有用的。

弹道实验室的 ENIAC 员工

尽管员工的流动率普遍较高，但在关键岗位上的两名员工，确保了ENIAC 从建造阶段一直到在阿伯丁的黄金岁月之间保持连续性。约翰·霍伯顿成了弹道实验室 ENIAC 分部的负责人。ENIAC 操作员和程序员团队于 1945 年在摩尔学院成立，从那时起一直到 1951 年 6 月约翰·霍伯顿离开实验室加入国家标准局（National Bureau of Standards），他一直以这样或那样的头衔监管这个团队。1950 年，他与最早的操作员之一，为早期 UNIVAC 的编程发展作出重大贡献的贝蒂·斯奈德（Betty Snyder）结了婚。当时斯奈德已经离开阿伯丁[16]。

霍默·斯宾塞在 ENIAC 人员的回忆和 ENIAC 在阿伯丁最初几年的操作日

志中占有重要地位。第二次世界大战期间，斯宾塞被派往费城帮助完成 ENIAC 工作，当时他还只是个普通的一等兵。他很快就掌握了电路知识，并对维持电路正常工作的小技巧有了深入的了解。斯宾塞跟着这台机器来到了阿伯丁，退役后转为文职雇员。巴克利·弗里茨（W. Barkley Fritz）曾经在弹道实验室参与 ENIAC 的工作，后来记录了这台机器在那里的历史。根据他的说法，1948年中"斯宾塞负责一个维修小团队，任务是测试新购置的真空管、准备和测试插件电路、定位故障，并在总体上确保 ENIAC 的操作成功"。斯宾塞"基本上在整个运营期间"都负责监督硬件[17]。

ENIAC 在其职业生涯的大部分时间里都是 24 小时运转的，因此工作人员必须三班倒。1945 年，随着退伍军人复员，战争期间特殊的劳动条件结束了。正是这种条件使得约翰·霍伯顿从全部都是女性的计算员当中挑选了第一批操作员。当 ENIAC 在弹道实验室重新恢复正常工作时，大多数女性已经离开了实验室工作岗位。她们之后，其继任者的来源多种多样。有些人，包括温妮弗雷德·史密斯（Winifred Smith）、霍姆·麦卡利斯特（Homé McAllister）、玛丽·比尔斯坦（Marie Bierstein）和小奥斯汀·罗伯特·布朗（Austin Robert Brown Jr.）是弹道实验室当时的计算员。莱拉·托德（Lila Todd）和海伦·格林鲍姆（Helen Greenbaum）曾被分配到摩尔学院担任战时火力表工作的主管，后回到阿伯丁后，最终加入了 ENIAC 团队。其他人是弹道实验室的新人。例如，巴克利·弗里茨当时刚获得数学硕士学位，通过自荐得到了 ENIAC 研究组的一份暑期工作。1952 年，4 年前（1948 年）就加入 ENIAC 的乔治·雷茨威斯纳（George Reitwiesner）娶了霍姆·麦卡利斯特，ENIAC 牵线搭桥的传统仍在延续[18]。

ENIAC 是几种工具之一

新的弹道研究实验室负责好几种计算设备，这促使它进一步细分为几个"分支"。它接管了 ENIAC 和弹道研究实验室广泛搜集到的各种穿孔机，以及 4 台最新的中继计算机。即使没有 ENIAC，这些机器也会使实验室成为重要的科学计算中心。在这个时期，洛斯阿拉莫斯最先进的设备就是打孔机。

弹道研究实验室的前两台中继计算机在 1944 年底由 IBM 交付，但是第二年就被送回去进行了重要的升级[19]。它们是根据高度改进的 IBM 穿孔卡机器制造的，按照穿孔卡的传统采用了接线插板的编程模式。IBM 总共制造了 5 台，另外两台作为华莱士·埃克特（Wallace Eckert）所负责的哥伦比亚大学实验室的核心设备投入使用。埃克特提供了很多它们背后的想法。在弹道研究实验室里，它们通常被称为"IBM 中继计算器"，不清楚具体情况的外部人员则称它们是"阿伯丁中继计算器"。IBM 最终给它们的正式命名是"可插拔顺序中继计算器"。这两台计算机可以连接在一起，像一台机器一样工作。机电继电器不能像真空管那样快速切换，但当机器连接在一起时，在机械式处理每一张输入卡片的时间里，仍可以进行 40 次计算。它们不像那个时代的旗舰中继计算器——哈佛 Mark I（也由 IBM 制造）那么复杂，但根据埃克特的说法，它们的速度经过优化可以达到 Mark I 的 20 倍[20]。为了提高吞吐量，它们可以读取输入卡，同时打出前一组计算的结果。在 ENIAC 问世之前大约一年的时间里，它们是美国运行最快的计算机器。这些机器是自动计算历史上有趣的注脚，是 IBM 在 20 世纪 40 年代末推出的电子穿孔卡计算器的机电装置祖先，但弹道研究实验室工作人员认为它们不可靠，不好编程。在 1961 年弹道研究实验室的内部计算历史中，它们被归类为"不成功的"机器，只用了"很短的一段时间"[21]。

弹道研究实验室的另一台继电器计算机器更受用户的喜爱。1944 年，弹道研究实验室决定订购由贝尔实验室的乔治·斯蒂比兹（George Stibitz）和威廉姆斯（S. B. Williams）设计的高级通用继电器计算器。贝尔实验室最后造了两台 V 型继电器计算器系统，并在 1947 年 8 月将第二台交付给阿伯丁。与竞争对手 IBM 一样，它也把独立的计算器与共享的控制系统集成在一起。主单元最多可以控制 6 台计算器，尽管只安装了 2 台[22]。型号 V 比 ENIAC 慢得多，因为它是按顺序从纸带上执行程序的，它根据目前的计算结果改变执行方向方面也只有有限的灵活性[23]。然而，它是弹道研究实验室中最可靠的自动计算器。贝尔实验室的工程师们借鉴了自动电话交换机的生产技术。每一步计算都有特殊的验证电路。因为数字的存储有冗余位，所以如果有错误立即就可以检测到。机器停止时指示灯会发出相应的信号，这样它就可以快速重新启动，而无须冗长的专家诊断。V 型号在弹道研究实验室找到了许多应用，1955 年它被转移到了德克萨斯州的布利斯堡[24]。

弹道研究实验室也继续使用它的微分分析仪。这台微分分析仪 1935 年完成，在战争期间几乎只用于射表的计算，其运算速度是传统台式计算器的几倍。别的计算机器来到以后，它便被解放出来用于其他目的。这台机器不是完全可编程的。就像当时其他的模拟微分分析仪一样，它可以用螺丝刀和扳手调整长度，重新配置以处理新的方程。1949 年的一份报告总结了战前建立的工作实践，指出"简单的方程"可以在数小时内设置好，而更复杂的方程式，特别是如果它与之前解决的问题没有密切关系"可能需要几天的时间才能设置出合理的好方法"。设置分析仪需要大量的手工准备计算，以确定变量的范围和规模。为一组特定的输入参数找到解，需要"几分钟到一个多小时"。但"最好"还是手动计算至少一个解，这样可以检验机器得到的第一个结果[25]。

V–2 的计算

弹道计算实验室的工作人员花了些时间，来体验上述一系列设备的不同功能。ENIAC 在弹道研究实验室的第一项重要工作，也可能是 1947 年唯一的一项重要工作，是分析德国 V–2 导弹发射试验的多普勒数据。第二次世界大战结束时，美国从德国运回的 V–2 型火箭是当时部署的最强大的火箭，后来成了美国导弹和太空发射系统的模板。

分析 V–2 多普勒数据的任务与弹道研究实验室长期以来进行的炮弹跟踪和测试发射分析相类似，是制作射表的第一步。对于擅长轨道建模的弹道研究实验室的科学家们来说，精确测量 V–2 的飞行轨道是一个新的挑战。V–2 的飞行速度比任何飞机都要快，飞行距离也比任何炮弹都要远，垂直发射时可以达到 100 多英里的高度。

计算是在 ENIAC 和两类中继计算机上进行的，并用手工方法对一系列新的计算选项进行比较检验。3 个雷达站记录从火箭反射回来的信号频率。多普勒效应分析是战争中首创的技术（又如近距离引信），揭示了火箭相对于地面站的移动速度。这个设备有点像后来警察抓捕超速司机用的雷达枪，当然更复杂一点，火箭内部有一个收发器接收传入的信号，它将信号的频率提高一倍，然后再发射回来。接收站将原始信号和修改后的反射信号都发送到一个中心站，并记录在 35 mm 的胶片上。一枚导弹的飞行过程大约需要记录 5 万组数值。用逐次逼近法确定火箭在某个瞬间的位置和速度，"大约需要 40 次加法、乘法、除法和平方根"。使用桌面机械计算器的计算员需要"15 ~ 45 分钟才能完成一个轨迹点，实际的时间取决于个人技能、对具体公式的熟悉程度，以及近似值的个数"。即使放弃大部分数据只计算 800 个飞行位置，分析一次飞行也需要几周的时间 [26]。

计算工作由天文学家多丽特·霍夫莱特（Dorrit Hoffleit）负责，她在战争期间开始为海军做计算工作，当时正要结束这段迂回的科研生涯。霍夫莱特在哈佛大学天文台工作的时候获得了拉德克利夫学院的博士学位。她是一位才华横溢的天文观测者，以研究变星而闻名。成为志愿兵之后，她先是被派到麻省理工学院做普通的数学工作，当时那里有一位哈佛天文学家正在计算海军射表。6 个月后她辞职了，但很快就被另一位哈佛天文学家邀请到弹道研究实验室做战时工作。由于天文学家擅长计算轨道和波形分析，他们中的许多人都来到了阿伯丁。

在弹道研究实验室，霍夫莱特主管一个由大约 20 名女性组成的小组。这个小组负责计算防空导弹的发射表。与摩尔学院的管理方式一样，她让高学历女性担任主管。后来，她回忆说，到靶场收集数据以估算函数是这项工作中最令人兴奋的部分。相比之下，"那些表格太可怕了" [27]。

多丽特·霍夫莱特在回忆录中写道，就像她职业生涯中的大部分其他时间一样，她在弹道研究实验室工作期间一直在与根深蒂固的性别歧视文化做斗争。莱斯利·西蒙拒绝任何女性持有专业等级，因为他认为，她们很快就会离开工作岗位去生孩子。霍夫莱特说，西蒙引起了地区陆军督察长的注意，他反对在"副专业"级别的职位上雇佣博士。西蒙的第一反应是让霍夫莱特只做与她的级别相符的低等工作，但后来他让步了 [28]。我们对几十年后的记述不能太过依赖,但这与早期的 ENIAC 操作员在弹道研究实验室进行专业工作的分类,以及获得职位升级时所遇到的困难情况是一致的。

为了寻找更符合她资历和条件的工作,当霍夫莱特听说有机会在托马斯·约翰逊(Thomas H. Johnson)的指导下做多普勒数据分析的时候,她就主动申请了这个工作[29]。约翰逊是宇宙射线专家,有耶鲁大学的博士学位,是当时弹道研究实验室的首席物理学家。和其他许多人一样,他被招募到战时的实验室工作,在那里运用在科学仪器方面的知识来记录炮弹的运动轨迹和炸药的威力。

霍夫莱特的第一个实验分析是在标准的 IBM 穿孔卡机器上完成的。人们曾期望它们的运算速度是人工计算的 10 倍以上,但实际上这些机器没有带来什么好处,因为所涉及的操作过于复杂,机器无法实现自动化,而且数字位数超出了 IBM 型号 601 乘法器的能力(此型号的乘法器在高工作负载时经常会崩溃)。

接下来是新到的 IBM 中继计算器,把它们连接在一起就可以作为一个独立单元进行操作。测试运行表明,计算器每处理好一个轨迹点大概需要 5 ~ 8 分钟,但这台新机器运行第一个应用的时候就发生了可靠性问题。霍夫莱特写道:"大量轨迹点的计算还没有完成。我们还不能确定用现有的统计数据做远距离预测是否可信。"[30]

ENIAC 花了两天设置好面板,它可以根据输入数据计算出导弹的位置。霍夫莱特估计,如果再多花一天时间设置机器,这个装置就可以计算导弹的速度了。ENIAC 只用 15 分钟,就做完了计算员用台式计算器计算 10 周的工作量。"卡片扭曲或受到潮湿和静电的影响"导致了一些常见的故障,而另一些故障是真空管和电气连接的问题[31]。

ENIAC 不再使用之后,小组转而使用贝尔实验室的计算器。该计算器计算 1 个单独的轨迹点需要 5 分钟,因此为了计算 ENIAC 在 15 分钟内就能完成的 800 个轨迹点,需要昼夜不停地连续运行 3 天。然而,这些机器仍然有两个优势,首先,它们是可靠的。弹道研究实验室坚持认为,它们可以通宵运行,到白天时仍然可以继续工作,或者在计算结束后自动关闭。它们的计算结果同样值得信赖：在 1 200 个数据点上的测试只发生了 1 次错误。其次，根据贝尔实验室的说法，通过交换指令纸带，从一个程序切换到另一个程序所需要的时间不到 5 分钟[32]。即使 ENIAC 可以用，当新的测试数据被火速送到弹道实验室进行分析，霍夫莱特预计要使 ENIAC 处理数据，将需要 2 ~ 3 天来对它进行设置。相比之下，结果很快就会从贝尔实验室的计算器中出来。ENIAC 的速度只有在 "对同一类型的问题进行多次完整运行" 时才会更快[33]。

1948 年，多丽特·霍夫莱特回到哈佛大学，在天文台得到了终身职位。另一位天文学家鲍里斯·加芬克尔（Boris Garfinkel）接手了多普勒数据的分析工作。鲍里斯·加芬克尔 1943 年在耶鲁大学获得博士学位，1946 年来到弹道研究实验室。霍夫莱特记得加芬克尔对她 "用非常笨拙的方式计算出来的" 数学程序做了相当大的改进，考虑到她工作的成功和随后 10 年以实验室顾问的身份频繁访问实验室的经历，她的谦虚有些过头了。尽管如此，她还是觉得自己真正的使命不是一名计算专家，而是成为一名亲自动手用摄影底片记录并解释她心爱的变星的人，一名热情的教师，一位机构的创建者。在接下来的 50 年里，她在耶鲁大学展开了天文学家的职业生涯，担任玛丽亚·米切尔天文台（当时一个独特的培训女性做天文研究的机构）的主任以及《亮星星表》（*Bright Star Catalogue*）的编辑。

鲍里斯·加芬克尔继续用 ENIAC 分析火箭试射的数据，直到 1952 年白沙试验场（White Sands Proving Ground）有了自己的计算机为止[34]。随着各种设备的使用（还包括扩展到 5 个地面站），后续的计算也更加复杂[35]。要使 ENIAC 成为这项工作的有效工具，就必须不断努力提高其可靠性，采用新的编程方法，并加快从一个问题切换到另一个问题的速度。

ENIAC 的困难时期

据历史记载，ENIAC 于 1947 年 7 月 29 日开始在阿伯丁运行。这个说法可以追溯到日志里的一条记载："ENIAC 又启动了。" 然而，这并不意味着在 1947 年中 ENIAC 就能处理所有的工作[36]。据我们所知，在 1946 年 12 月到

1948 年 2 月期间，ENIAC 唯一一项主要的新工作就是多普勒计算。这与这台机器尚未完成的状态有关：那些刚招募的新员工还需要培训，另外，为这台机器准备新程序是非常困难的。出现困难的主要原因是机器正常工作的时间太短，不够完成一项工作，这看起来有点古怪。

早期的计算机拥有者对待计算机的方式，与工厂主对待昂贵的工业设备的方式大致相同：都是以资本来代替劳动力。它们需要大量的资本支出和持续的投资，以便提供合适的空间，保证电力供应，并聘请大量的程序员、管理人员和操作员。计算机的使用寿命很短，必须让它尽可能多地做有用工作，将高昂的固定成本分摊到大量的作业上。

维护计算机以最佳方式运转的原因是，这种工作方式会比其他方法更有效率。因此，弹道研究实验室计算部门的工作人员仔细记录了 ENIAC 的运行情况，编制统计数据，显示所处理的作业数量；也记录了 ENIAC 每周完成的有效生产工作的小时数、升级和修理的时间、切换作业用的设置时间、调试和空闲的时间。最初的统计数字令人沮丧。1947 年 12 月，新成立的计算机学会组织了一次会议。这次会议活动由弹道研究实验室主办，约翰·冯·诺伊曼是主题发言人。弹道研究实验室员工在会议上提交了论文，而《纽约时报》以"机械'大脑'有麻烦"为标题总结了这篇文章。《纽约时报》解释说，在ENIAC 每周 40 小时的工作时间中，5% 花在设置上，20% 花在测试设置上，31% 用于各种"查找故障"，10% "清理"故障，8% 花在例行的硬件检查上，6% 的时间是空闲的，只有 5% 用在了生产工作上，这导致 ENIAC "每周正常工作的时间只有 2 个小时"。据报道，ENIAC 当时正在进行改进，"它的'服务人员'很乐观，认为这可以改善到每周工作 6 小时"。另有 5% 的时间花在"检查"上，每个作业都要运行两次以验证结果。[37]

虽然 ENIAC 的产出只是承诺的一小部分，但《纽约时报》出人意料地以正面态度报道了这一备受瞩目的政府项目。《纽约时报》指出，在正常生产的 2 个小时里，这台机器就完成了"1 万个人工工作时间"的实际工作量，而且"如果资金和人员上限允许 ENIAC 由操作人员和维护工人三班操作，实际的工作量还可以提高 3 倍"。不过，除非可靠性得到改善，否则就需要使 ENIAC

24 小时运转，才能得到每天 1 小时的有效工作量，而这需要大量的资金。

弹道研究实验室的工作人员通过尽量减少修理和设置时间，来提高 ENIAC 的生产率。如果这台计算机每个月能处理很多工作，且其中一些还是为全国知名机构的科学家和工程师服务，那么这对于弹道研究实验室的科学领导力和计算机业务增长将是很好的宣传广告。这就是 ENIAC 工作实践发生许多变化的原因，而且最终还激发了这台机器本身发生根本性改变。

1947 年 12 月 ACM 会议之后的几个月里，情况并没有改善多少。许多工作人员转而去准备我们将在第七章讨论的新的程序编制方案。机器的物理环境还在建设当中，然而最大的问题是 ENIAC 机器本身。在以后的几年里，埃克特和莫奇利把 ENIAC 在弹道实验室遇到的问题归咎于搬迁造成的混乱和军队程序的僵化。莫奇利回忆说，机器在费城期间正常运行的时间"通常超过 90%"，他没有听到任何关于机器在弹道实验室不可靠的抱怨，直到几十年后[38]。然而，有些问题确实是机器本身造成的。例如，管子挤得太紧，以至于热量积累到危险的水平，因而缩短了寿命。为了让空气循环起来，阿伯丁安装了空调和噪音巨大的强力风扇，但机器过热的问题始终没有完全解决。

1947 年 11 月到 1948 年 3 月的操作日志有大量关于断线、机器故障的讨论，还有摩尔学院的理查德·默文（Richard Merwin）来检修问题部件以及其他常见问题的记载。ENIAC 偶尔也会尝试运行一些问题，包括射表计算。ENIAC 就是为了这个计算而设计建造的，但是故障折磨着函数表、常数发生器、电源、打印机、累加器和电缆。1948 年 1 月 8 日，在又经历了几天徒劳无功的忙碌之后，日志记录道："在摩尔学院接手安装各种设备之前，我们正在考虑关机大修。"差不多过了 1 个月，日志才记录了另一次尝试使用该机器的情况：2 月 6 日周五，哈里·赫斯基（Harry Huskey）出现了，他设置了一个问题，并希望在周末可以自己运行。

格拉布斯问题

1948 年 3 月，人们开始尝试两班倒的操作模式，但 ENIAC 的生产效率仍然很低。ENIAC 经历的挫折和这台机器的潜力，在操作日志里记录的"格拉布斯问题"执行过程中得到了充分的体现。弗兰克·格拉布斯（Frank E. Grubbs）上尉是军械局里一颗冉冉上升的新星。1941 年，他从陆军预备役（Army Reserve）被召唤加入现役，电气工程和统计学学位使他成为弹道研究实验室的理想人选。实验室主任莱斯利·西蒙是将统计方法应用于军事活动的专家，他利用战争机会提升了实验室在这一领域的能力。1942 年，格拉布斯就任弹道研究实验室的监控主任。他还是一个非正式的数学团体的成员，这个团体的成员都武装了一个聪明的数字头脑，他们将统计方法应用于战时问题，开辟了运筹学领域。格拉布斯发明了一种方法可用来评估囤积在英国各地的数百种火炮弹药，从而为诺曼底登陆做准备。在分析了数千次试验发射的结果后，他发现，只需对标准方程进行四组修正，就能充分反映这些不同炮弹的弹道特征[39]。

当军队征召格拉布斯加入现役时，他在密歇根大学塞西尔·克雷格（Cecilia C. Craig）的指导下，已经做了好几年博士项目，主要研究统计异常值的相关测试。虽然战时工作最初干扰了他的研究，但这些工作后来成了他博士论文的主题，并为他在弹道实验室的长期职业生涯奠定了基础。当时的统计实践活动以制作和使用表格为基础。一小群统计研究人员评估了新的统计测试和测量方法。成功的测试方法被更广泛的研究团体采用，但是让用户来计算统计显著性的阈值是不实际的。相反，更方便的做法是统计人员提供表格，而使用者根据样本大小和其他参数的范围，就能在表中找到与自己的数据集最接近的值。计算这些表格所需要的劳动力严重限制了新的统计测试方法的推广。

对弹道研究实验室来说，开发一种异常值检测方法可不仅仅是学术兴趣，因为弹道测试的数据里"含有大量的异常值"[40]。格拉布斯很快就发现，以前需要大量工作的统计表在 ENIAC 上可以自动生成。ENIAC 还在摩尔学院期间，德里克·莱默和露丝·利希特曼就已经做了一些编程，但格拉布斯后来回忆道："他们刚把我的离群值检测问题在 ENIAC 上设置好，原子能委员会就让西蒙将军和约翰尼·冯·诺伊曼用 ENIAC 计算核弹芯内爆问题的最优解，其结果是……尽管我们计算实验室一再请求，但我那个能让他们忙碌起来的大型计算的优先级却很快消失了。"[41]

　　由于还有其他占用 ENIAC 时间的要求，以及它自身的各种问题，格拉布斯的计算推迟到 1948 年 3 月才正式开始试验。这是一个特别具有挑战性的问题。露丝·利希特曼仍在阿伯丁试验场的 ENIAC 部门工作，与海伦·马克（Helen Mark）和玛丽·比尔斯坦（Marie Bierstein）一起全面负责这个计算[42]。最终，格拉布斯计算所生成的表在 4 个不同点上给出了 24 个不同大小样本的概率分布期望值，表里总共只包含 96 个值。在计算每个值的过程中，ENIAC 必须输出中间结果，这些结果随后又被读回，再做进一步的处理。卡片操作减慢了机器的运行速度，每个值的计算需要几分钟而不是几秒钟，但是整个工作仍然可以在两个轮班内完成，如果中间不发生故障的话。理想情况下，采用两班倒的方式，团队只需要 1 天就可以完成。但情况并不理想，这个工作花了 1 个月。与《纽约时报》报道的情况相比，ENIAC 的生产效率几乎没有改善。ENIAC 的机房环境还不适应机器的运行，操作人员还不得不在预定的时间进行各种演示。程序错误、数值方法错误和机器升级中断，这些都拖慢了进度。硬件错误的破坏性最大：电源和冷却系统失灵，函数表被反复修复，乘法器的表现令人担忧。历史学家们倾向于认为烧毁的管子是折磨 ENIAC 的主要问题，也许是因为这是困扰普雷斯普·埃克特和其他工程师的最大问题。但是在实际操作中，这台机器由于"间歇"而浪费了更多的时间——随机发生的神秘错误会阻止计算进程或使其结果变得无用。

　　ENIAC 操作员团队于 1948 年 2 月 25 日周三下午开始着手设置格拉布斯问题。星期四主要是处理除法和平方根单元问题。当第二天测试新安装的转换器时，升级工作又压倒了操作使用环节。最后，理查德·默文接到电话从摩尔学院赶来，周五晚上来"伺候"它[43]。

　　周一，格拉布斯热切地以"踏板"模式开始运行他的应用问题。"踏板"指一个时间周期一个时间周期地运行（译者按，相当于单步执行）ENIAC 的设置，根据设置表或"踏板表"中包含的信息来验证其行为。尽管日志提到了"编程中有一些错误，将来需要更仔细地检查和编码"，但团队"实际上使程序运行起来了，而且运行了第一轮"[44]。

　　以前，关于 ENIAC 的讨论给人留下的印象是，在原来的编程模式下，

ENIAC 的效率主要受到设置每个新问题所需的时间和精力的限制。然而，在当时这种情况下，设置 ENIAC 与尝试运行程序所花费的时间相比微不足道。周二上午因为电源维修而使工作中断。下午，再次运行以验证初始结果的正确性，但日志显示："ENIAC 未能复制昨晚的运行。这可能是个'间歇'错误。"把输入的卡片包在 ENIAC 上运行两次，并比较产生的输出卡片，是这时的标准实践——它借鉴了重要数据键入两次的做法，并使用了一种特殊的"穿孔校验"来检查两次的数据是否相同。

从开始解决这个问题到周三，已经过去了一周，团队"找到了 n=2 的时候卡片 632 出错的原因，并更换了换档器等，又可以正常工作了"。计算重新开始，除去一个电源坏了几次，这次这组初始值运行良好[45]。到了周五，研究小组又"发现格拉布斯问题积分函数的假设有一个错误"。这使得本次的计算结果不能使用。接下来的一周里，ENIAC 出现了更多硬件问题，无法完成任何有用的工作。又到了一个周五，给陆军部长做演示的一切工作都准备好了，但部长在最后一分钟取消了安排，"所有对演示的担心和延误都白费了"[46]。

3 月 15 日，星期一，理查德·默文重新回到了转换器这一工作环节，所以没有尝试运行 ENIAC。周二和周三，霍默·斯宾塞忙得不可开交，忙着修理乘法器和函数表。星期二的夜班取消，周三被更多的"间歇"浪费了[47]。三个星期里 ENIAC 能用的每一分钟都被用来解决格拉布斯问题，但还是没有产出任何有用的结果。周四，"间歇"再次引起机器罢工，士气低落的小组决定"在原子能委员会的尼克拿来新问题之前，尽一切努力结束格拉布斯问题"。夜班工人试图"隔离间歇性"的努力被证明是徒劳的，因为"两次明显的良好运行"再次产生了不同的输出卡片。日志条目结束时的结论很明确："机器的状况根本就不适合运行这个问题。"[48]

周五下午早些时候，人们发现一根短路的电缆是 ENIAC 发生"间歇"的根本原因。然后，人们突然发现自己所面对的是一台可靠的计算机！团队继续向前推进他们的工作，直到周六凌晨四点因"常数发生器或读卡器出现故障"才停止。在这 13½ 个小时的时间里，格拉布斯的问题从 $n = 2$ 运行到了 $n = 22$。但周末的一次电力和冷却系统故障又把 ENIAC 击倒了[49]。到了周二下午，它

图 5.1　维护工程师霍默·斯宾塞（左）在提高 ENIAC 的可靠性方面发挥了关键作用，使其工作时间超过了崩溃时间。这张照片里他正在移除一个数字盘。这个数字盘安装在几个 ENIAC 面板上，在面板之间传输数字。（图片 84.240.10 UV–HML）

的运行状态有一个短暂的恢复，因而又做了一些数值实验。可用于表示数字的有限位数是计算错误的固有来源。每次这些数字相加、相乘或相除，误差就有加重的风险。特别是最近，ENIAC 上为信号部队建立的一个项目被放弃了，就是因为操作小组认识到误差已经累积到使结果无用的程度。ENIAC 的运算速度比其他机器快得多，计算过程中可以执行更多的算术运算，所以特别容易出现数字误差。误差的传播和积累是道格拉斯·哈特里、约翰·冯·诺伊曼和其他数字计算机早期用户直接关心的实际问题[50]。ENIAC 团队曾经做过一个粗略的数学实验，重复进行格拉布斯计算，观察故意引入的误差是会消除还是加重。对于 $n = 7$ 或 8 和更高的值，他们多运行了几次，以便查看在输入数据的末尾增添空白卡片是否会产生实质性的差异。结果再次确认"它所引起的变化在两到三次之后就消失了"[51]。

　　团队还有时间通过重复前面的运行来验证结果。周三下午，ENIAC 克服了更多的间歇，复现了最后的结果。在为军械学校的五组访客演示之后，"下午 4：30，机器被移交给斯宾塞进行检查维修，格拉布斯的问题被认为已经得到解决，目前的设置是能够处理好的"[52]。

弗兰克·格拉布斯为他的论文项目争取到了整整一个月使用这台世界上唯一可操作的通用电子数字计算机的时间，这是他使用过的几种计算方法中的一种。他把在 ENIAC 上的一个计算结果与海伦·库恩（Helen J. Coon）的结果进行了比较，后者在传统的机械计算机上用了一种低精度方法。随后，不知姓名的两名男子和一名女子用贝尔实验室为弹道实验室制造的中继计算机对相关的统计分布做了进一步的计算。格拉布斯在 1950 年发表了他的博士毕业论文。这篇论文的影响相当大——消除掉谷歌学术对旧文献偏爱的倾向，仍然统计到了 500 多次引用[53]。1969 年的一篇指导论文包含了同样的 ENIAC 结果表，又收获了另外 1 500 次引用[54]。格拉布斯继续研究异常值的统计检测，这成为他自己的研究主题。后来，科学家和工程师广泛使用的一种测试方法就以格拉布斯的名字命名。

据我们所知，格拉布斯的问题是 ENIAC 原始控制方法解决的最后一个问题。三个工作日之后，尼克·梅特罗波利斯就开始了 ENIAC 的改造过程。它将成为一台不同寻常的计算机。ENIAC 前途光明但飘忽不定的童年期和成熟期之间的真正分界线就是这次改造，而不是从费城搬到阿伯丁。成熟后的 ENIAC 将是一台性能可靠而且富有成效的解决问题的机器。ENIAC 最终被拯救，是整个团队的成就，但其中两个最关键的因素是新的编程方法以及霍默·斯宾塞和他的维护团队的持续努力。新编程方法的成功与斯宾塞及其团队的努力是相互关联的。ENIAC 最早的编程包括给面板布线和设置开关，实际上是创建了一台新的未经测试的计算机。故障排除人员必须理解和调试新的硬件配置。而改造之后，每当程序改变，都不必添加或者去除电缆。坏连接率逐渐降低，而坏连接是间歇性问题的重要来源。把面板上的大多数开关固定在单一的操作模式中，也同样有助于简化故障排除。

注　释

[1] Goldstine, *The Computer*, 149.

[2] Leslie E. Simon, Frank E. Grubbs, and Serge J. Zaroodny, *Robert Harrington Kent, 1886–1961:Biographical Memoir* (National Academy of Sciences, 1971).

［ 3 ］ Franz L. Alt, "Archaeology of Computers," *Communications of the ACM* 15, no. 7 (1972): 693–694.

［ 4 ］ Barber, *Ballisticians in War and Peace*, 60.

［ 5 ］ Bartik, *Pioneer Programmer*, 79.

［ 6 ］ Barber, *Ballisticians in War and Peace*, 64.

［ 7 ］ Travis to Murray, "Modification of ENIAC Moving Contract," November 8, 1946, MSOD–UP, box 51 (Summary of Status of ENIAC Moving, 1944–1948).

［ 8 ］ Simon to Travis, December 18, 1946, MSOD–UP, box 51 (Summary of Status of ENIAC Moving, 1944–1948).

［ 9 ］ Simon to Pender, February 18, 1947, MSOD–UP, box 51 (Summary of Status of ENIAC Moving, 1944–1948).

［ 10 ］ "所有面板都安装到了合适的位置，等待 1947 年 2 月 27 日发出设备更改的命令，插入两个额外的面板，实现自动程序选择器。"这张更改订单的费用是 10 000 美元，将增加到搬家合同中。" T. Kite Sharpless, "MS 111 Moving ENIAC: Progress Report 1 March 1947," MSOD–UP, box 51 (ENIAC and EDVAC Progress Reports). 埃克特和莫奇利在 1943 年提出了一个"程序选择器"装置，见第一章。

［ 11 ］ John Mauchly, "Card Control of Programming," August 11, 1945, UV–HML, box 7 (ENIAC 1944 Notes Programmer).

［ 12 ］ A. Goldstine, *Report on the ENIAC*, VII –22. 第 8.7 节描述了一个类似场景的实际运算。

［ 13 ］ 如果把一行中的 12 个数字开关分别设置为 0 或 9，符号位设置为 P 或 M，那么当程序脉冲到达这一行时，14 个开关中的每一个都会发出 0 或 9 个脉冲。

14 ］ Transcript of conversation among Travis, Dederick, and Lubkin, "late–March," 1947, MSOD–UP, box 51 (Summary of Status of ENIAC Moving, 1944–1948).

［ 15 ］ 里夫斯仪器公司专门从事军用电子产品，战争结束后不久就进入军用和商用的模拟计算机市场。卢布金认为里夫斯仪器公司是可靠的分包商，在此之后，他在里夫斯仪器公司短暂地工作了一段时间。James S. Small, *The Analogue Alternative:The Electronic Analogue Computer in Britain and the USA*, 1930–1975 (Routledge, 2001), 110.

［ 16 ］ Fritz, "ENIAC—A Problem Solver," 29.

［ 17 ］ 同［ 16 ］,37–38. "ENIAC Log Book. Friday November 21, 1947," UV–HML, box 10 (Operations Log After 1947).

［ 18 ］ 这些细节大部分来自 Fritz, "The Women of ENIAC."

［ 19 ］ Paul Ceruzzi, "Crossing the Divide: Architectural Issues and the Emergence of the Stored Program Computer, 1935–1955," *IEEE Annals of the History of Computing* 19, no. 1 (1997):

5–12. 关于 20 世纪 40 年代中继计算器的概述，参见 Ceruzzi, "Relay Calculators," in *Computing Before Computers* (Iowa State University Press, 1990).

[20] Wallace J. Eckert, "The IBM Pluggable Sequence Relay Calculator," *Mathematical Tables and Other Aids to Computation* 3, no. 23 (1948): 149–161.

[21] Karl Kempf, *Electronic Computers Within the Ordnance Corps* (U.S. Army Ordnance Corps, 1961).

[22] W. G. Andrews, "A Review of the Bell Laboratories' Digital Computer Developments," in *Review of Electronic Digital Computers:Joint AIEE-IRE Computer Conference (Dec. 10–12, 1951)* (American Institute of Electrical Engineers, 1952).

[23] 程序代码可以被分割成片段加载到不同的纸带读取器，通过在计算中把控制从一个点转移到另一个，提供有限的子程序功能。纸带驱动器也可以查找表。

[24] "Aberdeen Proving Ground Computers," *Digital Computer Newsletter* 7, no. 3 (1955): 1.

[25] 这一段的引用都来自 J. O. Harrison, John V. Holberton, and M. Lotkin, *Technical Note 104:Preparation of Problems for the BRL Calculating Machines* (Ballistic Research Laboratories, 1949).

[26] Dorrit Hoffleit, "A Comparison of Various Computing Machines Used in the Reduction of Doppler Observations," *Mathematical Tables and Other Aids to Computation* 3, no. 25 (1949): 373–377, quotations from pp. 374 and 375.

[27] Dorrit Hoffleit, "Oral History Interview with David DeVorkin, August 4, 1979," Niels Bohr Library and Archives, American Institute of Physics, College Park, Maryland.

[28] Dorrit Hoffleit, *Misfortunes as Blessings in Disguise:The Story of My Life* (American Association of Variable Star Astronomers, 2002), 44–45.

[29] Hoffleit, "Oral History Interview with David DeVorkin, August 4, 1979."

[30] Hoffleit, "A Comparison of Various Computing Machines Used in the Reduction of Doppler Observations," 375.

[31] 同 [30]，376.

[32] Andrews, "A Review of the Bell Laboratories' Digital Computer Developments."

[33] Hoffleit, "A Comparison of Various Computing Machines Used in the Reduction of Doppler Observations," 376.

[34] Fritz, "ENIAC—A Problem Solver." BRL 也用 ENIAC 分析来自相机站的视觉数据，可以根据几个观察点的互相参照来确定火箭发射的实际位置。Fritz 在上述文章的附录 1.2.22 节中引用了关于这个主题的几个报告。

[35] Barber, *Ballisticians in War and Peace*, 65–66, Boris Garfinkel, *BRL Technical Report*

797:Least Square Determination of Position from Radio Doppler Data (Aberdeen Proving Ground).

[36] "ENIAC Service Log (1944–1948) ", p. 163, entry dated "7/29/47".

[37] Will Lissner, "Mechanical 'Brain' Has Its Troubles," *New York Times*, December 14, 1947. 利斯纳指出 18% 的时间被认为是浪费了。

[38] Mauchly, "The ENIAC," 542. 莫奇利还说默尔文和摩尔学院的其他人 "从来没有提到（ENIAC）搬到 BRL 之后在性能方面有什么困难"，这与服务日志里默尔文被频繁叫到阿伯丁处理棘手问题不一致。

[39] "Dr. Frank E. Grubbs," Ordnance Corps Hall of Fame, 2002, http: //www.goordnance.army. mil/hof/2000/2002/grubbs.html.

[40] Frank E. Grubbs, "A Quarter Century of Army Design of Experiments Conferences," Armyconference.org, 1980, http: //www.armyconference.org/50YEARS/Documents/ Typed%20Papers/DOE25Grubbs.pdf, 3.

[41] 同 [40]，4.

[42] "Operations Log." 提到比尔斯坦作为实习生 1 月 26 日来到。3 月 15 日的文件记录了人事的安排。

[43] 同 [42]，February 25–27, 1948.

[44] 同 [42]，March 1, 1948.

[45] 同 [42]，March 2–3, 1948.

[46] 同 [42]，March 4–12, 1948.

[47] 同 [42]，March 15–17, 1948.

[48] 同 [42]，March 18, 1948.

[49] 同 [42]，March 19–22, 1948.

[50] Hartree, *Calculating Instruments and Machines*, 119.

[51] "Operations Log," March 23, 1948.

[52] 同 [51]，March 23–24, 1948.

[53] Frank E. Grubbs, "Sample Criteria for Testing Outlying Observations," *Annals of Mathematical Statistics* 21, no. 1 (1950): 27–58.

[54] Frank E. Grubbs, "Procedures for Detecting Outlying Observations in Samples," *Technometrics* 11, no. 1 (1969): 1–21.

第六章

EDVAC 和《初稿》

ENIAC 在摩尔学院期间解决的问题涉猎很宽。它公开证明了大规模电子计算的可行性，在当时引起广泛关注。然而，它还不能被当作下一代计算机设计的样板。在这一章，我们将看到 1944 年到 1945 年期间 ENIAC 团队在计算机设计思维方面的快速进步。

在历史上，此后的下一代计算机通常被称为存储程序计算机，历史学家通常认为 ENIAC 与它们的关键区别就是"存储程序概念"[1]。我们将在第十一章中清楚地看到，这一术语有误导，它给人造成了一种印象，即现代计算机是由单一的抽象概念定义的。事实恰恰相反，我们看到的是一个不断挑战专业技术的渐进过程，其动机在很大程度上是摩尔学院团队努力开发 ENIAC，并用它来解决特定问题时所遇到的缺陷和低效。

反思 ENIAC

ENIAC 的开发要迅速，进展要切实，因此它的设计受到诸多方面的限制。ENIAC 只有在战争结束前清理完积压的射表计算，才能证明它所花掉的越来越多的钱是值得的。1944 年初，关于主要设计方案的大部分决策都已经作出。随着项目重心转向具体的工程，埃克特、莫奇利和戈德斯坦开始思考未来的计算机器的设计。

内存技术

作为通用计算机，ENIAC 最大的缺点之一就是它的可写电子存储器非常小。它之所以高速，是因为电子计算电路不必像 20 世纪 40 年代中期的其他计算机那样，把大部分时间花在等待从纸带或诸如此类的继电器存储器中读取控制信息和数字数据上 [2]。相反，指令和数字是在 ENIAC 的程序控制器和函数表上手动设置的，这样信息就能以我们现在所说的"电子速度"为计算机所用了 [3]。

构建一个能跟上 ENIAC 速度的大容量只读存储器并不是特别困难。ENIAC 的 3 个函数表各自可以容纳 1 248 位数字和 208 个符号，它们通过转动机械开关来设置。这种技术提供了廉价而可靠的大容量数字存储，只是在控制电路中才用到真空管，并不适合存储变量。

创建一个大的、快速的可写存储器要困难得多。ENIAC 的存储器只能保存 200 个数字和 20 个符号，还分散在 20 个累加器上，这就限制了它的许多潜在用途。埃克特和莫奇利不能为了增加存储容量，而简单地要求新机器容纳更多的累加器，因为每个"插入式 decade"存储一位十进制数字就需要 28 个真空管 [4]。这使机器膨胀的程度比所有其他设计决策加在一起都大。200 个插入式"decade"分布在 20 个累加器上，需要 5 600 个真空管，还有更多的用于符号存储、算术、通信和控制的电路。团队曾经考虑过建造只包含数字存储和传输电路的存储单元，但这样起到的作用很小。任何在和平时期交付的机器，都不可能以过度使用真空管造成的费用和可靠性问题为代价，来换取快速交付。

为了应对挑战，埃克特发明了第一个大容量电子存储器——汞延迟线存储器。延迟线的思想起源于埃克特在 ENIAC 之前参与的雷达项目，汞延迟线存储器是雷达技术与早期数字计算之间相互联系的一个非常明显的例子。雷达天线以常速旋转，而扫描光束被物体反射回来，就在雷达屏幕上产生光点。静止的物体，如树木和建筑物，会迷惑操作员，致使来袭的飞机和其他移动的物体更难被发现。雷达显示的目标是移动的对象。这要求找到一种方法，能保存脉冲，直到天线再旋转一周，然后将保存的脉冲与新的信号比较，消除没有变化的光点。埃克特的解决方案是将电雷达脉冲转化为声波,通过水银管传播[5]。在水银管远处的那一端,声波被接收并重新变回电脉冲。这样,改变水银管道的长度就能改变延迟的持续时间。

1944 年初,埃克特认识到,这项技术可以用来大量存储计算机数据,并且读出数据的速度也相对较高[6]。一系列要存储的数字被转换成一串通过延迟线的脉冲。脉冲从延迟线管道的一端离开,又返回到另一端,在流体中不断循环。如果计算机需要读取存储器某个特定部分的内容,相应的数字就会在下一次到达容器末端时被拷贝到真空管中。当需要修改存储在脉冲序列特定部分的数字时,计算机会为延迟线内存控制器提供一个更新值,下次将相应的脉冲写入容器时就可以替换这个值。如今的存储芯片都是基于这样的理念:任何在一段时间内能够可靠存储数据的介质,只要在数据丢失之前读出和"再生",并能无限次的重复这一过程,就可以永久地存储数据[7]。

水银既重又有毒,是最不容易处理的物质。尽管如此,许多最早的电子计算机,包括第一台商用的 UNIVAC 和 IBM 的型号,都使用了水银延迟线。延迟线存储器虽不完美,但比中继存储器要快得多,还比真空管存储器便宜得多。因为延迟线存储器的容量与它的长度成正比,所以一条高容量的线路并不比一条短的线路需要更多的电子元件。一条能储存 200 位数字的延迟线,所需要的电子管数量只是 ENIAC 累加器的一小部分。在计算机这一端,可能要等待数千次脉冲,想要的数据才能到达,但是由于数据移动的速度足够快,这并不是一个致命的缺陷。特别是如果程序员学会了安排延迟线内容的技巧,数字就能正好在需要的时候出现。比 ENIAC 更便宜、更小、更强大的计算机背后的关键技术就是延迟线存储器,以及作为其竞争对手的阴极射线管存储器。正是在它们的帮助下,计算机才变成了实用的商业机器。

围绕 EDVAC 所进行的协作

凡是成功的咨询公司和研究机构都很清楚,在项目当前阶段完成之前,就必须开始推介成果,推进下一个阶段的研究或者寻找新的项目。的确,即将交付的成果的局限性通常证明了下一个合同是合理的。ENIAC 团队的成员很快就意识到了这一点，在 ENIAC 还远未完成之前，就一直在探索签订新合同的可能性。他们从一开始就认识到 ENIAC 编程系统的局限性。正如我们所看到的，ENIAC 最早曾设想把控制电路集中起来，从而指挥其他单元的操作。1943 年底的进度报告指出，编程功能"相当的分散"，在提供自动设置问题方面"没有作出任何努力"[8]。我们观察到弹道计算都是一次设置、多次运行，因而"开发的主要目标是提高弹道计算的速度"，这是合理的。随着对灵活和通用计算机的需求越来越清晰，团队开始规划 ENIAC 的后继机器，这样又回到了集中控制和自动程序设置这一问题。新加入团队的数学家约翰·冯·诺伊曼参与制定了这些计划。

冯·诺伊曼的加入

下面是计算机历史上最经常被讲述的轶事之一。

1944 年的夏天，赫尔曼·戈德斯坦站在阿伯丁火车站站台上，认出了约翰·冯·诺伊曼。戈德斯坦走近这位伟人，聊了一会儿就提到了正在费城进行的计算机项目。冯·诺伊曼此时正深深地沉浸在曼哈顿计划（Manhattan Project）中，他充分意识到许多战时项目对快速计算的迫切需要，礼貌的闲聊迅速变成了强烈的兴趣。戈德斯坦很快带着他的新朋友来参观这一项目。由此产生的合作改变了计算机的设计，也改变了戈德斯坦的职业生涯[9]。冯·诺伊曼迅速成为摩尔学院团队亲密的合作者。虽然他来得太晚，对 ENIAC 的原始设计没有任何已知的确定性影响，但他仔细研究了 ENIAC 并负责该机器上许多应用问题的运行。

虽然冯·诺伊曼（1903—1957）去世后从公众视野慢慢淡出，但在他的有生之年和生命的最后一段时间，冯·诺伊曼依然是科学界名流。其知名度虽然不及阿尔伯特·爱因斯坦，却比几乎其他任何美国科学家都高。他在 25 岁左右的时候获得了数学博士学位和化学工程学位，发表的重量级数学论文数量惊人，并开始广泛参与跨学科的多个学术领域，这使他享有很高的知名度。他开创了量子力学的数学方法，并将数学方法应用在博弈策略和经济学中的相关问题，从而建立了博弈论研究领域。在纯数学领域，他的贡献也同样是多样化的，他在几何学、集合论和算子理论等前沿领域都有建树。

冯·诺伊曼出生于布达佩斯的上层家庭，享受着舒服的物质生活和丰富的社交生活。以移民科学家的身份重新获得这种社会经济地位，他对这一挑战充满热情。遇到戈德斯坦的时候，冯·诺伊曼正满怀自豪和信心走入华盛顿的权力走廊。与此同时，他还与许多公司、军事中心和政府机构保持着咨询关系[10]。

1944 年，冯·诺伊曼把精力集中在与军事直接相关的工作上。与弹道研究实验室的咨询关系早在战争之前就开始了，他是 1940 年成立的科学咨询委员会的成员之一，职责是监督实验室的工作[11]。他最紧迫的任务是接触洛斯阿拉莫斯，是为数不多的被允许进出这个神秘的沙漠科学小镇的科学家之一。他的特殊专长是对原子弹的冲击波进行数学建模，这对在新墨西哥州试验、后来投放到长崎的内爆引发式原子弹来说至关重要。这个专长使他得以进入战争期间美国的科学中心圈。在生命的最后几年，他帮助指导了美国在弹道导弹和核反应堆方面的政策。尽管在原子弹方面取得了辉煌的成就，冯·诺伊曼在电子计算领域的成就至今仍被人们铭记。

ENIAC 的继承者

威廉·阿斯普雷记录了 1943 年冯·诺伊曼对自动计算的兴趣不断增长。在参观了英国航海天文历办公室（Nautical Almanac Office）使用的自动会计机器之后，他开始给洛斯阿拉莫斯的穿孔卡片机连线，在机器上运行卡片。他有计划地寻找可能有助于原子弹计划的新型计算设备，后来发现海军在哈佛大学的计算机中心和贝尔实验室正在研制继电计算机[12]。有些意外的不是他偶然发现了 ENIAC，而是他花了那么久才找到它[13]。他立即意识到电子计算对洛斯阿拉莫斯的价值。1944 年 8 月 21 日，戈德斯坦在写给保罗·吉隆的信中说："冯·诺伊曼对 ENIAC 表现出极大的兴趣，并与我每周讨论一次机器的使用情况。"他们估计冯·诺伊曼的爆炸波问题在 ENIAC 上只要十秒钟就能解决，而在穿孔卡片机上则需要四小时。[14]

冯·诺伊曼促使 ENIAC 团队对他们机器的缺陷进行了改进，并提出了一个具体的方案。该方案最初被认为是 ENIAC 的改进版本。1944 年 7 月，赫尔曼·戈德斯坦对哈罗德·彭德说，"极其希望"在陆军部削减开支之前"与你签订一份改善目前机器设计的新合同"[15]。8 月 11 日，戈德斯坦写信给莱斯利·西蒙说：

> 由于必须在一年半内完成 ENIAC，某些设计问题只能采纳临时性的解决办法，特别是缺少高速存储设备，以及在各单元之间建立连接以执行给定流程的方式。这些缺陷将给实验室设置新的计算问题带来相当大的不便和时间上的损失……我们非常希望与摩尔学院签订新的开发合同，支持该机构继续研究开发，最终拿出一个更完善的、改进版本的 ENIAC 设计方案。[16]

根据戈德斯坦后来的回忆，他在冯·诺伊曼和摩尔学院团队开始合作几天后，便提出了这一意向[17]。历史学家推测，冯·诺伊曼的到来促使团队提交了一份项目申请。这是合理的，因为与 ENIAC 团队的成员相比，冯·诺伊曼在构建和评估大型技术项目方面有着更好的联系和更丰富的经验[18]。事情进展得很快。到 8 月底，团队已经提出了开始启动新机器的明确建议。8 月 29 日，射表审查委员会开会做了一个关键性的决定。当时，冯·诺伊曼、戈德斯坦和弹道实验室的高层人员都在场[19]。委员会的结论是：

> 只要一些相对小的改进，便可以建造一种新的电子计算设备。这种新的电子计算设备将：
> 与现在的机器相比，电子管的数量要少得多，因而成本更低，维护过程也更实用；
> 能够处理许多目前 ENIAC 不适合处理的问题；
> 能够廉价、高速地存储大量数值数据；
> 具有这样的特点，即设置新问题所需的时间比目前的 ENIAC 少得多，

而且简单得多。[20]

射表审查委员会建议弹道研究实验室研制这样一台机器，以便进一步加快射表的生产，扩大计算能力，处理完整的系统弹道方程和"许多基础研究问题"，并能够利用来自超音速风洞等新型研究仪器产生的数据。

在摩尔学院内部，新项目的代号是 PY，表明它是代号为 PX 的 ENIAC 项目的延续。约翰·布雷纳德估计，这个为期 12 个月的项目将花费 105 600 美元，该项目的"研究和开发工作可以合理地预期，但不能确保"能够建成这样一台机器[21]。除了延迟线，布雷纳德还提到 RCA 公司的新技术"光电摄像管"，冯·诺伊曼对此很感兴趣。作为一种候选技术，该技术可以容纳所需要的"成千上万的数值"。这项工作由 ENIAC 原始合同的一系列补充条款的第四条提供资金。

"新 ENIAC" 的最初设想

不到一年，PY 项目就为全新的计算机 EDVAC 设计出了轮廓。1945 年的 EDVAC 设计都有谁的贡献，是有关计算机发明的纷乱故事中最有争议的一个。项目最初几周的通信无法直接解决这个争议，但它确实提供了团队计划用哪些技术来实现这些雄心勃勃的目标，以及他们为新机器设想的应用程序。

除了社会联系和项目经验，冯·诺伊曼还带来了一个新的数学挑战：偏微分方程的数值解。他强调了这种能力的重要性，但并没有说明它与绝密的曼哈顿计划的关系，以及它的紧迫性[22]。解偏微分方程涉及大量数据，因此需要类似于埃克特的延迟线之类的东西以电子速度来进行处理。正如 ENIAC 主要是面向射表问题设计，而 EDVAC 的构建主要是由原子弹的流体力学来推动的。1944 年 9 月 2 日，戈德斯坦写信给吉隆说自己、埃克特和冯·诺伊曼对新机器已经"形成了相当明确的想法"，包括使用延迟线存储器和"集中编程设备"[23]。弹道实验室意识到这种机器对自己工作的价值，而摩尔学院则渴望保持研究资金的流动性。9 月中旬，布雷纳德写信给吉隆，强调了冯·诺伊曼的参与，并描述了需要有一台存储容量比 ENIAC 更大的机器，这种机器能够解决流体力学和空气动力学中的偏微分方程以及与抛射运动有关的问题[24]。

延迟线存储器的想法在冯·诺伊曼到来之前就已经有了，但这支撑了他与 ENIAC 团队的合作。他们最初向射表审查委员会承诺的 3 个进步（电子管更少，应用更广泛，内存更大）全都得益于用延迟线内存替换 ENIAC 的累加器。"每个容器"，戈德斯坦写道，"可以容纳 30 个数字，价格约为 100 美元。以这种方式，新 ENIAC 的建造成本约为每台 3 万美元，而包含的电子管数目大约只有目前机器的十分之一。"[25]

第四个目标，即更简单、更快地设置问题，最终是通过将程序信息和数据存储在相同的高速内存中实现的。目前尚不清楚 ENIAC 团队是否在设定目标的时候便产生了这种想法，或者说这个想法是否早于冯·诺伊曼的参与。

还有什么其他的方法可以考虑？我们将在第十一章讨论。1944 年 2 月，埃克特曾设想过这样一台电子计算器：当用户按下某个键，它从旋转的磁盘上读取控制代码，按顺序执行特定操作（如乘法）所需的步骤。那时团队已经通过贝尔实验室接触到从纸带上一次读取一条指令的思想，但团队成员并没有立即接受存储指令代码应该直接控制机器这样的结论。8 月 21 日，就在新合同被批准之前不久，戈德斯坦给吉隆写了一封信，信中提到了"我们研制机器的方向"。戈德斯坦已经领会到了延迟线存储器在"ENIAC 未来进程"中的潜力，他写道："累加器这种工具如此强大，但仅仅用于暂时保存数字似乎是愚蠢的。埃克特有一个很好的想法，能用非常便宜的设备来达到这个目标。"[26] 然而关于控制系统，他还继续采用 ENIAC 的方法，即在开始计算之前大量设置专用的控制开关，而不是读取新指令后都重置少量开关。他写道："和贝尔电话的威廉姆斯交谈后，我觉得目前手动操作的 ENIAC 开关和控制装置，可以很容易地通过机械继电器和电磁电话开关来定位，而这些又可以由电传打字机的纸带来指示……以这种方式，纸带可以分割成许多给定的问题，在需要时重用。因此，从问题的一个阶段转换到下一个阶段的时候，我们就不必把宝贵的时间花费在重置开关上了。"[27]

1944 年 8 月，EDVAC 项目批准时，团队显然已经考虑过如何更快、更容易地设置问题，但我们没有发现任何证据表明他们已经确定了实现这一目标的方法。委员会的建议也许是有意的，没有限制现有的备选办法。

9月初，从存储器中一次读取一条指令并立即执行的想法已经变得很明确了。戈德斯坦在 9 月 2 日的信中提到了一种"集中式编程设备，在这种设备中，程序例程以编码形式存储在上面提到的存储设备中"。这有一个"至关重要的优势"，即"任何例行程序，无论多么复杂都是可以执行的，而目前的 ENIAC 的累加器上可用的开关数量限制了程序的复杂性"[28]。最后一点清楚地表明，戈德斯坦现在希望一次执行一条存储代码，而非简单设置一个用于特殊目的的分布式控制系统。

EDVAC 的进展

从 1944 年 8 月到 1946 年初，冯·诺伊曼一直致力于研究 ENIAC 和 EDVAC。他还有许多其他任务，但是他参与这个相对较小且目标模糊的项目的热情程度却令人惊讶。埃克特和莫奇利，与冯·诺伊曼、戈德斯坦和博克斯进行了快速和富有创造性的工作，考虑了大型、高速、可写的计算机内存的设计含义，并确定了一个有灵感的设计。冯·诺伊曼自己沉浸在电子技术之中。他的信件里充满了对 EDVAC 电路中特定型号真空管的优点和性能曲线草图的讨论。他与戈德斯坦的往来最频繁，并与他最紧密地合作。1944 年 12 月，戈德斯坦特别提到，冯·诺伊曼"为机器的逻辑控制设计投入了巨大的精力"，而且"也非常有兴趣参与这台机器的电路设计"[29]。

EDVAC 的实际开发进展比计划的慢多了。1944 年 9 月，布雷纳德计划招募最有才华和经验的 ENIAC 工程师，在 1945 年 1 月前完成他们的工作，然后转移到 EDVAC 上[30]。然而，这些工程师中的许多人整个 1945 年都在为 ENIAC 工作。在 1945 年 3 月底发布的第一份 PY 项目进展报告中，埃克特和莫奇利承认，除非"PX（ENIAC）对工程师的需求减少"，否则不可能建立计划中的实验室。他们补充道："由于 PX 项目的工作压力，PY 项目一直无法执行预算。"当时启动了的工程工作，主要是采购用于延迟线存储器实验的脉冲变压器和晶体[31]。戈德斯坦安排了一些工程师参观麻省理工学院和贝尔实验室正在进行的相关项目，并向费城军械区求助申请了一些必要的物资[32]。

1945 年 3 月和 4 月期间冯·诺伊曼参加了 4 次 PY 项目会议[33]。现存的会议记录给人的印象是，合作充满活力和热情，但还没有产生一套连贯的设计选择。例如，团队已经决定使用二进制数字存储，但是仍然在探讨算术单元应该是全二进制的还是使用二进制编码的十进制数字。他们还讨论了逻辑电路的可能设计、来自延迟线的信号转换机制，以及用磁带存储数据的可能性。虽然已经决定将数据和指令以脉冲形式存储在水银延迟线中，但团队仍然不确定，如果将指令和数据以不同的访问路径隔离在内存的不同部分，其优点是什么[34]。这可以防止算术单元操作程序指令，意味着允许 EDVAC 修改程序指令中存储地址值的想法——这是 EDVAC 最终设计的一个核心特性，还没有被接受。

EDVAC 报告初稿

亚瑟·博克斯后来这样描述下一步的工作："约翰尼（冯·诺伊曼）提出要写一份讨论摘要。我们后来得到的内容，有些比我们想象的要多，有些则比我们想象的要少。说它多，是因为它包含了 EDVAC 的逻辑设计（除了控制部分以外），以及机器的指令代码。说它少得多，是因为它甚至没有提到我们与他的会面，或他与我们以及 ENIAC 与 EDVAC 项目之间的关系。"[35]这项工作最终形成了《关于 EDVAC 的报告初稿》，计算机设计历史上最有影响的文件[36]。因此，关于冯·诺伊曼及其与 ENIAC 团队成员对现代计算机的贡献的讨论，集中在他们各自对这篇报告的相对贡献上，却弱化了团队关于这一问题的思维演变过程。冯·诺伊曼继续发展他关于机器指令集和设计的想法。在收到弹道研究实验室计算委员会的成员哈斯克尔·科里关于《初稿》的意见之后，冯·诺伊曼回答说，他"必须在第一时间为一份不完美的文件而道歉，它只完成了不超过三分之二，而我觉得有些东西已经又变了"[37]。

历史学家此前认为，冯·诺伊曼答应记录 EDVAC 控制系统提议的时间，可以追溯到 1945 年 3 月的会议上。但是一封日期为 1945 年 2 月 12 日的信表明，那时他忙于控制系统的方案已经有一段时间了。他在信中通知戈德斯坦，他"正在继续研究 EDVAC 的控制方案，等我回来的时候一定会有一个完整的稿子"[38]。PY 的项目主管里德·沃伦（Reid Warren）后来回忆说，3 月初戈德斯坦告诉他，冯·诺伊曼要写一份总结，总结他与团队到那时为止的会议结论[39]。3 月底的一份进展报告说，冯·诺伊曼计划"在未来几周"提交一份讨论摘要，"并附上实例"说明如何设置某些问题[40]。根据沃伦的说法，戈德斯坦询问是否可以将这份摘要油印出来在项目团队内部传阅，他说材料不必保密，因为这是一份非正式报告，仅供内部使用。

我们知道《初稿》经过了复杂的编辑和制作过程。依据它的内容无法确认它所包含的思想是最初源头还是此前的进一步发展。作为对冯·诺伊曼思想的总结，它甚至在传播之前就已经明显过时了。1945 年 4 月，戈德斯坦收到了冯·诺伊曼的一份草稿，这是他们频繁通信中的一部分。5 月 8 日，冯·诺伊曼又给戈德斯坦写了一封信，信中"对 EDVAC 的代码做了一些细微的修改和注释"，并附上 17 页新材料，这就是他之前答应要包含的实例，以及刚从团队同事那里返回的一些意见。新材料主要涉及新机器的磁性输入带上的程序的格式，部分地弥补了报告初稿中对输入输出操作的忽视[41]。

与此同时，在戈德斯坦的监督下，手稿被打印出来在内部分发。5 月 15 日，戈德斯坦把其中一份副本连同手稿一起寄给了冯·诺伊曼，还带有一份免责声明，他说："几个笨拙的打字员在一起工作，所以在打字时出了许多错误，我感到气馁。"[42]冯·诺伊曼信中的新材料没有包含在打字稿中[43]。与冯·诺伊曼互动时，戈德斯坦通常是恭维的。他向这位伟人保证说："我们所有的人都怀着极大的兴趣仔细阅读了报告，我觉得它的价值最大，因为它为这台机器建立了完整的逻辑框架。"

冯·诺伊曼甚至没有完成报告的第二稿。戈德斯坦给他发打印稿的时间距离第一颗原子弹试验只有两个月，所以他的分心是可以理解的。戈德斯坦在 6 月分发了报告的油印版本，利用它的非机密状态广为散发。起初发出了 31 份[44]。这个版本的报告与 5 月的打字稿不一样，增加了小节标题，内部的交叉引用被留空以便以后填写，包含延迟线存储器技术细节的两小节和 6 个相关的图被省略了。冯·诺伊曼 5 月 8 日的信里所附的补充材料仍未包含在正文里，这个版本概述了新机器的原始指令集，但没有解释所需的编程技术，之后，正文就突然地结束了。

广为传阅的版本封面上有冯·诺伊曼的名字和 6 月 30 日这一日期，但没有提到 EDVAC 团队的其他成员。报告里还缺少正式发表的论文里都含有的注释和致谢，这是埃克特和莫奇利对此表达巨大而持久的怨恨的原因。

EDVAC 的资助者和潜在用户对报告的响应非常及时而且积极，说明他们仔细阅读并深入考察了逻辑设计细节。哈斯克尔·科里写道，委员会对该报告"非常感兴趣"，他们指出了一些具体的错误，还对表示法提出了改进建议 [45]。"巨人"的设计者托米·弗劳尔斯带给戈德斯坦一封信，在这封信里道格拉斯·哈特里针对电路结构提出了具体而详细的意见，并且哈特里一看到报告就立刻意识到冯·诺伊曼用神经元符号等价于逻辑系统的符号 [46]。

专利权之争

莫奇利在 1944 年和 1945 年的大部分时间都在准备专利申请。军械部的律师最先参与进来，摩尔学院也加入到这一过程。埃克特和莫奇利计划申请 ENIAC 发明专利并拥有个人所有权。就这个问题，摩尔学院与他们的争执越来越激烈。毫无疑问，专利权的问题已经让这个团队开始分裂了。

博克斯后来暗示，他们与冯·诺伊曼的紧张关系甚至在《初稿》之前就已经形成了。1945 年 3 月 31 日，EDVAC 的第一份进度报告称，在冯·诺伊曼、戈德斯坦、埃克特、博克斯和莫奇利的讨论中，"对设备的逻辑控制问题相当关注"，博克斯的会议记录里可以找到这样一个摘要 [47]，但没有具体的讨论。博克斯推测，阅读这份报告"给了赫尔曼和约翰尼一个很好的理由，让他们相信埃克特和莫奇利打算用约翰尼关于 EDVAC 的部分或全部想法去申请专利"。[48] 在我们看来，这更有可能是对项目资助者的例行夸大，报告声称近期计划的一些事情已经在进行中。

对于戈德斯坦以冯·诺伊曼的名义分发出去的《初稿》，埃克特和莫奇利几乎立刻就作出了反应。在 1945 年 7 月的进度报告中，他们区分了项目的逻辑部分和实验部分（因此可以申请专利），把《初稿》描述为："关于计算机设计和逻辑控制的总体报告，特别强调了 EDVAC 的逻辑控制。报告已经分发给 PY 项目的工程师，以便能够熟悉他们将在这个项目中进行的实验工作的背景。"[49]

这一年 9 月，埃克特和莫奇利发表了一份篇幅更长、更有抱负的报告，题为《自动高速计算》(*Automatic high-Speed computing*)。报告阐述了他们自己在计算机设计方面的总体思路，提出两种 EDVAC 可能的设计方案，并给出合理的细节[50]。他们从"历史评论"开始，其中描述了 EDVAC 项目中职责和贡献的分配，将开始实施 EDVAC 项目的决定追溯到 1944 年 7 月。那是在冯·诺伊曼到来之前，他们认为冯·诺伊曼只是"参与了许多关于 EDVAC 逻辑控制的讨论……提出了某些指令代码，以及……通过编写针对特定问题的编码指令，来测试那些所提议的系统"。《初稿》被描述为对早期讨论结果的总结，讨论中将"埃克特和莫奇利提出的物理结构和设备"用"理想化的元素取代，以避免引出工程问题，分散对当前讨论的逻辑问题的注意"[51]。

埃克特和莫奇利也试图为 EDVAC 的设计申请专利。几年后，博克斯称冯·诺伊曼在 1946 年初向他透露，埃克特和莫奇利试图"偷走他的想法"。作为回应，冯·诺伊曼提交了《初稿》，供陆军律师考虑为他申请专利[52]。这些对手之间的专利竞争引起了各方的警惕。摩尔学院需要使用这些知识产权来建造 EDVAC。埃克特和莫奇利需要它，是为了他们离开摩尔学院后创立的计算机公司能够成功，他们不愿意答应摩尔学院对他们未来发明的专利要求。1947 年，军械部安排埃克特、莫奇利、摩尔学院和冯·诺伊曼进行会谈，研究如何解决 EDVAC 专利问题[53]。军械部的律师得出结论说，《初稿》是 EDVAC 设计的最初版本。在这种情况下谈判就终止了，因为那篇文章发表的时间已经过去了一年多，所以永远也不可能获得专利了。

到 1945 年，EDVAC 的合作者已经开始分裂成对立的阵营，他们各自有着不同的历史叙事。读他们的故事时应该注意到，埃克特和莫奇利尽可能地弱化了冯·诺伊曼与他们合作过程中所做的创造性贡献。尽管埃克特和莫奇利申请 EDVAC 专利的希望很快就破灭了，但树立发明者的形象仍然可以给他们带来名誉和声望，并为他们的其他专利增值。冯·诺伊曼从来没有像埃克特和莫奇利那样积极地参与到这场争论中来，但是，正如一些历史学家所观察到的，冯·诺伊曼也没有试图纠正人们的误解，即认为《初稿》只包含了他自己一个人的想法[54]。即使在 20 世纪 70 年代专利诉讼结束，以及 20 世纪 90 年代最后一名参与者去世之后，这一争端仍然是许多关于《初稿》的讨论的中心。

巨大的电子大脑

我们应该花点时间来勾勒出《初稿》甚至是 ENIAC 本身，与控制论运动之间的关系。自 1946 年的公开演示之后，许多报纸将 ENIAC 称为"巨型电子大脑"。人们很容易把这种诱人的声明解读为记者们的异想天开，他们根本不知道这样的计算机能做什么。1993 年，黛安·马丁（C. Dianne Martin）在一篇题为《令人敬畏的思考机器的神话》的历史论文中，将那些把 ENIAC 比喻成机器人或大脑的文献列举成表，把这些拟人化的幻想与那些数量少得多的、平铺直叙的描述进行了对比。据马丁说，计算机设计者很快就开始反对这种不负责任的夸张[55]。埃德蒙·伯克利（Edmund C. Berkeley）决定将他 1949 年介绍自动计算的书命名为《巨脑——会思考的机器》（*Giant Brains，or Machines That Think*），现在看起来也有些古怪[56]。

这种批评的问题在于，包括约翰·冯·诺伊曼在内的许多计算机先驱确实把计算机设想为人工大脑。冯·诺伊曼自从 1939 年开始（虽然不是很长时间），就对将大脑概念化为一个基于逻辑开关的系统感兴趣[57]。根据诺伯特·维纳（Norbert Wiener）（控制论的创始人）的建议，冯·诺伊曼读了沃伦·麦卡洛克（Warren McCulloch）和沃尔特·皮特（Walter Pitts）于 1943 年发表的开创性论文《神经活动内在思想的逻辑演算》（*A Logical Calculus of the Ideas Immanent in Nervous Activity*）[58]。麦卡洛克和皮特提出了神经元作为开关的抽象模型，展示了这样的神经元网络如何表述为逻辑演算中的语句，并断言这样的网络与艾伦·图灵的计算机抽象模型是等价的。冯·诺伊曼的《初稿》借用了他们的符号。1945 年 1 月，冯·诺伊曼在普林斯顿大学组织了一次为期两天的生物信息处理会议，与会者不仅有麦卡洛克和诺伯特·维纳，还有赫尔曼·戈德斯坦、利兰·坎宁安和霍华德·艾肯（Howard Aiken）等自动计算领域的专家。在会议之前，沃伦·韦弗（Warren Weaver）写信给布雷纳德询问了有关 ENIAC 的信息，以便与参会者分享[59]。

维纳在他 1948 年的著作《控制论——关于在动物和机器中控制和通讯的科学》（*Cybernetics，or Control and Communication in the Animal and the Machine*）中，提出大脑和计算机在功能上是等同的观点[60]。如书名所示，控制论试图用信息流系统为生物和复杂的机器建模。数年来，控制论在科学上保持着受人尊重的地位，赢得了众多精英科学家的支持，以及梅西基金会（Macy Foundation）的财政支持[61]。尽管控制论最终脱离了科学主流，但它在人工智能和认知神经科学等更专业的领域留下的遗产还是清晰可见的。

在某种程度上，控制论是通过改变（学科）词汇来拓宽思维的一种尝试。以前用来描述生物的术语现在用在了机器身上。今天，当你读《初稿》或《巨脑——会思考的机器》时，可能会突然发现，"大脑"和"神经元"这两个词已经被用来描述原始计算机进行数学运算的日常工作了。但是，同样是比喻的计算机的"记忆"（memory）这个词却被忽视了，因为这一语言的用法（即"内存"）早已广为传播。控制论还传播了机器可以存储或处理（这个专业词汇以前曾隐含了由某种事物引起知觉的意思）信息这一思想。除去它与生物学的关联，《初稿》中新用的神经元符号成为在"逻辑门"级别描述计算机硬件的标准方式。计算机执行的操作在基本原理上等同于人类思想，这种观点从未被普遍接受，尤其那些对新机器的实际工程应用更有兴趣的人，或者希望向潜在用户阐明机器能力的公司。黛安·马丁至少在这一点上是对的，计算机作为大脑的说法一直存有争议，而且大多数与该领域相关的专业人士在 20 世纪 50 年代就已经放弃了它。

《初稿》讲了什么

虽然《初稿》有一些粗糙之处，但它在计算机架构、计算机硬件和程序格式方面所拥有的高度原创和连贯性的思想，对此后几年启动的电子计算机研制项目产生了直接而深远的影响。在《初稿》中我们看到的不是单一的"存储程序概念",而是 3 个不同的思想集群或范式。"范式"一词,借用了历史学家和科学哲学家托马斯·库恩(Thomas Kuhn)的经典著作《科学革命的结构》(*The Structure of Scientific Revolutions*)一书中的概念 [62]。每个范式都可以被看作对 ENIAC 缺点的一种相当直接的反应:它的尺寸和复杂性,过小的临时存储能力,以及设置新问题的难度。早期的 EDVAC 设计过程是一个系统性地消除其体积过于庞大、造价过于昂贵,以及运行过程不可靠等复杂性的过程。虽然约翰·冯·诺伊曼不是唯美主义者,但他对 ENIAC 的理智反应,可以比作一个狂热的加尔文主义者,在接管了一座华丽的大教堂后,就开始把壁画刷白,修剪装饰性物品。

这里所说的"范式"是什么意思?我们有必要花点时间来解释。因为几十年前这个词在科学研究中就已经失去了宠爱,由于无法控制管理文献对它的滥用,从而玷污了这一概念的声誉,甚至库恩自己有时也有不加约束地将它应用在科学共同体及其实践等许多不同方面的倾向(后来被否认)[63]。吸引我们注意的是"范式"最基本的含义:建立在新方法上的典型的技术成就。对库恩来说,这是科学共同体成长的核心。新范式在最初的形成过程中可能是笨拙或不完整的,但它有足够的希望吸引其他科学家来使用它,扩展它,并将它应用于新的问题。因此,最初的范式成就被"表达"成几乎无法辨认的东西。例如,后代的科学家以某种形式学习牛顿的运动定律,并使用了微积分的某个版本,这都与牛顿自己写的完全不同。

因此,将《初稿》作为有形范式的来源,有助于我们理解它在随后的计算机开发中所具有的巨大力量。然而,《初稿》只是在追溯的过程中才成为范式,在这个过程中,它所包含的一些思想被抛弃,一些被重新制定,另外一些则被添加进来。教科书和论文对其思想的处理也在不断演变。想要理解《初稿》的新颖和重要之处,就需要我们剥离后来的思想,将分析建立在 20 世纪 40 年代计算机实践的现实基础上。

EDVAC 的硬件范式

我们把《初稿》的第一个主要内容称为"EDVAC 的硬件范式"。EDVAC

之所以能在很大程度上吸引早期的计算机制造者，是因为它用相对较少的组件设计出了功能强大而且灵活的机器模型。在《初稿》中，有影响力的硬件理念包括大型高速延迟线或存储管内存、完全由电子元件构建的逻辑系统，以及二进制数字表示方法。很明显，在冯·诺伊曼之前，由于埃克特发明了延迟线存储器，EDVAC 的基本硬件模式才能做到全电子的计算机和大容量内存。当哈佛大学、贝尔实验室和 IBM 的计算团队还在以中继存储和纸带控制为基础，来制定新的高端机器计划的时候，EDVAC 的设计方案却大胆地选择了新技术。因此，我们认为，《初稿》为 EDVAC 制定的硬件方案，符合库恩的最根本的意义，是"范式"强大而具体的范例。

冯·诺伊曼在这方面最重要的贡献，是推动团队采用了一个被认为是非常大的内存容量。《初稿》规定内存的大小是 8 000 个 32 位长的字，主要用于存储数字而不是指令。传统的数学方法根本不需要这样大的存储容量，但是冯·诺伊曼以他广博的科学知识和对曼哈顿计划需求的了解，相信如果这种工具开发出来，就会吸引其他科学家很快把注意力转向他们曾经一直忽视的问题。在接下来几年里他继续主张大内存，他在讲座里提到，有了新的机器"我们很快就会发展出合理的需求，即可在二维或三维空间里解决流体力学问题"，它对计算能力的要求"加速 100 000 倍实际上也不足为多"[64]。

冯·诺伊曼在《初稿》中描述 EDVAC 团队所采取的基本方法时，没有提及 ENIAC 项目的奠基性成就，这方面他也表现出了创造性。这台机器拥有的电子管数量空前巨大，运行速度不同寻常。冯·诺伊曼从专业组件抽象出理想化的"神经元"，他甚至从未确认过电子工程的进步能否使其成为可能，就断言了机器的可操作性。由于 ENIAC 仍被列为"机密"，这些战术上的省略使得报告可在熟悉其细节的小圈子之外传播，而这更进一步激怒了埃克特和莫奇利。甚至对冯·诺伊曼仁慈得多的博克斯也得出结论说，冯·诺伊曼"掩盖了他所知道的电子数字计算知识"[65]。博克斯断言："在撰写《初稿》时，冯·诺伊曼并不是像他假装的那样，从当时公开的'无线电工程'和'详细的无线电频率电磁'出发进行设计的。他没有承认在摩尔学院学到的关于数字电子计算的知识。"

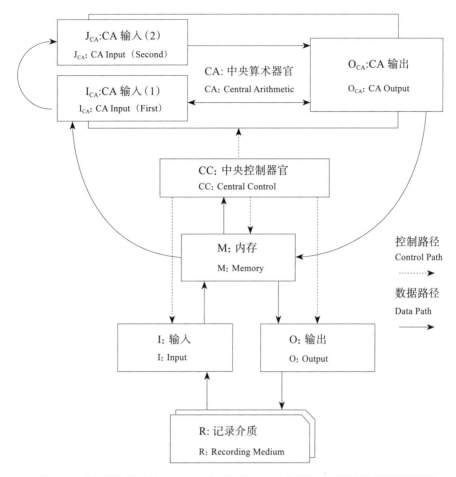

图 6.1 《初稿》描述的 EDVAC 体系结构，为全世界的计算机设计提供了模板

冯·诺伊曼体系结构范式

《初稿》的第二个主要方面是"冯·诺伊曼体系结构范式"。"冯·诺伊曼体系结构"这一概念，在今天的计算机体系结构教科书中以某种程式化的形式出现，尽管它的定义已经有所演变。我们把报告中提到的"元件"的基本结构包括在内，也包括将存储从控制和算术中分离出来的相关思想。与此相关的是串行计算，一次只执行一个操作，所有内存传输的路径都通过中央算术单元，以及为算术逻辑指令提供来源和目的地址的专用寄存器系统，并提供用于控制的程序计数器、指令寄存器。

《初稿》中描述的机器美学是一种激进的极简主义，类似于高级的现代主义建筑或设计。安东尼·德·圣－埃克苏佩里（Antoine de Saint-Exupéry）几年前曾经写道："最终达到的完美，不是在没有任何东西可以添加的时候，而是在没有任何东西可以去除的时候，就像一个人被剥得只剩赤裸身体的时候。"[66] 按照这个标准，《初稿》里的 EDVAC 已经接近完美；冯·诺伊曼去掉了很多东西。相比之下，ENIAC 是一个哥特式的蔓延，一种又一种的装置加了进去，却很少被移除。读完《初稿》后，戈德斯坦写信给冯·诺伊曼，盛赞他提出了"完整的逻辑机器框架"，并将它与 ENIAC 进行了对比，"ENIAC 充斥着各种小玩意，它们存在的理由就是约翰·莫奇利感兴趣"[67]。这话相当刺耳，但它抓住了指导两个项目的美学原则之间的根本区别。

简化带来了一些非常实际的好处。组成早期电子计算机逻辑单元的真空管体积庞大又不可靠，还造成了重大的火灾风险。ENIAC 有大约 18 000 个这样的真空管。功能更强大的 EDVAC 型计算机把这个数字减少了一个数量级[68]。由于延迟线存储器（EDVAC 硬件范式的一个中心特征）的出现，减少了大部分 ENIAC 高速存储器里那 11 000 个挤在一起的真空管。然而，淘汰的硬件还不止这些。ENIAC 的每个累加器都包含的加法执行电路被一个集中的中央加法器代替。按《初稿》所说，"设备应该尽可能简单，也就是说包含尽可能少的元素。这可以通过不允许同时执行两个操作来实现"[69]。冯·诺伊曼承认，"到目前为止，所有对高速数字计算设备的思考都是在朝相反的方向进行的"。但他觉得这样正好有理由"尽可能完全地"运用他新的"不折中解决方案……"，直到经验表明必须折中的时候为止。他提出把代码和数据并列放置，就是因为这服从了对简单性的追求。他介绍时使用的试探性语言也引人注目："虽然内存的各个部分执行的功能有所不同，在目的上却相去甚远，但把整个内存当作一个元件，并且尽可能让它的各个部分可以相互替换，这是很有诱惑力的……"[70]

我们对上述证据最好的解释是，通过编辑、组合和扩展在 ENIAC 团队在联合会议上所讨论的想法，冯·诺伊曼第一次为 EDVAC 建立了统一的整体架构。博克斯表示同意，他仔细研究了现存的档案之后说道："我认为摩尔学院的任何人都没有在脑海里勾勒出 EDVAC 的体系结构，直到我们看见约翰尼的模型。"[71] 冯·诺伊曼的一些决策，尤其是将程序和数据存储在单一地址空间的决定，显然与他为控制系统所做的选择有关。地址修改依赖于从指令中提取地址，在算术"元件"里进行数值处理，然后再将修改后的地址存回指令的系统能力。虽然《初稿》提出的几种不同"元件"都在联合会议上讨论过，但它们之间具体的连接方式是由冯·诺伊曼的设计决策来确定的。

后来的纠纷不仅反映了当事人之间的个人利益和对事实细节的分歧，也反映了在什么才是 EDVAC 真正重要的观点上的根本分歧。埃克特和莫奇利从下到上设计了 ENIAC，他们非常重视电路、电子管以及加法装置的设计。冯·诺伊曼则是从 EDVAC 的整体结构及其与逻辑控制系统的关系入手。这对博克斯和戈德斯坦很有吸引力，因为他们的博士学位分别是哲学和数学而不是工程学[72]。他们认为冯·诺伊曼提出简洁的 EDVAC "器官"是一项重大成就。

埃克特和莫奇利对《初稿》的直接而又真诚的反应似乎也是合情合理的，因为冯·诺伊曼用了一种自负和抽象的逻辑，重新描述了他们已经开始设计的设备基本功能细节。在埃克特和莫奇利离开之后，凯特·夏普勒斯接手了 EDVAC 的设计，他在 1947 年的证词中写道，他认为冯·诺伊曼的作品来自"神经学家的观点"，对他"没有什么实际的帮助"；在早期设计里，"所有的'元件'早已有了相应的部分"[73]。夏普勒斯并没有立即感受到冯·诺伊曼极简主义设计的意义，以及逻辑抽象给计算机工程所带来的好处。

现代代码范式

我们把冯·诺伊曼对 EDVAC 描述的第三个关键方面称为"现代代码范式"。我们用这个新术语来描述 1945 年《初稿》中与程序有关的元素，因为这些元素后来成了 20 世纪 50 年代计算机设计的标准特征。这些功能并非都是《初稿》的原创，但当它们合在一起，并与冯·诺伊曼架构和新硬件技术整合，就发挥出了重要的影响[74]。

程序完全是自动执行的。用《初稿》的话来说："一旦这些指令被发送到设备上，它就必须能够完全自己执行，不需要任何进一步的人工干预。"这对电子机器来说非常关键。分支点上的人工干预在哈佛 Mark I 这样速度较慢的设备上才是可行的。当然无论是手工还是用穿孔卡设备，操作员都必须照看输入输出设备，数据可能需要预处理和后处理。

在《初稿》中，程序写成单独的指令序列，称为"命令"（orders），与数据一起存储在有编号的内存中。这些指令控制着机器操作的各个方面。读代码的机制与读数据的机制相同。如前所述，《初稿》中规定，存储代码与存储数据的内存位置要有明确的划分。它还提出了程序作为可读文本的思想："通常情况下，在逻辑指令序列中表示连续步骤的小周期，应该自动地依次执行，这是很方便的。"

程序里的每条指令都使用了为数不多的原子操作中的一个。指令开头通常是操作代码。有些操作代码后面是参数字段，说明要使用的内存位置或其他参数。《初稿》规定了 7 种"指令类型"，用 3 位编码，其中 4 条指令还包括额外的 4 位，用于从 10 个算术和逻辑运算中选择一个作为参数 [75]。几种指令类型附加了 13 位地址。总的来说，需要 9 到 22 位之间长度的指令来表达。实际的机器通常遵循这种模式，最常见的是把《初稿》的"指令类型"和"操作"字段合并，这样每个算术或逻辑操作都有自己的数字操作代码。艾伦·图灵的 Ace 设计和它的衍生产品是个例外，它们所有的指令都是与特定电路相关的，在源和目的地之间传输数据，因而与底层硬件关系紧密。

程序指令通常按预定的顺序执行。根据《初稿》，在每个命令之后，机器应该得到指示到哪里去寻找下一个要执行的命令。在 EDVAC 中，这是由它们存储的顺序隐含地表达出来的，"通常程序应该遵循它们自然出现的时间顺序"[76]。

程序可以指示计算机脱离正常的序列，跳转到程序中的另一个点。"然而，必须有可用的命令，可以在上述特殊情况下使用，指示 CC（中央控制器官）转移（如获取下一条指令）到内存中的任何其他点。"[77] 这样就提供了诸如跳转和子例程返回之类的功能。

在程序执行过程中，指令所作用的地址可以改变。这适用于计算数据的源或目标地址，或者跳转的目的。地址修改能力在《初稿》里表达得很含糊，这部分的最后一句指出，当数字被转移到包含一条指令的内存位置时，只有代表地址 μρ 的最后 13 位数字应该被覆盖。实际的计算机通过不受限制的代码修改和 / 或间接寻址机制实现了这一点。EDVAC 可以依赖地址修改来实现条件跳转，例如终止循环，但实际上，设计者们认识到了这种操作的重要性，并专门为它设计了一个特殊指令[78]。

由于这些功能，程序的逻辑复杂性仅受到用来保存指令和工作数据的内存空间的限制。这与原始 ENIAC 或 IBM 后来的选择性序列电子计算器（SSEC）等机器对程序线、插件板容量或磁带阅读器等其他资源的依赖形成鲜明对比，因为这些资源决定了程序的最大逻辑复杂度。

我们觉得 1945 年 EDVAC 设计中对地址修改的依赖，表达了一种更明确的、用少量通用机制取代 ENIAC 许多专用机制的决心。与大多数仿照 EDVAC 设计的机器不同，ENIAC 有专门的计算平方根的电路。平方根电路的最初配置依赖主程序器中的专用硬件来协调循环、重复操作和执行分支。在新设计中，分支和循环都是通过简单的控制转移指令来完成的。像许多其他早期的计算机一样，ENIAC 有专门的查表硬件。当它的函数表收到存储在累加器中的 "参数" 之后，就会返回相应的函数值。在新范例中，相同的设备被重新解释为通用只读存储器，而 "参数" 变成了 "地址"。

现代代码范式的某些方面，也出现在了冯·诺伊曼和 ENIAC 团队熟悉的其他机器上，特别是哈佛 Mark Ⅰ 和贝尔实验室的中继计算机计划。但是我们没有找到任何证据可以表明，冯·诺伊曼和摩尔学院的研究人员曾经在会议上讨论过这一关键的新思想，特别是地址修改。当代的资料来源也支持冯·诺伊曼负责设计 EDVAC 控制系统和指令代码的观点。虽然可能还有其他讨论没有记录下来，但似乎现代代码范式的创建并没有从摩尔学院团队那里获得重要的思想来源。

我们在上面讨论了关于冯·诺伊曼参与电子计算的背后令人信服的实际

缘由。他对现代代码范式的综合，根植于他早年对数理逻辑公理研究的深刻参
与，让我们看到了他学术特点的另一面表现。正如几年之后他所说的，编码是
个"逻辑问题"，代表了形式逻辑学的一个新分支[79]。

渐进的反向改革

当然，《初稿》中描述的 EDVAC 并不是最简单的计算机。你可以将其看
作寻求最小操作集合的逻辑学家冯·诺伊曼与构建实用工具来支持新兴军事化
大科学研究的应用数学冠军冯·诺伊曼之间，相互矛盾的角色间的冲动和平衡。
这些倾向在此后朝向了不同方向发展。理论计算机科学家寻找更简单的计算模
型，来作为这一新兴学科的基础，最终建立了通用图灵机。冯·诺伊曼在职业
生涯的最后阶段，从事了元胞自动机计算的研究。另一方面，计算机设计者发
现，将《初稿》中去掉的一些专用机制重新加入到设计中去是很有益处的。第
一个这样的变化就发生在 EDVAC 自己身上，以解决必须等待数据从其延迟线
出现的问题。1945 年 9 月，他们决定将这台机器的长延迟线和短延迟线组合起
来[80]。每条短线只包含一个数字，允许临时、快速访问正在集中处理的变量。
如果将这些变量保存在很长的线中，就会使编程变得难以忍受的复杂，或者使
性能降低到难以接受的地步。

对条件分支的不断变化的处理，让我们清楚地了解到冯·诺伊曼在设计原
则上的冲动是如何随时间而平衡的。早期的计算机都提供了重复执行操作序列
的方法，但是设计者们花了更长的时间才接受，在事件执行了固定次数之后或
者在满足特定条件之后可自动循环的理念。ENIAC 有大量专用硬件来控制分
支和循环，但《初稿》只是创造性的通过几个通用机制的组合就实现了这种
能力。

《初稿》提出的 EDVAC 指令集中所有的跳转，都用了单个、无条件的转
移控制指令。冯·诺伊曼把条件分支视为两个更基本的操作的组合：选择要跳
转到的地址和执行跳转本身。前者由算术运算 s 来处理，它根据最后计算的值
的正负，从两个数字中选择一个。

条件转移的过程是这样的：①计算分支条件，通常的方式是根据计算结果的正负决定要执行的动作；②把两个目标地址加载到算术单元，执行算术操作 s；③把结果地址写进无条件转移指令，以及④转移控制，使下一条要执行的指令是无条件转移。冯·诺伊曼曾为修改过的、带有短延迟线的 EDVAC 设计过一个合并程序，在他编写的代码中有一个含有此类技术的例子。冯·诺伊曼优化了上述方法，将无条件跳转指令的"模板"存储在一条短延迟线中。当执行条件跳转时，在指令执行之前就将地址替换到该指令中。重复使用模板除了可以节省空间外，还使其立即可用，从而使每次执行条件转移造成的性能损失最小[81]。尽管这种方法很聪明，但即使以机器代码的标准来衡量，也是笨拙而烦琐的。

采用自我修改代码是冯·诺伊曼极简主义设计决策的结果，而不是像有人暗示的，来自图灵的通用计算机的基本特性[82]。绝大多数 EDVAC 类型的计算机都增加了条件转移指令，这样就不需要修改存储在内存中的目标地址了[83]。通过合并上面列出的第②、③、④步，可以组成一个单独的、非常方便的指令，但是这样也模糊了《初稿》中算术和控制之间的清晰界线。甚至冯·诺伊曼自己在高等研究院的计算机，在 1946 年其详细设计被记录下来的时候，也已经有了一个条件分支。事实证明，它增加的功能是很有影响力的，是对《初稿》所描述的范式（如库恩所说）的清晰表达或扩展[84]。

在 20 世纪 50 年代，计算机通常不依赖代码修改来终止循环或遍历数据结构。人们普遍认为，自我修改的代码在大多数情况下都是不受欢迎的，因为它难以跟踪和调试。然而，实际使用 EDVAC 这一类型计算机的用户，很快就发现了一个不同的、有力的理由，允许程序改写存储器中的指令。早期计算机没有空间在其内存中存放任何类似于现代操作系统的东西，但是他们的用户迅速开发了监控程序、加载程序（加载其他程序的程序，在存储器中集成子例程，批量执行程序），以及"加载并执行"编译器（直接在计算机内存中构建可执行代码）等类似的工具。这些都需要覆盖存储器现有内容，保存可执行指令。正如《初稿》所描述的，EDVAC 不可能做到这一点。内存中的每个字都被标记为一条指令或一个数字。程序可以完全覆盖一个数字，但只能覆盖指令的地址字段，这样就无法开发出任何类似于操作系统的软件。当然，《初稿》并不完整，因为戈德斯坦漏掉了冯·诺伊曼单独寄来的补充材料，所以它根本没有解释程序是如何被加载入内存的。也许冯·诺伊曼想象了一个清除内存的复位开关，这样就可以加载新的指令。《初稿》确认需要一种永久存储介质（称为R），但是该机器的词汇表里没有包含关于输入、输出的特殊指令。

　　更重要的一点是，我们必须小心，不要假设 20 世纪 40 年代的计算机先驱，与后来的计算机科学家持有相同的观点，或是为相同的理论所驱动。EDVAC项目的目标是设计一台比 ENIAC 更便宜、更小、更强大、更灵活的计算机。在这个项目开展的第一年，参与者们的工作是非常成功的。

注 释

[1] 例如 , "Crossing the Divide: Architectural Issues and the Emergence of the Stored Program Computer, 1935–1955."

[2] 修改继电器内存里的内容很慢，因为存储数字需要拨动物理开关。但是，如果读的过程中选择内存位置的操作本身也涉及继电器开关的拨动，那么从继电器内存读数据的速度也可能很慢（就像 IBM SSEC 那样，它的电子逻辑搭配了相当大的继电器内存）。

[3] 许多早期报告里都用"电子速度"这个词描述与 ENIAC 相关的新的计算节奏，包括 Allen Rose, "Lightning Strikes Mathematics: Equations That Spell Progress Are Solved by Electronics," *Popular Science*, April 1946.

[4] 环形计数器使用的 6SN7 设备将两个三极真空管集成到一个玻璃"包壳"中。这整个组合通常被认为是一个"管子"，所以这里给出的数字 28 实际上是包壳的数量。有时包壳里的单个三极管就被认为是一个"管子"，这样管子的计数会更多。

[5] 1943 年引入了使用水银的想法之后，埃克特成功地造出了第一个延迟线设备。参见: Eckert and Sharpless, "Final Report Under Contract OEMar 387," November 14, 1945, MSOD–UP, box 50 (Patent Correspondence, 1943–46). 更早的时候 MIT 的威廉·肖克利曾尝试用水和乙二烯造一个延迟线。参见: Peter Galison, *Image and Logic:A Material History of Microphysics* (University of Chicago Press, 1997), 505.

[6] 延迟线存储器随后被埃克特和莫奇利申请了专利。早期的描述出现在 "Applications of the Transmission Line Register," circa August 1944, GRS–DC, box 3 (Material Related to PY Project).

［7］艾利斯博·克斯和阿瑟·博克斯认为是约翰·阿塔纳索夫提出了再生存储器的基本想法，并认为这是莫奇利从他那里借来的思想之一。ABC 计算机使用电容作为存储器。See Burks and Burks, *The First Electronic Computer*.

［8］"ENIAC Progress Report dated 31 December 1943," preface.

［9］这件轶事的经典描述在 Goldstine, *The Computer*, 182–183.

［10］对于冯·诺伊曼的生活，有一个总的然而令人惊讶的欢快描述。参见 Norman McRae, *John von Neumann:The Scientific Genius Who Pioneered the Modern Computer, Game Theory, Nuclear Deterrence, and Much More* (Pantheon Books, 1992).

［11］Aspray, *John von Neumann and the Origins of Modern Computing*, 26.

［12］同［11］, 28–34.

［13］1944 年 1 月，沃伦·韦弗 (Warren Weaver) 收到冯·诺伊曼希望了解计算机项目信息的请求，但他的回复里没有提到 ENIAC。通常这被归因为 ENIAC 使用了未经证实的技术、项目本身的实验性质、摩尔学院在科学精英中的地位较低，以及埃克特和莫奇利在数学界的默默无闻。参见 Aspray, *John von Neumann and the Origins of Modern Computing*, 35.

［14］Goldstine to Gillon, August 21, 1944, ETE–UP.

［15］Goldstine to Pender, July 28, 1944, ETE–UP.

［16］Goldstine to Simon, August 11, 1944, ETE–UP.

［17］在 *The Computer* 的第 185 页，戈德斯坦说他 8 月 7 日带领冯·诺伊曼参观了 ENIAC.

［18］战争期间，冯·诺伊曼为许多政府机构担任顾问，"总是在从一个项目切换到另一个"。这包括国防研究委员会及其继任者科学研究发展办公室的几个部门，洛斯阿拉莫斯和海军军械局。不过，他最长久的咨询活动是在弹道研究实验室。而且鉴于他是该实验室科学顾问委员会的创始成员之一，人们认为他对于如何构建一个项目赢得支持会有很好的想法。参见 Aspray, *John von Neumann and the Origins of Modern Computing*, 26–27.

［19］Aspray, *John von Neumann and the Origins of Modern Computing*, 37.

［20］Morrey to Simon, August 30, 1944, AWB–IUPUI.

［21］Brainerd to Philadelphia Ordnance District, September 13, 1944, AWB–IUPUI.

［22］Goldstine to Gillon, September 2, 1944, ETE–UP.

［23］同［22］。

［24］Brainerd to Gillon, September 13, 1944, ETE–UP.

［25］Goldstine to Gillon, September 2, 1944, ETE–UP.

［26］Goldstine to Gillon, August 21, 1944, ETE–UP.

［27］同［26］。

［28］Goldstine to Gillon, September 2, 1944, ETE–UP.

［29］Goldstine to Gillon, December 14, 1944. 冯·诺伊曼对这些电路的研究常常被后来的评论家忽视。例如，斯科特·麦卡特尼 (ENIAC, 128) 说："工程结构……在冯·诺伊曼的专业领域之外。冯·诺伊曼找到了更好的方法来连接设备管理电脉冲，这种说法很难令人信服。"

［30］Brainerd to Bogert, September 13, 1944, AWB–IUPUI. 1944 年只计划安排"小规模的……在空闲时间的……实验工作"。

［31］J. Presper Eckert, John W. Mauchly, and S. Reid Warren, PY Summary Report No. 1, March 31, 1945, GRS–DC, box 30 (Notebook Z–18, Harold Pender).

［32］Goldstine to Power, February 19, 1945, and telegram from Goldstine to Gillon, December 14, 1944, both in ETE–UP.

［33］"Notes of Meeting with Dr. von Neumann, March 14, 1945," "Notes on Meeting with Dr. von Neumann, March 23, 1945," "Notes on the First April Meeting with Dr. von Neumann (rough draft)," and "Notes on the Second April Meeting with Dr. von Neumann (rough draft)," all in AWB–IUPUI.

［34］"讨论了将寄存器连接到中心设备的主干系统。至少需要三根导线，一根用于输入，一根用于输出，一根用于控制（即来自开关的导线）。最后，这根电线可以用识别系统来代替，但是后者比前者要复杂得多。讨论了将控制单元和计算机连接到延迟线容器的可能性。""Notes of Meeting with Dr. von Neumann, March 14, 1945," AWB–IUPUI. 根据博克斯后来的分析，把指令和数据隔离被认为具有性能优势。它可以通过将控制器的某些线路连接到数据"主干"上，而将其余线路连接到程序主干上来完成，而不必在物理上分离。Burks，未完成的著作手稿，附录 C。

［35］Burks，未完成的著作手稿，第七章。

［36］John von Neumann, "First Draft of a Report on the EDVAC," *IEEE Annals of the History of Computing* 15, no. 4 (1993): 27–75. 以下简称《初稿》。

［37］Von Neumann to Curry, August 20, 1945, ETE–UP.

［38］Von Neumann to Goldstine, February 12, 1945, AWB–IUPUI.

［39］S. Reid Warren, "Notes on the Preparation of 'First Draft of a Report on the EDVAC' by John von Neumann. Prepared April 2, 1947," GRS–DC, box 3 (Material Related to the PY Project...).

［40］J. Presper Eckert, John W. Mauchly, and S. Reid Warren, PY Summary Report No. 1, March 31, 1945, GRS–DC, box 30 (Notebook Z–18, Harold Pender).

［41］Von Neumann to Goldstine, May 8, 1945, ETE-UP.

［42］Goldstine to von Neumann, May 15, 1945, ETE-UP.

［43］博克斯手中的《初稿》最早内部版本的复写本原物保存在 AWB-IUPUI.

［44］"Copies of von Neumann's report on Logical Analysis of EDVAC," June 24, 1945, GRS-DC, box 3 (Material Related to the PY Project ...).

［45］Curry to von Neumann, August 10, 1945，ETE-UP. 有趣的是，库里眼里的存储器是一个基于时间而非空间的术语。因此，他提出了音乐的比喻，用"一拍"作为"时间的基本单位"，主张用"节拍"和"小节"而不是冯·诺伊曼的"小周期"和"大周期"来描述后来的"位"和"字"。考虑到延迟线存储器的工作原理，与将数据存储在特定位置相比，库里的比喻可能更为直观。

［46］Hartree to Goldstine, August 24, 1945, ETE-UP.

［47］J. Presper Eckert, John W. Mauchly, and S. Reid Warren, PY Summary Report No. 1, March 31, 1945, GRS-DC, box 30 (Notebook Z-18, Harold Pender).

［48］Burks, 未完成著作的手稿，附录 C。

［49］J. Presper Eckert Jr., John W. Mauchly, S. Reid Warren, PY Summary Report No. 2, July 10, 1945, GRS-DC, box 30 (Notebook Z-18, Harold Pender).

［50］J. Presper Eckert and John W. Mauchly, Automatic High-Speed Computing: A Progress Report on the EDVAC (University of Pennsylvania, September 30, 1945).

［51］同［50］, 3.

［52］Burks, 未完成著作的手稿，附录 C。

［53］"Minutes of 1947 Patent Conference, Moore School of Electrical Engineering, University of Pennsylvania," *Annals of the History of Computing* 7, no. 2 (1985): 100-116.

［54］有 的 人 提 出 了 这 种 批 评，例 如，Stern (*From ENIAC to Univac:An Appraisal of the Eckert-Mauchly Computers*, 77-78) 和 Campbell-Kelly and Aspray (*Computer*, 95).

［55］C. Dianne Martin, "The Myth of the Awesome Thinking Machine," *Communications of the ACM* 36, no. 4 (1993): 120-133.

［56］Edmund C. Berkeley, *Giant Brains or Machines That Think* (Wiley, 1949).

［57］Aspray, *John von Neumann and the Origins of Modern Computing*, 178-189.

［58］Warren S. McCulloch and Walter Pitts, "A Logical Calculus of the Ideas Immanent in Nervous Activity," *Bulletin of Mathematical Biophysics* 5 (1943): 115-133. 对这篇文章的有用讨论，参见 Gualtiero Piccinini, "The First Computational Theory of Mind and Brain: A Close Look at McCulloch and Pitts's 'Logical Calculus of Ideas Immanent in Nervous Activity,'" *Synthese* 141, no. 2, 2004: 175-215. 感谢 David Nofre，他引导我们关注到了

Piccinini 的工作。

[59] Weaver to Brainerd, Dec 19, 1944, MSOD–UP, box 48 (PX–2 General Jul–Dec 1944).

[60] Norbert Wiener, *Cybernetics, or Control and Communication in the Animal and the Machine* (Technology Press, 1948).

[61] Steve Joshua Heims, *The Cybernetics Group* (MIT Press, 1991).

[62] Thomas S. Kuhn, *The Structure of Scientific Revolutions*, second edition (University of Chicago Press, 1969).

[63] Thomas S. Kuhn, "Second Thoughts on Paradigms," in *The Essential Tension:Selected Studies in Scientific Tradition and Change* (University of Chicago Press, 1979).

[64] John von Neumann, "The Principles of Large Scale Computing Machines (with an introduction by Michael R. Williams and a foreword by Nancy Stern)," *Annals of the History of Computing* 10, no. 4 (1988): 243–256, at 249.

[65] Burks, 未完成著作的手稿，第七章。

[66] Antoine de Saint–Exupéry, *Wind, Sand and Stars* (Reynal and Hitchcock, 1939).

[67] Goldstine to von Neumann, May 15, 1945, ETE–UP.

[68] 许多早期计算机所用的电子管数量完全不同，实际上随着硬件的添加和移除，确切的电子管数在它们的使用寿命期间是波动的。根据 Martin H. Weik (*BRL Report 971:A Survey of Domestic Digital Computing Systems*, Ballistic Research Laboratory, 1955)，当时的 ENIAC 有 17 468 个电子管，IAS 大概有 3 000 个，SEAC 有 1 424 个。Simon Lavington, *Early British Computers* (Digital Press, 1980) 报道，Pilot Ace 有 "800 个热电子阀"(p. 44), EDSAC 有 3 000 个，1949 年 4 月曼彻斯特的 Mark 1 有 1 300 个 (p. 118)。新的体系结构对减少真空管数量卓有成效，ENIAC 的总数只被巨大的 AN/FSQ–7 计算机超越过，这台计算机推动了 20 世纪 50 年代军方 SAGE 项目计算技术的极限。

[69] Von Neumann, "First Draft of a Report on the EDVAC," section 5.6.

[70] 同 [69]，第 2.5 节。

[71] Burks, 未完成著作的手稿，附录 C，第一节。

[72] 博克斯后来回忆说，埃克特反对他用逻辑来描述部分乘法器，而是要求得到实际电路的框图。

[73] T. Kite Sharpless, "Von Neumann's Report on EDVAC—July 1945," April 2, 1947, GRS–DC, box 3 (Material Related to the PY Project ...).

[74] 下面的清单与塞鲁齐文章里的 "存储程序概念" 有部分重叠。这表明，历史学家在 "存储程序概念" 中注入的内容比字面上的保存程序多多了。文章参见 Ceruzzi, "Crossing the Divide: Architectural Issues and the Emergence of the Stored Program

Computer, 1935–1955".

[75] 报告里的指令集最清晰的阐述参见 M. D. Godfrey and D. F. Hendry, "The Computer as von Neumann Planned It," *IEEE Annals of the History of Computing* 15, no. 1 (1993): 11–21.

[76] Von Neumann, "First Draft of a Report on the EDVAC," 37.

[77] 同［76］.

[78] s 是十个算术运算之一，从机器的两个算术源寄存器中的哪一个读出数字，取决于前一个算术运算结果的符号。在其他条件操作中，根据特定条件的真假，将存储在指令中的地址设置为两个可能值中的一个。Von Neumann, "First Draft of a Report on the EDVAC," section 11.3.

[79] Herman H. Goldstine and John von Neumann, "Planning and Coding Problems for an Electronic Computing Instrument. Part II, Volume 1," in *Papers of John von Neumann on Computing and Computer Theory*, ed. William Aspray and Arthur Burks (MIT Press, 1987), 154.

[80] Eckert and Mauchly, Automatic High Speed Computing. 图灵在他后来的 ACE 计算机计划中也做了相同的设计选择。

[81] J. von Neumann, untitled manuscript 510.78/V89p, HHG−APS, series 5, box 1. 指令的讨论参见 Donald E. Knuth, "Von Neumann's First Computer Program," *ACM Computing Surveys* 2, no. 4 (1970): 247–260.

[82] 要了解以逻辑为中心的故事，参见 Martin Davis, *Engines of Logic:Mathematicians and the Origin of the Computer* (Norton, 2001), 185.

[83] ACE 是个例外，图灵沿用了冯·诺伊曼的原始方法，通过计算需要的无条件分支来实现条件分支。Alan M. Turing, "Proposed Electronic Calculator (1945)," in *Alan Turing's Electronic Brain*, ed. B. Jack Copeland (Oxford University Press, 2012).

[84] Arthur W. Burks, Herman Heine Goldstine, and John von Neumann, *Preliminary Discussion of the Logical Design of an Electronic Computing Instrument* (Institute for Advanced Studies, 1946).

第七章

改造 ENIAC

随着时间的推移，ENIAC 与《初稿》中所包含的新理念之间的关系变得更加复杂。我们在前一章看到，EDVAC 有一部分是 ENIAC 的工程师设计的，这是针对 ENIAC 的一些过度设计和低效而采取的应对措施。然而，新理念很快就应用到了 ENIAC 自身。经过一年的努力，在 1948 年 4 月，ENIAC 成了第一台运行新代码范式程序的计算机。后来，在 ENIAC 的整个职业生涯中，这种方法都在使用，因此在它的大部分生命周期中，程序员感受到的 ENIAC 是一台采用了现代代码范式的机器。这种代码范式首次出现在冯·诺伊曼的报告里，而不是那个在大量独立单元之间传输控制脉冲的原始 ENIAC。

快速接受 EDVAC 设计

1946 年的上半年，好几个基于新思想的计算机项目已在进行当中了。当 EDVAC 还在摩尔学院继续开发的时候，ENIAC 团队便分裂成两个新项目。亚瑟·博克斯和赫尔曼·戈德斯坦加入普林斯顿大学的高等研究院（Institute for Advanced Studies），与约翰·冯·诺伊曼一起工作；而普雷斯普·埃克特和约翰·莫奇利成了企业家，计划在费城的办公室设计后来的 UNIVAC。两个团队以不同的方式发展了《初稿》的想法，两者都很有影响力。UNIVAC 设定了公众印象中商业计算机应有的样子，而 1946 年的报告《电子计算仪器逻辑设计的初步讨论》（*Preliminary Discussion of the Logical Design of an Electronic Computing Instrument*）所描述的冯·诺伊曼新式计算机设计方案，则直接塑造了美国的下一代计算机。IBM 的第一个计算机产品型号 701 就是它的后代。在英国，艾伦·图灵为国家物理实验室（National Physical Laboratory）设计的计算机，便是以《初稿》中的设计模式为起点的。马克斯·纽曼（Max Newman。数学家、巨人 Colossus 项目的资深成员）曾写信给冯·诺伊曼，讲述了他在曼彻斯特大学（University of Manchester）建造计算机的计划。

1946 年 7 月、8 月期间，宾夕法尼亚大学开办了"电子数字计算机设计理论与技术"暑期学校，而当时的 ENIAC 和 EDVAC 项目还在这里。暑期学校把分散的 ENIAC 老兵重新聚在一起，给了他们一个向更多观众展示新计算机设计范式的机会。历史学家认为，这个夏季学校，通常被简称为"摩尔学院讲座"，是"存储程序概念"传播的关键平台[1]。它激励了更多的计算机项目，其中包括剑桥大学莫里斯·威尔克斯（Maurice Wilkes）的项目。

是什么原因让 EDVAC 方法如此迅速地吸引了未来的电子计算机建造者聚集在摩尔学院呢？在一次讲座中，埃克特面对听众，回顾了他和同事们为应对 ENIAC 的缺陷而设计 EDVAC 的过程。关于内部程序存储，他的观点是务实的，即这将减少设置的时间，因为"EDVAC 没有电线，没有插件，几乎没有开关。我们只是简单地使用存储器来保存信息，把那些与编程相关的信息从存储器传输到控制电路，使机器执行指令序列……"他估计，ENIAC 的连接电缆、函数表和开关有效地保存了相当于 7 000 位的数值和控制信息。但他断言，结合了程序和数据存储的，更大、更便宜的延迟线存储器"免除了设计者试图在各种类型存储之间找到适当平衡的问题，并把这个问题交给了用户"[2]。这些评论提示我们，存储器技术是 20 世纪 40 年代末计算机制造商面临的最大挑战。不同的团队都在努力使他们的机器工作，而成功或失败在很大程度上取决于他们控制不守规矩的阴极射线管和延迟线的技能。因此，在第一批的计算机文本和会议中，有关磁鼓、电磁延迟线、选数管、阴极射线管、录音机和荧光粉盘的内容占据了讨论的中心位置。

次年在哈佛大学举办的一个研讨会上，莫奇利在介绍现代代码范式时，表达了类似的观点，他认为这是 EDVAC 类型的计算机最重要优势之一。在"为 EDVAC 型机器准备应用"讲座中，他提到了"与当前机器设计显著不同的基本特性"。他说，其中三个基本特征"对处理应用问题有明确的影响：①大容量的内部存储器；②机器能响应的少量基本指令；③能够在内存中存储指令和数值，并根据其他指令修改所存储的指令"。莫奇利将最后一点详述如下：

> 指令在内存中存储的方式与数值量相同，一组指令可以修改另一组指令……指令所能形成的操作总数通常非常巨大，因此指令序列所需要的空间远远超过内存容量。不过，这样的指令序列从来不是随机的，它通常由一些频繁出现的子序列合成。
>
> 这些必要的子序列，可以根据需要执行任意次数，再加上指导使用子序列的主序列，可以较为容易地将非常复杂的程序设置成紧凑的指令系统。使用一种指令修改另一种指令给程序赋予了更大的权力，……（这）将负担转移到了机器身上，而这本应由操作员承担——明确地写出和编码要使用的连续变量。[3]

有些早期的计算机入门读物通过复制一个小型指令集，就可以简洁、有效地描述新型计算机的特征。相比之下，不下几十本图书和论文都描述了 ENIAC 的编程方法，它们对面板、脉冲、开关、总线和其他硬件的描述枯燥而冗长，明显没有什么吸引力。以《高速计算设备》（*High Speed Computing Devices*）为例，这本书由美国工程研究协会（Engineering Research Associates）成员所著，于 1950 年出版。该协会是早期的计算机建造者。这本书在"机器设计的功能方法"一章中，介绍了基于冯·诺伊曼高等研究院团队设计的一个样本指令集，并提出如下论断：

> 能够用这种方式来编写命令的机器显然是一种多功能机器。由于命令是数字，而机器必须以某种方式输入数字，因此向机器输入编码的命令肯

定不难……由于只需要几种不同的操作，所以这台机器工程结构的实现是比较简单的。[4]

这一章的结论是，这将使"通用机器的操作更加方便"，并指出"用命令控制一长段计算的能力通过这两种方式实现：①包含允许重复使用的命令的设施，操作不变，根据需要更改地址；②允许操作离开正常序列，转移到次级序列"[5]。

道格拉斯·哈特里在 1949 年的著作《计算工具和机器》(*Calculating Instruments and Machines*)中，以 ENIAC 作为新基准，指出了两个要优先发展的方向，即在没有增加相应电子设备的情况下，提供更大容量的高速存储，以及机器可自己设置计算操作序列，就像哈佛 Mark Ⅰ 计算器和其他各种中继机器[6]。

哈特里认为 ENIAC、哈佛 Mark Ⅰ 和 SSEC 都是"大型自动数字机器发展的第一阶段"。他得出的结论是，"它们中的任何一个似乎都不大可能被复制"。他接着说：

> 未来的机器在原理和外观上将有很大的不同；它更小、更简单，电子管或继电器的数量以千为单位，而不是本章所认为的成千上万；它更快，有更多功能，更容易编码和操作。目前正在计划或正在建设的项目（与第一阶段的）差异很大，足以被认为是正在形成的第二阶段……[7]

几年后，莫里斯·威尔克斯也有类似评论，他回忆在摩尔学院"一群注定要建造第一台存储程序计算机的工程师（包括我自己在内）"的演讲中谈道，"ENIAC 设计的细节……没什么意思"。这话虽然有点粗鲁，但毫无疑问，在 ENIAC 正常运转之前，机器的设计者，包括 ENIAC 的创造者们的注意力，便已经转移到了新设计范式上了[8]。

威尔克斯可能觉得 1946 年的 ENIAC 很乏味，但在当时乃至后来的几年里，ENIAC 都是世界上速度最快的机器。因此，要执行复杂计算的团体对它仍然很感兴趣。前往阿伯丁"朝圣"的人也包括约翰·冯·诺伊曼[9]。作为一名计算机架构师，冯·诺伊曼几乎没有什么可以向 ENIAC 学习的，但是作为一名计算机用户，他深知 ENIAC 的强大。洛斯阿拉莫斯有大量积压的大规模计算需求，这会使正在高等研究院建造的计算机尽早得到应用。然而，在 1947 年早期，即使是最乐观的估计，也认为这台机器需要好几年之后才能运转起来。

冯·诺伊曼和他在洛斯阿拉莫斯的合作者，希望在电子计算机上用新开发的蒙特卡洛方法模拟核的链式反应，而 ENIAC 是短期内唯一具有可行性的选择。1947 年 3 月，冯·诺伊曼已经要求他的亲密合作者赫尔曼和阿黛尔·戈德斯坦（两位都是 ENIAC 摩尔学院时代的资深成员）去研究在 ENIAC 上 "设置" 蒙特卡洛计算的相关方法[10]。我们将在接下来的两章讨论蒙特卡洛项目本身；这里我们感兴趣的是，在把 ENIAC 改造成 EDVAC 类型计算机的过程中，哪些相互交织的因素激发了工程师们的灵感与努力。

启动改造项目

巴克利·弗里茨是 ENIAC 团队在弹道研究实验室时期的成员，他后来评论说，用原来的编程方法设计 ENIAC 配置的过程，"最恰当的描述就是，用 ENIAC 的组件为每个新应用程序都设计开发一台专用的计算机"[11]。

1947 年 4 月左右，约翰·冯·诺伊曼认识到，ENIAC 的成套零件可以制造出一台计算机，其编程方法与高等研究院即将推出的计算机的编程方法非常相似。他和他的合作者深深沉浸在新的设计范式和 EDVAC 型计算机所需的编程技术中，编写了一系列报告，提出了一种编程方法、丰富的流图绘制技术和处理子程序的方法[12]。在这一点上，他们对这些问题的思考，可能比世界上其他任何团队都更深入。这并不奇怪，因为早在他们探索使用 ENIAC 进行蒙特卡洛计算时，便认识到 ENIAC 拥有新代码范例的许多优点。

ENIAC 的改造目标是通过配置开关和电线，使它能够解码和执行基本类型 EDVAC 机器的固定指令集合。程序以数字编码的指令序列形式存储在 ENIAC 函数表里，逐条取出然后执行。

在 ENIAC 最初的控制模式中，对其编程能力的限制嵌入在设计过程中的许多方面，并且它们以不可预知的方式相互作用。例如，20 个累加器有 240 个控件，用于数字传输、加法和减法；高速乘法器的 24 个控件中的每一项都定义了一种乘法运算。控件对程序可以包含的每种类型的操作数量，都设置了上限。主程序器只包含 10 个步进器，这进一步限制了程序的整体逻辑复杂性。设置分支条件测试，不仅会占用主程序器的一个步进器，还会独占一个累加器的输出终端，从而限制了该累加器的其他用途。正如机器的设计者在 1945 年所评论的那样，"为 ENIAC 设计应用问题的设置时，必须考虑到机器的内部经济性，将程序设施分配到程序的各个部分"[13]。经过改造后，程序的逻辑复杂度将只受到函数表可寻址高速存储的相对充裕的 3 600 位数的限制。

洛斯阿拉莫斯蒙特卡洛仿真程序的工作与新程序系统的设计同时进行。高等研究院计算机项目负责人的妻子们——克拉拉·冯·诺伊曼和阿黛尔·戈德斯坦，都在 1947 年夏天被洛斯阿拉莫斯聘请为顾问，协助该项目的研究[14]。虽然阿黛尔·戈德斯坦当年只有 26 岁，但她的资历无人能及：拥有数学研究生学位，且在摩尔学院期间一直从事 ENIAC 的文档编制和编程工作。因此，这个团队组合对新的编程概念和 ENIAC 能力的深入理解是空前未有的。

我们之前提到，阿黛尔·戈德斯坦在她 1946 年的 ENIAC 报告中提到"通过函数表存储编程数据"。当时她描述了一种方法，通过函数表重定向脉冲输出，直接启动多达 14 个子程序[15]。而 1947 年所采用的方法十分不同：表示指令的数字从函数表中检索出来，然后在机器的其他地方进行解释。不过，这些表仍然被认为是编程数据的存储库，这会使新系统看起来更加自然。

当时在弹道实验室工作的数学家理查德·克里平格（Richard Clippinger），后来认为是自己最早提出把 ENIAC 的控制方法，改造成类似 EDVAC 工作方式的人[16]。然而在 1948 年的一份报告中，克里平格本人却有不同的记述：

1947 年春天，冯·诺伊曼向作者建议，ENIAC 可以以一种与设计完全不同的方式来运行……他的建议已经被冯·诺伊曼、阿黛尔·戈德斯坦、琼·巴蒂克、理查德·克里平格和阿特·格灵（Art Gehring）设计出来，并在加尔布雷斯（a. Galbraith）、约翰·吉赛（John Giese）、凯瑟琳·麦克纳尔蒂、霍伯顿、贝蒂·斯奈德、艾德·施兰（Ed Schlain）、凯·雅克比（Kathe Jacobi）、弗朗希丝·比拉斯（Frances Bilas）、萨利·斯皮尔（Sally Spear）的贡献下形成了完整的方案。冯·诺伊曼是细节设计的核心角色。[17]

克里平格在 ENIAC 专利案中的证词里称，他首创了用函数表脉冲驱动子程序序列的概念，这是他后来被认定为改造发起者的基础。整个改造就是在逐步细化这一最基础的见解，它由"几个进化的阶段"构成。克里平格在研究一套复杂的气流计算时产生了这个想法，当时是在 1946 年 4 月或 5 月，阿黛尔·戈德斯坦刚刚阐释了哑程序技术。她在报告中没有提到这是克里平格的想法[18]。

克里平格在出庭时受到了盘问，法庭出示了一张 1946 年 1 月"F.T. 程序适配器电缆"的工程图。这张图说明，在克里平格提出前述想法很久之前，它就已经被设计出来了——事实上，在戈德斯坦给他足够多关于 ENIAC 的知识，使他理解它的功能之前，便已设计出来。埃克特后来写道，在设计 ENIAC 的时候，"我们预计总有一天会有人想这么做，所以我们设计了必要的电缆……"克里平格后来在不知情的情况下"重新发现原始硬件已经具备的函数表的这些用法"[19]。先不考虑年代，把 ENIAC 向现代代码范式的转变与早期用函数表直接控制的概念混为一谈，本身便是相当误导人的[20]。

51 指令集

1947 年 5 月中旬，密集的 ENIAC 改造工作已经开始。理查德·克里平格此前曾根据弹道研究实验室一年期的合同，安排琼·巴蒂克在费城领导一个五人工作小组[21]。巴蒂克没有跟随机器搬到阿伯丁。ENIAC 的改造计划是这个研究组最大的项目。后来，巴蒂克回忆说，弹道实验室的代表和克里平格一起前往普林斯顿与阿黛尔·戈德斯坦合作，进行了几次"为期两三天"的访问，而约翰·冯·诺伊曼"每天花大约半小时"和他们在一起讨论问题[22]。

　　与克里平格的详细讨论从 5 月中旬开始，一直持续到月底。6 月中旬，约翰·冯·诺伊曼写信给弹道实验室副主任罗伯特·肯特（Robert Kent），并谈道："从我开始和你讨论 ENIAC 设置和编程的新方法开始起，现在已经过了 4 个星期，我与克里平格讨论了细节，两周前我们总结了这些初步的讨论。"他提到，"一方面，克里平格和他的团队已经设计出几种方法，另一方面戈德斯坦夫妇也设计出了几种方法"[23]。这就导致戈德斯坦夫妇提出了"普林斯顿"配置，巴蒂克和克里平格提出了"阿伯丁"配置。（这两种配置的非正式名称。）1947 年夏秋之际，阿黛尔去了几次费城，同时也去了不止一次阿伯丁[24]。

　　到了 7 月，阿黛尔·戈德斯坦已经做好了详细的初步改造计划和一个指令集。她在报告里把它们称为"中央控制器"，这个名称很好地抓住了把函数表里所有针对应用编程的控制都集中起来的特点[25]。报告包括一个"51 指令词汇表"和关于设置的图表，并记录了 ENIAC 解码和执行指令所需的接线和开关配置。尽管 51 指令的设置从未实现过，但是改造项目的其余部分都遵循了它的设计原则。

　　ENIAC 的累加器之间，累加器与机器的其他部件之间，都可以互相交换控制脉冲。当脉冲到达本地控制器的输入端电缆时，这些信号就能触发本地程序控制所设置的任何动作。这样，"程序脉冲"并不直接编码参数或指令，而是只发送了一条消息：Go！将这种分布式控制系统集中起来以支持现代代码范式并非易事。戈德斯坦的建议是把《初稿》中讨论的抽象的 EDVAC 元件叠加在 ENIAC 的 20 个累加器上，把它们分成 3 个功能组。

　　戈德斯坦的方案给"算术系统"分配了 8 个累加器。累加器 15 变成了现代意义上的"累加器"。阿黛尔·戈德斯坦称它是"中央运算传输元件"。累加器 13 是辅助的算术寄存器。算术系统中其他 6 个累加器类似于后来计算机架构中的专用寄存器，附加到 ENIAC 的专用硬件单元里，作为固定的乘法、除法和平方根操作的参数，以及结果的来源或目的寄存器。累加器 11 和 15 也被用作缓冲区，保存从函数表或穿孔卡片中读出的数据。算术运算基于高等研究院约翰·冯·诺伊曼团队当时正在研制的计算机，在 ENIAC 原始运算电路的基础上做了一些必要的修改[26]。

另外，给"控制系统"多分配了 3 个累加器，作为获取指令和指令解码的基本结构。指令由两位数代码标识，只读的函数表中每一行最多可以存储 6 条指令。控制系统包括一个后来被叫作指令寄存器的东西，不过由于硬件的变化，后来的版本计划便没有必要这样做了。

每条指令都是在"本地"编程实现的，即用传统的开关和电线系统触发基本的 ENIAC 操作，如清除或递增累加器，以及在单元之间传输数字。这让人联想到后来的微程序设计方案。例如，之后的文档将指令 FTN 描述为 6 个不同操作的组合。其中一个操作是递增存储在累加器 8 的前三位的地址；另一个是给累加器 11 清零[27]。

主程序器把每个指令代码映射到启动相应操作序列的程序线上。步进器的 60 个输出终端中的 9 个被绑定为指令译码。因此，戈德斯坦建议的方案被称为"51 指令集"（51 order code）。这里的"order"表示指令，"code"表示指令集。

控制系统还在函数表中保存了几个位置的地址。我们前面已经看到，冯·诺伊曼的 EDVAC 指令集是依赖于地址修改来完成操作的，如条件跳转或从计算位置读取数据等操作。戈德斯坦和她的同事需要同样的功能，但是 ENIAC 程序不能修改存储在函数表中的数据或指令。取而代之的是，他们设计了控制系统，可将这些指令的地址存储在指定的累加器中，以便通过编程进行操作。

"当前控制参数"是其中的一个地址，指向当前指令所在的程序线。在默认的情况下，每当完成一条程序线上的指令，它就相应地增加，因此指令是按顺序执行的。"无条件转移"指令用新地址覆盖当前的控制参数，从而修改了要读取的下一条指令代码的地址。

另一个存储地址"未来控制参数"是为"替换指令"设置的。条件转移指令通过检查累加器 15 中的数字的符号来实现分支，如果这个数为正，则使未来的控制参数覆盖当前的控制参数。相同的机制后来被用于实现子程序返回，并实现冯·诺伊曼和戈德斯坦的流程图符号中使用的"可变远程连接"，以跳转到计算中较早确定和存储的位置[28]。ENIAC 硬件的局限性激发了一种新机制，可以直接实现以前的抽象功能。

"F.T.3 数字指令"也需要函数表地址，这条指令从第三个函数表读出数字数据；与转移指令一样，所需的地址存储在指定的累加器中相应的位置。利用存储的这些地址，ENIAC 提供了一种简单的间接寻址形式。后来的计算机为了限制修改代码而广泛依赖更优雅的间接寻址机制，如索引寄存器。我们在前一章曾经看到过，约翰·冯·诺伊曼在主程序之外单独存储了指令模板，通过修改指令模板在 EDVAC 代码中实现了条件分支。

戈德斯坦的计划在解决了其他需求之后，还剩下 9 个累加器。他的设置隐藏了这些累加器的算术和编程能力，因此在程序员看来，它们就像是简单的存储设备。加上函数表里更大的只读存储器，就构成了冯·诺伊曼所说的"记忆元件"。每个"元件"都会收到单独的"talk"指令，该指令将数据复制到累加器 15 中，而"listen"指令则执行相反的操作。运算系统中的累加器也有同样的安排，这样，它们在不做运算操作时也可以用来执行一般性的存储功能。

60 指令集计划

ENIAC 的改造计划经过了几次修改。1947 年下半年，主要工作集中在"60 指令集"。这是对原改造计划的细微改进，由琼·巴蒂克领导的费城小组开发。那时，阿黛尔·戈德斯坦的注意力已经转移到编写非蒙特卡洛的核模拟程序 Hippo 上了。

60 指令集计划里增加了新硬件，支持从 51 条指令扩展到 60 条指令。其中一个是被称为"10 级步进器"的简单计数器，用来加速和简化指令的解码，它的每个输出都连接到主程序器的一个内部步进器。新的步进器前进到指令码第一个数字对应的阶段，主程序器的每个步进器前进到第二个数字对应的阶段。发送给新步进器的程序脉冲被路由到主程序器的步进器之一，并连接到 60 个输出端子中的一个，以启动适当的操作。另外两个步进器"函数表选择器"和"指令选择器"为代码的某些解码操作提供专用的硬件支持。这次重新设计简化了原来的控制系统，为存储应用程序数据释放了宝贵的累加器资源[29]。

候选的 60 条指令保持了早期《初稿》里描述的基本结构，主要的不同是合并了更多的控制指令（设置当前和未来的控制地址和函数表参数）和更灵活的移位指令。1947 年的两个方案都没有包括弹道实验室 2 月份提出的"寄存器"存储单元。据推测，这是由于人们似乎有充分理由对它在改造过程中的可靠性持悲观态度。到了 11 月，巴蒂克完成了 60 指令集的完整描述，包括设置 ENIAC 运行用这些指令编写程序所需的全部配置细节和布线[30]。这个文件还包含了对"普林斯顿"指令集和"阿伯丁"指令集的描述。

用理查德·克里平格申请到的一笔经费，摩尔学院与巴蒂克和她管理的 4 名程序员签订了为期一年的聘用合同[31]。为编程服务签订聘用合同是以前从未有过的事情。为了满足联邦政府的采购规定，小组必须在合同期内完成 12 个 ENIAC 设置。在这个小组成立的 1947 年 3 月，而不是最初雇佣操作员的 1945 年，是真正确立了计算机编程本身作为一项独立工作存在的时间。

克里平格用 ENIAC 来模拟超音速气流已经有一段时间了，这是巴蒂克团队签订的合同里所要解决的主要应用问题[32]。这项工作开始后不久，他们的精力就转向了改造工程。除了详细的改造计划外，他们还开发了许多最初的合同清单里的程序。现在这些程序用 60 指令集编写，而不是最初设想的设置图。他们解决了 ENIAC 方案里最初和最经常反复出现的应用程序，包括弹道轨道的计算，为射弹特征的影响（如形状等）建立数学模型（例如被称为"锥头柱体"的问题），并实验了弹道实验室数学家德德里克修改的修恩数值积分方法的简化版本。这些程序的流程图和代码清单都保留了下来，每一个都有详细的手工逐步执行的说明[33]。由于 ENIAC 以前从来没有安装过 60 指令集，因此这些程序就是巴蒂克团队可以使用的唯一测试形式。他们还开发了指数函数和三角函数的计算技术，编写了他们明确地称为"子程序"的程序片段[34]。

巴蒂克的团队还开发了一套测试 ENIAC 所有单元的程序，她收到了理查德·克里平格和阿黛尔·戈德斯坦对这些程序的反馈[35]。由于 ENIAC 仍然不可靠，在开始新工作之前，操作员会定期运行测试程序以检查机器是否正常运行，并在出现麻烦迹象时进行诊断。1948 年发表的 60 指令集报告里包含了这些测试程序[36]。在同一份报告中，还包含了很大篇幅对克里平格超音速气流问题的讨论。克里平格报告的开头是对该问题数学方面的详细描述，以流程图和存储表的形式展示了要存储的变量是如何分布在 ENIAC 的累加器上的。克里平格坚持赫尔曼·戈德斯坦和约翰·冯·诺伊曼所提出的方法论，他说："编写指令序列使机器执行描述的计算……现在这是一个简单的问题了。"报告包括了完整的程序代码表格（大概由琼·巴蒂克团队编码，或者她们提供了很多帮助）[37]。

1947 年 12 月 12 日，在阿伯丁举行的新闻发布会宣布了对 ENIAC 的改造计划，次日《纽约时报》报道了这一计划。与此同时，克里平格在 1947 年的美国计算机学会会议上，首次向技术同行介绍了改造计划[38]。《纽约时报》的一个报道多次将 ENIAC 称为"机器人"。报道披露，这些变化使 ENIAC "获得了 EDVAC 所内置的大部分高效工作方式"[39]。

改造的实现

在改造计划进行的同时，蒙特卡洛程序这项工作也在开展。洛斯阿拉莫斯的退伍老兵尼古拉斯·梅特罗波利斯是其中的一位参与者，他是当时在芝加哥大学核研究所工作的约翰·冯·诺伊曼的好朋友。本来是安排他 1948 年 2 月 20 日到达阿伯丁为蒙特卡洛项目做准备。预计摩尔学院团队 2 月 9 日将完成 ENIAC 的改造，2 月 20 日弹道研究实验室的工作人员重新配置 ENIAC 的工作应该做得"差不多"了[40]。而实际上在梅特罗波利斯和克拉拉·冯·诺伊曼到达时，60 指令集的重新配置工作还没有开始。根据梅特罗波利斯的说法，他和克拉拉·冯·诺伊曼开始进行自己的工作，扩充指令集，在看到新的转换器面板之后，就决定用它来高效地解码所有可能的两位数代码[41]。转换器预计将与寄存器一起到达，寄存器是全新指令集的核心。因此作为过渡的 60 指令集不依赖这两个单元中的任何一个[42]。他们立刻修改计划，包括立即合并转换器，扩展可用的指令集，加速代码的操作，并释放主程序器。他们对移位的处理方案进行了重大修改：两条复杂的参数化指令被 20 条更简单的指令代替，来执行特定的移位操作，而这些指令的解码部分由主程序器来完成。

与之前的几种说法不同，ENIAC 操作人员的维护日志清楚地表明，60 指令集根本没有安装 [43]。主程序器也没有与 10 阶段步进器一起用于指令解码，而是为转换器所取代。目前还不清楚是否安装了 10 阶段的步进器，但是新指令集确实使用了函数表选择器和指令选择器，与 60 指令集对二者的使用方式完全相同 [44]。

1948 年 3 月 15 日，转换器安装到了 ENIAC 上。两周后，也就是 3 月 29 日，日志显示："尼克（梅特罗波利斯）大约下午 4 点到达，并开始启动 A.E.C. 的后台编码。"换句话说，梅特罗波利斯开始在 ENIAC 上配置新的指令集。第二天，"尼克把基础序列 2 和 3 调通了"。又过了一天，ENIAC "第一次用新的编码方案进行了演示"。由于各种"麻烦事"拖慢了进程，理查德·默文又一次从摩尔学院被招来修理转换器，到 4 月 6 日新编码方法的实施才终于完成。

接下来是一段漫长的测试和调试，充满了"间歇""瞬态"和其他"麻烦"。约翰·冯·诺伊曼和克拉拉·冯·诺伊曼在那段时间到达。约翰很快就离开了，但克拉拉留了下来，并在剩下的时间里与梅特罗波利斯一起工作。根据这份日志记载，4 月 12 日给应用物理实验室学生的演示"顺利进行"，这"是使用新编码技术后的第一次充分演示"；因此，这是第一次成功执行了用现代范式编写的代码。

紧接着是 4 月 17 日蒙特卡洛问题的"第一次运行"，很快又出现了"各种各样的麻烦"。记录显示，到 4 月 23 日，研究团队士气低落。"当天没有取得任何进展"，而且"为了让 ENIAC 能正常工作，似乎有必要进行大修或采取重大措施"。

4 月 28 日，梅特罗波利斯用一种比较温和的干预方案挽救了局面：他把 ENIAC 的时钟频率从 100 千赫降低到 60 千赫，从此之后，机器突然变得可靠，并且成了常态，再也没有出现例外。蒙特卡洛开始认真的模拟，直到 1948 年 5 月 10 日结束。斯坦尼斯拉夫·乌拉姆是一直关注这项工作进展的几个人之一。他写信给约翰·冯·诺伊曼说："我从尼克的电话里听说，奇迹真的发生了。" [45] 从那以后，所有的 ENIAC 操作就都使用了新模式 [46]。

转换器指令集

尽管为"60 指令集"做了大量准备工作，但基于中央控制模式、在 ENIAC 上运行的第一个应用程序使用了扩展指令集，在操作日志中被称为"79 指令集"，由梅特罗波利斯和克拉拉・冯・诺伊曼设计，利用了转换器提供的额外功能 [47]。他们的成功使"60 指令集"过时了。4 月 14 日，克里平格前来"讨论他的代码或当前代码中所要做的更改"，准备在蒙特卡洛测试完成后运行他的问题。5 月中旬已经给机器设置好了"83 指令集" [48]。从程序员的角度来看，指令集之间最大的区别是扩展了移位操作的范围，因此克里平格现有程序所需的改变不会太大。

1948 年的一些文件记录了新系统的微小变化。第二年，它被称为"转换器指令集"。巴克利・弗里茨在 1949 年和 1951 年的弹道实验室报告里正式记载了这一指令集 [49]。由于该指令集（或其小变体）在 ENIAC 剩余的工作时间里一直都在使用，所以我们在此总结一下 1951 年版本的主要特征。

弗里茨首先描述了数据通过 ENIAC 的流程（见图 7.1）。通过穿孔卡片，或在函数表和常数发生器上设置开关，从而将数字输入 ENIAC。常数发生器包含 10 个寄存器，每个寄存器可以保存一个带符号的 10 位数字。其中，8 个寄存器用作缓冲区，来保存穿孔卡上的内容；另外两个保存程序启动之前手动设置的常量。函数表有 100 行可用的程序线，每行可以包含 12 个数字位和 2 个符号位，或者 6 个 2 位的操作码，或者一个 10 位的数字（按 FTC 指令读取），或者两个有符号的 6 位数字（按 FTN 指令读取）[50]。读取指令把数字从常数发生器和函数表中传输到累加器 11 和 15。打印操作将数字从累加器 1、2 和 15-20 传输到打印单元的缓冲区，然后将它们异步穿孔到卡片上。

"转换器指令集"使用 ENIAC 的内存（见表 7.1）时，遵循了阿黛尔・戈德斯坦 1947 年描述的方案。弗里茨列出了 13 个可以"不受存储限制"使用的累加器。累加器 6 是"指令操作的控制中心"，包含当前指令的地址，以及条件转移操作之后要使用的新地址。这些都重现了戈德斯坦所说的当前和未来的控制参数。累加器 15 仍然是"指令操作的算术中心"。大多数操作都涉及累加器 13，所以它通常不能用于存储。表 7.2 总结了 ENIAC 的指令集，它与其他使用现代代码范式的早期机器上的指令有着惊人的相似性。

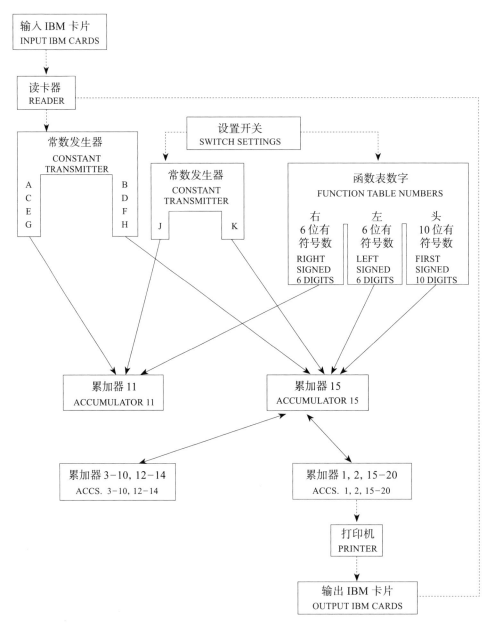

图 7.1　1951 年 ENIAC 的数据流通路径（根据弗里茨 "ENIAC 转换器代码描述" 中的图 2 绘制）

表 7.1   1951 年"转换器指令集"中存储器的使用

功能	使用的累加器或其他存储器
变量存储	1—5，9，10，14，16—20 6（第 7—10 位数字和符号） 7（当除法不保留分母时） 8（当不用于函数表寻址时）
常数存储	函数表，常数发生寄存器 J，K
写入卡片的数据	1、2、15—20
算术系统	7（保存除数） 11（保存乘数） 12（接收乘数、余数和移位溢出） 13（工作寄存器，在大多数操作中被覆盖） 15（EDVAC 意义上的"累加器"。执行加法，保存乘法、除法和平方根操作的参数和结果）
从函数表来的输入	11，15
从卡片来的输入	常数发生寄存器 A–H 11，15（接收常数发送器的数据）
FTN 和 FTC 命令的函数表地址	8（1—4 位）
当前指令地址	6（1—3 位）
未来控制地址	6（4—6 位）
指令代码	函数表（使用卡片控制时的常数发生器）

表 7.2   1951 年的"转换器指令集"

代码	助记符	简要定义
		存储指令
44	Rd	从 IBM 卡片机读出下一张卡片上的数据，存储在常数发生器上

（续表）

代码	助记符	简要定义
50	AB	将两个常数发生器的数字传输到累加器 11 和 15
51	CD	
54	EF	
55	GH	
56	JK	
72ab	N2D	把接下来 2 位、4 位或 6 位数字拷贝到累加器 15 用于把常数写进程序代码
73abcd	N4D	
74abcdef	N6D	
47，97	FTN，FTC	从函数表里读出两个 6 位数到累加器 11（FTN）或一个 10 位数到累加器 15（FTC），然后增加函数表的地址
01，02，03，04	1L，2L，3L，4L	累加器 α "监听"（从）累加器 15（接收的数字），然后清零。所有累加器除了 13 都在 "监听" 前清除数据
05，06，07，08	5L，6L，7L，8L	
09，10，11	9L，10L，11L，	
12，13	12L，13L	
14，16	14L，16L，	
17，18	17L，18L	
19，20	19L，20L	
15	CL	清除累加器 15 的数据
92，93	6_1，6_2	把累加器 15 中的数加到累加器 6 的通用存储数上
91	S，C	清除全部累加器存储器，除了当前指令地址
45	Pr	把累加器 1，2，15—20 的内容送到打印机，在卡片上穿孔

（续表）

代码	助记符	简要定义
移位指令		
32，60	R1，L1	把累加器 15 里的数位向右或向左移动。移出的数字便丢弃
43，71	R2，L2	
42，70	R3，L3	
53，81	R4，L4	
52，80	R5，L5	
38，66	R'1，L'1	把累加器 15 里的数位向右或向左移动到累加器 12，累加器 12 的数据首先被清零
49，77	R'2，L'2	
48，76	R'3，L'3	
59，87	R'4，L'4	
58，86	R'5，L'5	
算术指令		
21，22，23，24	1T，2T，3T，4T，	累加器 α "talk"，即将累加器 α 里的数字与累加器 15 的数字相加
25，26，27，28	5T，6T，7T，8T，	
29，30，31	9T，10T，11T，	
62，33，34	12T，13T，14T，	
36，37，68	16T，17T，18T	
39，40	19T，20T	
41	M	把累加器 15 中的 x 替换成 −x。用在 "talk" 指令之前，实现减法

代码	助记符	简要定义
57	×	乘法命令。累加器 11 与累加器 15 相乘，加上累加器 13 的值，将结果放在累加器 15 中。（累加器 13 有助于更高效地计算乘积之和）
63	÷	将累加器 15 除以累加器 7，商存在累加器 15 中，余数存在累加器 12 中
64	√	在累加器 15 中求累加器 15 的平方根，在累加器 12 中求余数
82	A.V.	求累加器 15 的绝对值
46	D.S.	"丢掉符号"：使累加器 15 的值为正
		控制指令
78，830abc	6R3，N3D6a	基于累加器 15（6R3）或 3 个行内数字（N3D6）来设置当前指令地址，以执行无条件传输（跳转）
79，89abc0	6_3，$N3D6_3$	基于累加器 15（6R3）或 3 个行内数字（N3D6）来设置未来控制地址
84abcdef	N6D6	将行内数字设置为当前和未来的控制地址。用一条指令调用子程序并设置返回地址
69	C.T.	条件跳转。如果累加器 15 的值是负的，则继续执行下一条指令。否则，将未来控制地址设置为当前指令地址，并跳转
94，85，96	i，di，cdi	控制主程序器[a]
75abcd	N3D8	将 4 个行内数字添加到函数表地址
90，99	D	执行下一条指令
00，35	H	机器停机

a. 1951 年这些指令被添加进来，可以在主编程器上设置循环（早期的转换器代码没有充分使用），并使用预转换机制进行控制。

资料来源：弗里茨，"ENIAC 转换器代码描述"（Fritz, *Description of the ENIAC Converter Code.*）

优点和缺点

即使在 ENIAC 改造完成之后，弹道研究实验室的工作人员仍然认为，其新功能与其他一些中继计算机有相似之处。1949 年 9 月的一份报告《弹道实验室计算机应用问题的准备》总结了弹道实验室计算部门的计算机用户两年以来所积累的智慧。其作者包括 ENIAC 分部的负责人约翰·霍伯顿，因此我们可以断定这个报告有着扎实的实践基础。报告第一章就强调了 ENIAC 与当时弹道实验室的两种继电计算器的基本相似之处：都由编程单元控制，有输入和输出装置，等等。这份指南提醒用户，"这台机器不能解决应用问题"，只是执行"由应用编制人员设计的一系列算术运算"。在每一种情况下，在不超过机器极限的前提下准备操作序列都是一个挑战。

ENIAC 闪电般的速度举世无双，同时又放松了对程序逻辑复杂性的限制，这都是它受到追捧的原因。但该指南提示说，如果用穿孔卡片临时存储一些数据，就会在很大程度上牺牲掉它的速度优势。贝尔实验室中继计算器可靠性高，它的自我检测、无人值守操作和浮点计算的能力仍然受到赞扬。IBM 的中继计算器仍被用来解决"许多不同类型的问题"，却是最难编程的机器。它们的编程是一个三阶段过程，用"操作时间表"来准备插接板图，按插接板图连接控制板。报告警告说，这个过程中的任何步骤都可能会"发生不可预测的延误"[51]。

ENIAC 最适合那些需要"大量计算员手工计算数月"的工作。"操作步骤极其冗长的方法"会选择在贝尔实验室的机器上运行，因为这些计算机的程序纸带长度可以是无限的。同样，贝尔实验室的机器也适合只是偶尔执行（系统设置的时间不长）的任务，和"某些计算的中间结果和最终结果在不同周期之间有很大差异"的任务，因为它们的浮点运算硬件可以"避免大量使用规模因子"。其他机器则要求程序员在设计程序时充分了解每个变量可能的取值范围[52]。贝尔实验室的机器不适合处理大量数据的程序，而 IBM 的中继计算机具有穿孔卡功能，可以很好地处理数据。正如哈特里 1946 年所展示的，可以用数学技术对这台或那台机器的弱点进行调整[53]。

报告非常有趣的把三台计算机描述成独特但大致相当的同类机器，这是对当前观点的一个有趣的纠正，即 ENIAC 一经出现就立刻淘汰了中继计算机。手工计算也没有从阿伯丁消失。报告中有一个制表的实例，把采样函数简化成适当的数学方法，评估在每台机器执行计算所需的时间。它得出的结论是，这些问题最好用手工计算，因为这只需要几周的人工工作，而且涉及立方根，"计算员用手工计算比用机器要简单得多"。计算员可以用更高效的方法，还可以通过在预先计算好的表格中查找数值，改善计算缓慢的情况。报告从唯一的教程实例得出这样的结论：计算实验室的成员试图确保他们的同事，不要用机器去解决本可以用传统方法更有效解决的问题。（他们的报告接着又说，对问题进行一些细微的更改会使问题变得更加复杂，这样会更加适用于机器解决方案。）

注　释

[1] Martin Campbell-Kelly and Michael R. Williams, eds., *The Moore School Lectures: Theory and Techniques for Design of Electronic Digital Computers* (MIT Press, 1985).

[2] Eckert, "A Preview of a Digital Computing Machine," in Ibid., quotations from pages 114 and 112.

[3] John W. Mauchly, "Preparation of Problems for EDVAC-Type Machines," in *Proceedings of a Symposium on Large-Scale Digital Calculating Machinery*, 7–10 January 1947, ed. William Aspray (MIT Press, 1985) quotations from pages 203 and 204.

[4] Engineering Research Associates, *High-Speed Computing Devices* (McGraw-Hill, 1950), 65.

[5] 同［4］，62, 72.

[6] Hartree, *Calculating Instruments and Machines*, 94. 哈特利认为最早的 DEVAC 类型的机器是一种将哈佛 Mark I 的编程方法（通过机器可读的输入介质）与新的电子逻辑单元和快速大型电子存储器结合起来。他不像后来的分析师那样认为 Mark I 的外部程序存储与新机器的内部程序存储是对立的。

[7] Hartree, *Calculating Instruments and Machines*, 88.

[8] Maurice Wilkes, "What I Remember of the ENIAC," *IEEE Annals of the History of Computing* 28, no. 2 (2006): 30–31.

[9] 尼克·梅特罗波利斯写道，他 1948 年初成功运行 ENIAC 之后，"其他实验室工作人

员也前往 ENIAC 运行蒙特卡洛应用"。Metropolis, "The Beginning of the Monte Carlo Method," *Los Alamos Science* 15 (1987): 122–130, at 128–129.

[10] John von Neumann to Stanislaw Ulam, March 27, 1947, Stanislaw M. Ulam Papers, American Philosophical Society, Philadelphia (Series 1, von Neumann, John, #2).

[11] Fritz, "ENIAC—A Problem Solver," 31.

[12] 报告 "Planning and Coding Problems for an Electronic Computing Instrument" 在 1947–1948 年间分期发表，重印本参见 *Papers of John von Neumann on Computing and Computing Theory*, ed. William Aspray and Arthur Burks (MIT Press, 1987).

[13] Eckert et al., *Description of the ENIAC (AMP Report)*, B–4.

[14] 在戈德斯坦的书中，阿黛尔受雇的日期是 6 月 7 日。Goldstine, *The Computer*, 270. 但他在 6 月 28 日的一封信里说："阿黛尔刚收到洛斯阿拉莫斯签订并开始执行的按时计酬合同。所以她现在正式开始工作了。" Herman Goldstine to John von Neumann, July 28, 1947, JvN–LOC, box 4, folder 1. 1947 年 8 月底，克拉拉·冯·诺伊曼从工资转为按小时计酬，但不清楚她受雇的确切时间。Kelly to Richtmyer, 28 Aug 1947, JvN–LOC, box 19, folder 7.

[15] Goldstine, *A Report on the ENIAC*, section 7.4.

[16] Richard F. Clippinger, "Oral History Interview with Richard R. Mertz, December 1, 1970," in Computer Oral Histories Collection. 他的说法在其他地方也重复过，包括 Bartik, *Pioneer Programmer*.

[17] Richard F. Clippinger, *A Logical Coding System Applied to the ENIAC (BRL Report No. 673)* (Aberdeen Proving Ground, 1948), 4.

[18] Clippinger Trial Testimony, September 22, 1971, 8 952–8 968.

[19] Eckert, "The ENIAC," 529.

[20] 也许克里平格对函数表控制技术的精心设计作出了贡献。函数表导致或者说影响了弹道研究实验室在 1947 年初作出订购这种新设备的神秘决定。

[21] 其他成员是 Arthur Gehring, Ed Schlain, Kathe Jacobi, and Sally Spear. 参见 Bartik, *Pioneer Programmer*, 115–116.

[22] Bartik, "Hendrie Oral History, 2008."

[23] JvN to R. H. Kent (BRL), June 13, 1947, JvN–LOC, box 4, folder 13.

[24] 戈德斯坦的旅行记录确认了她 1947 年 8 月 29 日访问过阿伯丁，10 月 7 日和 17 日访问过摩尔学院的巴蒂克组。A. Goldstine, "Travel Expense Bill," December 17, 1947, HHG–APS, series 7, box 1.

[25] "Control Code for ENIAC," July 10, 1947, HHG–APS, series 10, box 3. 我们有一个电子的

复制，在网站 www.EniacInAction.com 上 .

[26] IAS 计算机的设计在博克斯，戈德斯坦和冯·诺伊曼影响极大的报告 *Preliminary Discussion of the Logical Design of an Electronic Computing Instrument* 里有讨论。

[27] Ballistic Research Laboratories, Technical Note 141: *Description and Use of the ENIAC Converter Code* (Aberdeen Proving Ground, 1949), 9. 我们制作了电子复制，在网站 www.EniacInAction.com 上。FTN 在不同版本的文档里表示的内容不同，在此版本中表示 "Function Table Numeric."

[28] Herman H. Goldstine and John von Neumann, *Planning and Coding Problems for an Electronic Computing Instrument*, part II, volume I, section 7.

[29] 这些步进器是 BRL 委托的几款 ENIAC 新硬件之一。设计工作在 1947 年夏天已经很好地推进了，可作为证据的蓝图在 PX-4-122 (June 10)、PX-4-212 (July 2) 和 PX-4-215 (July 16) 全部都在 UV-HML, box 17 (Ⅶ -5-4).

[30] "60 Order Code, Nov 21—1947," HHG-HC, box 1, folder 5.

[31] Bartik, *Pioneer Programmer*, 113-120.

[32] "Problems 1947-1948," MSOD-UP, box 13 (Programming Group). Bartik, in *Pioneer Programmer*, 可以理解为，这个组被明确授权协助克里平格进行转换工作，但这与档案证据或其他开发的时间不一致。

[33] MSOD-UP, box 9 中有大量用 60 指令集写的流程图和程序。

[34] "Computation of an Exponential or Trigonometric Function on the ENIAC," MSOD-UP, box 9 (Set-up Sheets). 虽然目的可能是编写可重用例程，但程序代码放在函数表里的固定位置。要在应用中包括子例程，需要手工确定它的位置，这项工作虽然繁琐，但可以通过在子例程中使用数据的符号地址来减轻负担。

[35] "Testing ENIAC—60 Order Code," HHG-HC, box 1, folder 8.

[36] Clippinger, *A Logical Coding System*.

[37] 同 [36]。流程图和指令表的日期分别是 1948 年 3 月 2 日和 3 月 1 日。

[38] Richard F. Clippinger, "Adaption of ENIAC to von Neumann's Coding Technique (Summary of Paper Delivered at the Meeting of the Association for Computing Machinery, Aberdeen, MD, Dec 11-12 1947)　—Plaintiff's Trial Exhibit Number 6 341," 1948, in ENIAC Trial Exhibits Master Collection (CBI 145), Charles Babbage Institute, University of Minnesota.

[39] Will Lissner, "'Brain' Speeded Up, For War Problems！Electronic Computer Will Aid in Clearing Large Backlog in Weapon Research," *New York Times*, December 12, 1947. 在目前的项目之前，最近几十年关于 ENIAC 改造的详细讨论主要集中在 60 指令集，参见 Hans Neukom, "The Second Life of ENIAC," *IEEE Annals of the History of Computing* 28,

no. 2 (2006): 4–16, 尤其是它的 "Web extras" 在线技术补充。

[40] Von Neumann to Simon, February 5, 1948, HHG–APS, series 1, box 3.

[41] Nick Metropolis and J. Worlton, "A Trilogy on Errors in the History of Computing," *Annals of the History of Computing* 2, no. 1 (1980): 49–59. 梅特罗波利斯回忆起，在 "一次对马里兰州阿伯丁试验场的初步访问中" 产生了用 "转换器" 进行解码的想法，他注意到一个多对一的译码网络已经接近完整；它的目的是提高程序执行迭代循环的能力。根据 "Operations Log."，这次旅行的日期是 2 月 20 日。

[42] BRL 成员继续在 "60 指令集" 上工作到 3 月，所以梅特罗波利斯和冯·诺伊曼使用转换器的决定，使全范围的两位数指令毫无疑问背离了 BRL 的既定计划。然而，他们的想法可能并不像他后来所说的那样具有原创性。在他们 2 月 20 日访问之前，就已经有了使用全范围两位数代码的概念，从 1948 年 1 月 19 日偶尔出现的日志中可以看出，他们计划开发一个 "99 指令集"，显然是为了与寄存器内存一起使用。这也需要用转换器解码。因此，尽管梅特罗波利斯负责重新配置以使用转换器的初始计划，但他可能是在现有计划的基础上开发寄存器的（预计在 1948 年 5 月左右到达）。

[43] 以前的记载表明，ENIAC 在增加转换器和转换为完整的 100 指令集之前，已经使用 60 指令集操作了一段时间。例如，参见 Neukom, "The Second Life of ENIAC" 和 Fritz, "ENIAC—A Problem Solver."

[44] 基本序列的设置参见 ENIAC–NARA 中的 "ENIAC—Details of code (16 Sep, 1948)" 和 "Detailed Programming of Orders"。这些是 ENIAC 在 BRL 职业生涯中被记录在册的设置的原始资料。

[45] Ulam to von Neumann, May 12, 1948, JvN–LOC, box 7, folder 7.

[46] 关于 ENIAC 是否曾被短暂的 "重新转换" 回原始模式运行弹道计算，说法不一。Clippinger ("Oral History Interview with Richard R. Mertz, December 1, 1970") 后来说有这回事。但是，我们在这段时间（整个 1949 年 8 月）的日志里没有发现证据。1949 年 2 月，冯·诺伊曼抗议说，"两次修改" 将损害对原子能委员会至关重要的 ENIAC 的独特功能，而且 "花费的时间将远远超出乐观估计"。在这之后，BRL 官员伯纳德·迪姆斯代尔 (Bernard Dimsdale) 发出的转换回去的命令就被 ENIAC 员工忽略了。(von Neumann to Kent, March 16, 1949, JvN–LOC, box 12, folder 3).

[47] E.g. "Operations Log," April 2, 1948. 蒙特卡洛程序使用了一个为特定应用程序提供的 "计数" 指令。该指令未出现在任何详细描述的指令集中，为 ENIAC 指令集的可塑性提供了证据。

[48] "Operations Log," April 14 and May 17, 1948.

[49] Ballistic Research Laboratories, *Technical Note 141:Description and Use of the ENIAC*

Converter Code; W. Barkley Fritz, *BRL Memorandum Report No 582:Description of the ENIAC Converter Code* (Ballistic Research Laboratory, 1951).

[50] 一个累加器装不下十二位的数。最初的三个函数表有 104 行，但是到 1951 年，ENIAC 已经买了第四个"高速函数表"，后来的转换器代码只允许编程访问每个表的 100 行。

[51] J. O. Harrison, John V. Holberton, and M. Lotkin, Technical Note 104: Preparation of Problems for the BRL Calculating Machines (Ballistic Research Laboratories, 1949).

[52] ENIAC 使用的是十进制数，影响其算术准确性的因素比随后许多使用二进制的机器更容易让程序员理解。然而，它缺少浮点运算能力，之所以这么说，是因为它不能把跟踪小数点隐含位置的任务委托给计算机硬件。例如，当用公制单位表示时，引力常数是 667 384。ENIAC 累加器 10 位数字的前面几位会用一串 0 填满。因此，程序员会将这个数字存储为 667 384，并自己做一个备注，说明任何涉及它的计算结果都需要适当地更正。这有助于解释配备转换器代码和充足的高效移位指令的重要性。具有浮点功能的计算机将使用硬件来跟踪实际存储的数字前后零的数量，从而减轻了程序员的负担。

[53] 由于 ENIAC 的序列和存储空间较小，而运算执行速度很快，通常更希望用低阶近似，小间隔，多步逼近的方式逐步近似。Harrison, Holberton, and Lotkin, *TN104:Preparation of Problems*, 22.

第八章

ENIAC 与蒙特卡洛仿真

讲完了 ENIAC 向现代代码范式的改造，我们现在回到 1947 年，继续讲述蒙特卡洛程序开发和运行的故事。正是蒙特卡洛程序激发了 ENIAC 向现代代码范式的改造，它也是这台机器改造后的第一个任务。

知识交易

彼得·盖里森在他的经典论文《计算机仿真和知识交易区》(*Computer Simulations and the Trading Zone*) 里讨论了蒙特卡洛计算，将早期的计算机模拟描述为异质社区的产物。该社区具有"以计算机为中心的共同活动"产生的"一组新的共同技能，一种产生科学知识的新模式"[1]。围绕这个共同的目标，不同种类的专业知识互相"交易"。盖里森说，ENIAC 的蒙特卡洛计算"在计算机上人工构建了一个可以做'实验'（他们的术语）的世界"，它"将物理学引向偏离了传统实验物理和理论物理的新的研究方向"[2]。仿真作为一种新的科学实验，此后一直都是科学哲学家和计算机历史学家关注的主要问题[3]。

盖里森的讨论之所以影响深远，更多是因为它所引入的概念和论点，而不是因为它以 ENIAC 为叙事中心线索对 ENIAC 早期核计算的具体特性的分析，或盖里森对 ENIAC 早期模拟的分析。盖里森首先详细描述了 1944 年约翰·冯·诺伊曼处理核武器爆炸产生的流体动力冲击时所采用的数值方法。虽然 ENIAC 的第一个实际问题是 1945 年底和 1946 年初运行的核聚变武器点火简化模型，但那不是蒙特卡洛仿真。盖里森在存档的往来通信中挖掘出了伪随机数生成技术的资料，以及冯·诺伊曼 1947 年发表的模拟裂变反应中子传播的计划草图。不过，他并没有继续追踪下去，甚至没有提到这些计划的设想最终形成了一套不断发展的 ENIAC 程序，并在 1948 年到 1949 年期间至少运行了四轮不同的蒙特卡洛裂变仿真。相反，他的叙述从 1947 年冯·诺伊曼对核裂变技术的热情，一下子跳到了 1949 年和 1950 年洛斯阿拉莫斯的科学家努力对另一个完全不同的物理系统进行的模拟：爱德华·泰勒设计的"超级"核聚变炸弹[4]。安·菲茨帕特里克的著作从洛斯阿拉莫斯的角度填补了这段空白[5]。

蒙特卡洛方法在 ENIAC 上首次实现了计算机化，这对科学计算和运筹学研究具有重要的意义。蒙特卡洛的原始代码经过改造，在洛斯阿拉莫斯和利弗莫尔的计算机上运行起来，是武器设计实践的核心工具。这两个实验室是世界上高性能计算机系统最重要的两个买家。根据唐纳德·麦肯齐的说法，它们对仿真算法的需求直接影响了超级计算机体系结构的发展[6]。蒙特卡洛方法是通过计算机模拟，实现科学实践转变的最重要和最广泛采用的技术之一。

蒙特卡洛方法除了在科学史上具有重要地位之外，1948 年在 ENIAC 上运行的蒙特卡洛程序在软件发展史上也占有相当地位。1948 年 4 月和 5 月运行的程序是第一个计算机化的蒙特卡洛仿真程序，也是第一个以新范式编写的程序，可以在任何计算机上执行。我们找到了几个原始的流程图（其中包括1948 年春季计算的最终版本）、整个程序代码的第二个主要版本，以及描述第一版程序和第二版程序之间变化的详细文档。我们还查阅了 ENIAC 操作日志。该日志记录了这段时间里机器在每一天的相关活动，以及将 ENIAC 改造成能运行现代编码范式代码过程的每一步细节。我们相信，ENIAC 的蒙特卡洛程序是 20 世纪 40 年代在所有计算机上运行的应用程序中文档保存最好的，依据它们完全能够详细地重建实际运行的程序。

我们所记录的演进——从计划到一系列流程图和设计文档，再到后来的几次修订和代码扩展——是我们第一次观察到后来被称为软件开发生命周期的完整过程。尽管计算领域的历史学家有充分理由，对寻找所谓的"第一次"保持警惕态度，但在这一领域的发展初期，这些"第一次"依然占据了主导地位，所有这些都赋予蒙特卡洛计算不可否认的历史价值。

蒙特卡洛计算也揭开了约翰·冯·诺伊曼和他在普林斯顿的合作者的研究工作中，尚未被充分探索的一面。早些时候，计算的表达形式要么是线性的顺序计算，要么是指令的纸带，或者是物理上头尾相连的控制纸带。与这种方法相比，冯·诺伊曼及其同事已开始深刻理解现代代码范式的含义，认识到分支和循环控制结构的灵活性。我们将重现他们对计算结构思考方式的转变过程。

蒙特卡洛仿真的起源

蒙特卡洛不是一个单一的方法。相反，术语"蒙特卡洛"描述了一套包含许多专门技术的广泛方法。顾名思义，蒙特卡洛方法的决定性因素是概率法则的应用。在传统的做法中，物理学家用简洁的方程描述大量粒子间相互作用的结果。例如，爱因斯坦的布朗运动方程描述了气体云随时间的扩散，不需要模拟单个分子的随机进程。

在许多情况下，即使影响单个粒子运动的因素可以被相当准确地描述出来，但要获得预测整个系统行为的可处理方程依然难以达到。其中，洛斯阿拉莫斯实验室非常感兴趣的一种情况是自由中子快速穿过核武器的过程。第二次世界大战期间加入洛斯阿拉莫斯实验室，后来参与发明氢弹的数学家斯塔尼斯拉夫·乌拉姆说："洛斯阿拉莫斯实验室的大多数物理问题可以简化成粒子之间相互作用的组合，它们互相碰撞、散射，有时还会产生新的粒子。"[7]

给定一个中子的速度、方向、位置和一些物理常数，可以很容易地计算出，在接下来极短的一瞬间内，它撞到一个不稳定原子的原子核，并有足够力量打破原子核释放出更多中子的裂变过程的发生概率。他们还可以估计出中子完全从武器中飞出、在碰撞后改变方向或被卡住的可能性。但是，即使是在核爆炸的极短时间内，这些简单的活动都能够组合成几乎无数个不同的序列。这甚至让聚集在洛斯阿拉莫斯的杰出物理学家和数学家们都难以接受。他们曾试图简化不断扩散的概率链，但最终也难以求出传统的解析解。

电子计算机的出现提供了另一种选择，即模拟一系列虚拟中子随时间推移的过程。当常规炸药压缩武器的核心形成临界质量，并触发爆炸的时候，虚拟中子代表此时核弹的中子引爆器所释放出的粒子。在成千上万个随机事件中跟踪这些中子，可以在统计学上解决这个问题，产生与程序参数所描述的实际分布非常接近的中子活动历史。如果发生裂变的中子数量增加，那么一个自我维持的链式反应就开始了。链式反应在核弹芯爆炸为碎片的瞬间结束，因此，自由中子的迅速扩散——以武器设计者称为"阿尔法"的参数来测量——对核弹将浓缩铀转化为毁灭性力量的有效性至关重要 [8]。

据估计，投放在广岛的核弹中的 141 磅的高浓缩铀只有百分之一左右发生了裂变。核弹设计者还有很大的改进空间。利用蒙特卡洛方法，可以根据小规模的引爆试验估计各种武器设计方案的爆炸威力，从而保护美国宝贵的武器级铀和钚储备。从本质上讲，这是一种模拟和简化现实的实验方法。

蒙特卡洛方法的起源已经在一些历史和回忆录中有过记述，我们在这里无需赘言。斯塔尼斯拉夫后来回忆说，1946 年在从洛斯阿拉莫斯到拉米（Lamy）的长途汽车旅行中，他和冯·诺伊曼提出了这种方法的基本设想 [9]。接下来几年里，两人和他们在洛斯阿拉莫斯的几位同事一起，在科学界积极推广这种新方法。例如，1946 年 8 月 13 日，摩尔学院讲座讨论了它的可能用途 [10]。

洛斯阿拉莫斯蒙特卡洛仿真的早期规划

"蒙特卡洛仿真"的最早证据，是 1947 年 3 月 11 日约翰·冯·诺伊曼写给洛斯阿拉莫斯物理学家罗伯特·里克特迈耶（Robert Richtmyer）的一封信。信中包含了详细的、模拟中子在原子弹各种材料中扩散的计算计划 [11]。冯·诺伊曼在这封信里提出的物理模型是一组同心的球形区域，每个区域包含指定的三种类型材料的混合物：发生裂变的"活性"材料，将中子反射回炸弹核心的"缓和"材料（tamper material），以及在中子发生碰撞之前缓冲减速的材料[12]。

球形模型简化了计算，模拟中子路径所需的唯一数据是它与中心的距离、相对于半径的运动角度、速度和经过的时间[13]。这就是次年将在 ENIAC 上使用的物理模型。里克特迈耶在 1959 年的一次演讲中，对这一模型的解释令人信服。他指出这个计算"是有史以来最复杂的，它们在临界和超临界系统中模拟了完整的链式反应，初始时刻假定中子在空间和速度上的分布，随后是反应过程中的所有细节"，他继续说道："为了对早期工作处理的应用问题有个印象，我们考虑了一个临界装置模型，它简单到只由可裂变材料如 U235 制成的小球体组成，周围环绕着由散射材料构成的同心圆壳……"[14]

冯·诺伊曼这样描述这个计划："当然，它既不是计算员（人）团队实际的'计算表'，也不是 ENIAC 的设置，但我认为它应该是两者的基础。"从冯·诺伊曼使用这一模型的详细考虑，还有他得出的结论——"这个问题……以数字的形式出现，非常适合 ENIAC"，均可以看出，他对使用 ENIAC 来模拟核反应的倾向已经很明显了[15]。这个时候他似乎还没有想过改进 ENIAC 的编程方法。

在初始编程模式下，ENIAC 程序的最大复杂性是由散布在机器全身的各种约束条件决定的。这些约束条件非常复杂，它们之间的相互作用取决于特定的程序。冯·诺伊曼认为"这张'计算表'上的指令很可能没有超出 ENIAC 的'逻辑'能力"[16]。他打算将该计划作为一个单独的 ENIAC 设置来实现，用函数表保存所有表示特定物理配置的数值，只要给函数表输入新的数据，不用改变 ENIAC 上蒙特卡洛编程设置的其他单元，就可以对不同的材料组件进行测试。

冯·诺伊曼计划用每张穿孔卡片代表一个中子在某一时刻的状态。读完一张卡片后，ENIAC 会模拟中子穿过炸弹的下一步状态，然后打印出一张表示中子更新后状态的新卡片。随机数用来确定中子前进多远就会与另一个粒子碰撞。如果中子进入含有不同物质的区域，就被认为是"逃逸"了，穿孔卡片会记录它从一个区域移动到另一个区域的位置。如果没有"逃逸",则需要进一步地随机选择来确定碰撞的类型:中子可能会被它撞击的粒子吸收(在这种情况下,它就不再继续参与模拟了);或者被粒子反弹,并以随机改变的方向和速度发生散射;或者碰撞引发裂变,产生最多四个随机方向的"派生"(daughter)中子。碰撞的结果打孔在卡片上,然后输出的卡片包被重新输入给机器,根据需要重复跟踪处理链式反应的进程。

冯·诺伊曼希望利用外部的计算资源为洛斯阿拉莫斯实验室服务,这一点完全可以理解。因为在 1952 年之前,洛斯阿拉莫斯实验室最复杂的计算机就一直是 IBM 的穿孔卡片机。但他们对计算能力的需求是如此迫切,甚至在 ENIAC 还没有宣布全面投入使用的 1945 年底,实验室的一个小组就独自占用了 ENIAC 好几个星期。几年之后,国家标准局(National Bureau of Standards)的东部自动计算机(SEAC)即将投入使用的时候,尼克·梅特罗波利斯和罗伯特·里克特迈耶便从洛斯阿拉莫斯赶来强行征用了这台计算机[17]。洛斯阿拉莫斯的代码还在 IBM 纽约总部的 SSEC(选择性序列电子计算器)样机上运行过。

1947 年 3 月,冯·诺伊曼在给斯塔尼斯拉夫·乌拉姆的信中报告说:"赫尔曼和阿黛尔·戈德斯坦从 ENIAC 的角度对计算装置进行了更仔细的研究。"他继续说:"他们可能会在几天内准备好一个相当完整的 ENIAC 设置。就像我发给你的那样(假设所有的经验函数都是三阶多项式近似),这个设置似乎会消耗 ENIAC 百分之八十到九十的编程能力。"[18] 目前还不清楚,戈德斯坦夫妇在放弃该方法之前,离建立一个传统的 ENIAC 蒙特卡洛设置还有多远。正如我们在前一章所讨论的,他们最迟在 5 月中旬就开始转向支持现代代码范式的 ENIAC 配置了。ENIAC 的初始设计方案对它能够成为一台通用的多功能计算机来讲限制颇多,通过放松大部分的约束,蒙特卡洛程序的发展比最初冯·诺伊曼所勾画的更为雄心勃勃,其代价就是 ENIAC 被改造成新的控制方式,并推迟运行了一段时间。这也意味着,ENIAC 原有的编程风格,以及 1945—1946 年它在摩尔学院运营期间积累的经验都被放弃了,转而采用了还比较陌生的 EDVAC,以及高等研究院研制的计算机所使用的相关方法。

　　1947 年下半年，洛斯阿拉莫斯蒙特卡洛仿真计算的大部分工作都是在普林斯顿高等研究院的一个办公室里完成的。办公室成员包括阿黛尔·戈德斯坦和罗伯特·里克特迈耶，他们作为洛斯阿拉莫斯实验室的委派代表，与私下里被称为"普林斯顿附楼"的实验室进行交流[19]。然而，他们工作的重点很快从蒙特卡洛仿真转移到 Hippo。Hippo 是另一种不同的原子模拟。从 1947 年到 1948 年，阿黛尔·戈德斯坦一直在为 Hippo 编写 ENIAC 代码，直到 ENIAC 累加器内存所内含的无法克服的限制条件迫使她转向 IBM 的 SSEC。

　　为蒙特卡洛仿真绘制流程图和编码的主要责任，似乎已经转移到这个忙碌的办公室里的第三个人——克拉拉·冯·诺伊曼［克拉里，Klara（"Klari"）von Neumann］的身上。1937 年，约翰·冯·诺伊曼定期访问家乡布达佩斯时遇到了克拉拉·丹（Klara Dan）。1938 年，在他们均与之前的配偶离婚（冯·诺伊曼的妻子已经离开他了）之后，两人便结了婚。这是他的第二次婚姻、她的第三次婚姻。欧洲的战争开始时，新的冯·诺伊曼夫人已经适应了普林斯顿大学学者妻子的角色。随着战争愈演愈烈，她的丈夫也越来越忙，越来越出名，还经常不在身边。他们的婚姻关系开始变得紧张起来[20]。

　　1947 年 6 月左右，当克拉拉·冯·诺伊曼正式开始为 ENIAC 改造计划和蒙特卡洛编程作出贡献时，她才 35 岁[21]。她家境富裕，门第高贵，且是在一个鼓励智力全面发展的环境中长大的，但是她接受的数学和科学相关的正规教育在英国寄宿学校读书时就结束了。她后来写道："我懂得一些代数和三角学，刚够入学的资格。这大约是 15 年前的事了。我对数学老师坦白，所学的东西我一个字也不理解。老师欣赏我的坦率，才让我通过了考试。"[22] 1945 年圣诞节，她在洛斯阿拉莫斯访问，很欣赏实验室中东欧科学家之间那种轻松愉快的同志情谊。乔治·戴森《图灵的大教堂》（Turing's cathedral）一书对她描述道："克拉里（译者按，克拉里即克拉拉）和约翰尼（译者按，约翰尼即约翰·冯·诺伊曼）之间的火花重新点燃，他们开始合作，共同参与他的计算机项目。"克拉拉非常轻松地接受了这一工作，但后来她的自我否定又回来了。她将自己贬低为一个"数学白痴"，认为为约翰服务就像皮格马利翁一样，试图把一个毫无学术前景的人塑造成计算机编码者，充当约翰的"实验小白鼠"。

她发现，编程"就像非常有趣又相当复杂的拼图游戏，外加（我）正在做一些有用的事情这一额外的精神动力"[23]。

从计算计划到流程图

普林斯顿团队在冯·诺伊曼和赫尔曼·戈德斯坦系统编程方法的指导下，将原始计算计划转化成了完整的 ENIAC 程序设计。他们关于"电子计算仪器的规划和编码问题"的第一份报告发表于 1947 年 4 月。这份报告提出了将数学表达式转换为新的编码范式程序的方法，这个相当严格的方法的核心就是流程图[24]。这种技术比此后几十年里介绍性的计算文本中表示操作序列的简化流程图要细致得多，数学表达能力也强得多。

在给里克特迈耶的信中，约翰·冯·诺伊曼把计算过程表示成包含 81 个简单步骤的序列，其中大多数步骤涉及对某个值的检索或计算。用谓词描述当前状态的某些属性，并通过对谓词进行评估，指定后续步骤应该执行还是应该忽略。

相比之下，流程图明确展示了一个计算任务内可能的控制路径的分离和合并。它们用图展示了现代代码范式的程序行为，这些程序可能的执行路径会根据条件转移指令的指向而出现分支。在某些情况下（例如，当决定一个中子在组件中是向内还是向外运动时），计算计划转换成流程图是相当简单的。而在其他情况下，则需要对原来的计算结构做重大修改。

1947 年的两个完整的蒙特卡洛仿真流程图以及一些局部和汇总图被保存了下来。借助这些图，我们可以追溯到该计划初始版本的准备工作的大量细节。这个版本最终形成了一个完整的图表，注明的日期是 1947 年 12 月 9 日[25]。程序开发中使用的记号和方法，似乎相当严格地遵守了"规划和编码"报告中的规则，开发的成功已经证明了这套方法和记号是有效的。这些图表本身相对容易理解，它把该计划最终版的大量信息都压缩到了一张纸上。

早期的图表是约翰·冯·诺伊曼绘制的。与之相关的还有在 ENIAC 第三个函数表中存储数值数据的计划，以及对程序运行时间的估计[26]。流程图中每个框的"重复率"（在通常的一次计算中被执行的次数），乘以这个框执行代码所花费的时间，就可以估算程序执行的时间。这需要知道各种指令运行的"加法时间"（"加法时间"是 ENIAC 程序的时间度量单位）的数量。这些估计值的存在意味着，蒙特卡洛程序的编码指令最初采用了 1947 年秋季的 60 指令集。我们只找到了代码的片段，其中最重要的部分是用来生成伪随机数的子例程[27]。后来有了表示计算高层结构的总览流程图，运行时间的估计又有所改进[28]。

1947 年 12 月的流程图包括 79 个操作框，其中许多操作框还包含了多个计算步骤，以当时的标准来看，这是一个复杂的程序。流程图不断根据设计的进展和计算各部分的算法的修改进行更新，如表 8.1 所示。该程序经过精心设计，组织成相对独立的功能区域，其中许多是单入单出的模块。这种结构首先在冯·诺伊曼的图中出现过。他的图在空间上被分成 10 个不同的子图，由连接器连接。随后的总览图明确标注了 12 个区域，在 1947 年 12 月的图表中清晰可见，其中许多区域之间的边界都用"存储表"的形式标注了出来，记录了在前一个区域中计算的变量和分配给每个区域的累加器[29]。

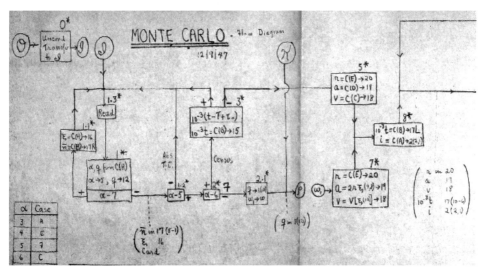

图 8.1　1947 年 12 月的流程图中的 11 个操作框的细节，操作框一共有 79 个。[根据美国国会图书馆原本复制，玛丽娜·冯·诺伊曼·惠特曼（Marina von Neumann Whitman）提供]

表 8.1　蒙特卡洛方案的区域结构和演变概况

区域	描述	冯·诺伊曼/里克特迈耶计划（1947 年初）	冯·诺伊曼流程图（1947 年夏）	"第一轮运行"程序（来自 1947 年 12 月流程图），1948 年夏	"第二轮"运行程序（1948 年秋）
A	读卡片，存储中子特征。如果中子是裂变产物，重新计算其方向和速度值	0	0*–8*	1*–8*	重构的初始卡片：0–6，输出卡片：10–16
A	计算参数 λ*，由区域 E 引用，确定碰撞距离	N/A（由外部产生数字）	9*–17*	新算法 1*–4*	40–45
B	求中子的速度间隔；这个值在区域 E 中使用以查找相关的横截面值		$\overline{1\text{–}13}$	简化的 $\overline{1\text{–}7}$	30–36
C	计算到区域边界的距离	1–15	18*–23*	18*–23*	20–26
D	计算区域内材料的横截面		$\overline{14\text{–}17.1}$	$\overline{14\text{–}17.1}$, 24*	46
E	确定当前轨迹的结束事件是碰撞或逃逸	16–47	24*–27*	25*–27*	47–49
E	确定是否首先进入统计		28*–29*	28*–30*	50–54
F	区分结束事件。根据需要更新中子特性	47	30*–35*	31*–35*	55–57
G	刷新随机数		行内代码 6*	子例程 ρ／ω	子例程 ρ／ω

（续表）

区域	描述	冯·诺伊曼/里克特迈耶计划（1947年初）	冯·诺伊曼流程图（1947年夏）	"第一轮运行"程序（来自1947年12月流程图），1948年夏	"第二轮"运行程序（1948年秋）
H	确定碰撞类型（吸收、散射或裂变）	48–53	$\overline{18-27}$	$\overline{18-27}$	65–69
J	弹性散射	54–59，61–68	51*–52*	51*–52*	74–76
K	非弹性散射		53*–54*	53*–54*	75–78
L	吸收／分离	54–59，65–81	36*–46*	简化的 36*–39*，46*	70–73
M	打印并重新启动主循环	无循环 51，69，73，77，81	47*–50*	37.1*，47*–50*	58–64
N	区域逃逸	48–50	计算循环，没有打印		新过程 79–85

注：对流程图的描述是我们自己完成的，但是所分配的结构和字母均来自原始流程图。单元格中的数字是各个图表中的方框标签。

由上表可以看出，表 8.1 中为流程图里的操作框分配数字的约定相当混乱，从这里也能追踪编程的发展过程。框 0* 到 54* 的基本序列已经实现了初始计算计划的功能。根据 4 月初洛斯阿拉莫斯的意见，冯·诺伊曼对原始方案做了一些修改。ENIAC 原始的编程方法改造到新的现代代码范式，显著地扩展了程序的范围和复杂度。原始代码序列只占最终代码的一半多一点。随着开发的进展，从最初的计划到第一个蒙特卡洛程序，更改的范围远远超出了存储机制或表示过程的不同符号，已经改变了计算过程本身的结构。除其他事项外，这些变化减少了卡片操作（卡片操作要比电子处理慢数千倍）的次数，还使 ENIAC 整个蒙特卡洛过程中有更大的部分能够自动化。在下面的小节中，我们总结了 1947 年作出的五项重要改变。

变化 1：放松的符号系统

流程图草图的演变说明了使用这种技术来开发实际程序的过程。约翰·冯·诺伊曼早期的流程图严格使用了《规划与编码》（*Planning and Coding*）报告中所公布的符号：符号名称表示存储位置；替换框和操作框用于将数学符号跟存储处理区分开来。冯·诺伊曼略微扩展了符号系统，把操作包含在另外的方框中，在操作框和存储框中使用注释，来记录输入输出操作的效果。

ENIAC 团队成员发现，报告中定义的完整方法过于笨重烦琐。到了 12 月，他们使用的流程图符号发生了明显的变化。例如，存储位置的符号标签变成了直接引用 ENIAC 的累加器。关于数据存储也作出了一些决定。报告中对不同类型的方框及其内容的仔细区分也变得越来越模糊：操作框在很多地方取代了控制循环的替换框，存储更新本应该出现在单独的操作框里，却在其他方框里出现得越来越频繁。

变化 2：随机数子例程

蒙特卡洛仿真的核心是根据结果发生的概率进行选择。这些选择是由随机数驱动的，1947 年洛斯阿拉莫斯需要的随机数达到了前所未有的数量。在冯·诺伊曼最初的计算计划中，输入 ENIAC 的每一张卡片都包含决定一个中子命运的随机数。将这些数字放到卡片上，需要使用外部过程来生成包含随机数的卡片，然后使用传统的穿孔卡片机进行合并，从而创建一张新卡片，其中包含有特定中子的数据（从一张卡片读出）和随机数的新卡片（从另一张卡片读出）。

随着计划的继续开展，冯·诺伊曼发现，ENIAC 本身就可以在任何需要的时候产生伪随机数。他在几封信件中都描述了生成伪随机数这一技术，大致的过程是求出一个 8 位数或 10 位数的平方，然后提取中间的几个数位作为伪随机数[30]。由于采用了新的编程模式，程序逻辑的复杂程度只受函数表中可以用来存储指令的空间的限制，蒙特卡洛程序可以自己生成随机数字，这比从穿孔卡片上读要快得多。

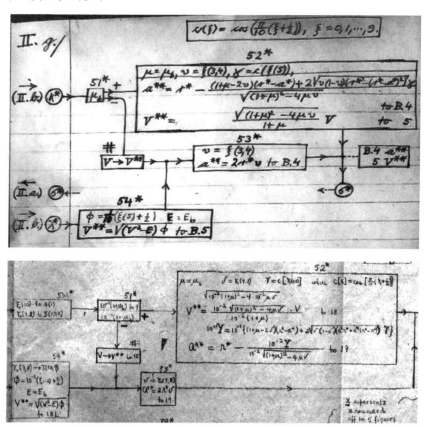

图 8.2　这部分计算的结构和数学方法在几份不同的草稿之间几乎没有变化，但在冯·诺伊
曼早期草稿（上图）中，流程图指的是符号存储位置（如 B.4）。而 1947 年 12 月的版本（下图）
中，则直接使用累加器符号（例如，19）。注意单个流程图框（如 52＊）中包含的复杂表达式。
（转载自美国国会图书馆，玛丽娜·冯·诺伊曼·惠特曼提供）

　　在早期的流程图草稿中，生成随机数的过程（缺少所用算法的详细信息）
由 3 个方框组成的集群表示，并在计算中需要新随机数的 4 个位置简单复制即
可。1947 年 12 月的版本将这个流程的详细处理放在一个特殊的框中，从流程
图里两个不同的位置输入。新产生的随机数放在 ENIAC 的累加器中，需要时
可从中检索[31]。这里利用了新的子程序概念；同时，它还展示了（这显然是
第一次）将子程序调用合并到戈德斯坦－冯诺伊曼流程图符号中的情况[32]。
到目前为止，"规划和编码"系列报告尚未提到子程序；它们将在 1948 年最终

安装后再讨论。然而，1947 年 4 月的报告里确实引入了"可变远程连接"表示法。在这种表示法中，跳转的目标是动态设置的。1947 年 12 月的流程图使用了一个可变远程连接，控制子程序框结束后回到主序列。

历史学家马丁·坎贝尔 – 凯利把"封闭子程序"定义为"程序里只出现一次，在需要的地方通过特殊控制转移的序列调用"。人们通常认为，这一技术要归功于戴维·惠勒（David Wheeler）在 EDSAC（于 1949 年投入使用）上的相关研究工作[33]。"封闭子程序"与"开放子程序"不同，"开放子程序"根据需要完全复制代码，是几年前哈佛大学 Mark Ⅰ 上使用的方法。我们认为ENIAC 上的这一版蒙特卡洛程序，是第一个有封闭子程序的代码程序[34]。

改变 3：查找碰撞截面数据

在特定的时间段内，运动物体撞到障碍物的可能性会随其速度而变化，同样，出现破坏性结果的可能性也发生变化。在核物理中，中子与原子核相互作用产生吸收、裂变或散射等结果的概率被称为碰撞截面（Collision cross-section）。这个概率同时取决于中子的速度和它所穿过的物质的性质。冯·诺伊曼在原始计划里把碰撞截面表示成速度的函数，他注意到这些函数可以用多项式进行制表、插值或作粗略估计。制作第一个流程图时，冯·诺伊曼决定使用查表的方法。中子速度的取值范围被分成 10 个区间，每个区间给定了 160 种可能发生的碰撞类型、速度区间和材料的组合。代表每种组合的截面值存储在函数表的一个数组里，冯·诺伊曼的流程图包含了一个新的方框序列 $\overline{1}$ 到 $\overline{27}$，用来处理查表的过程[35]。

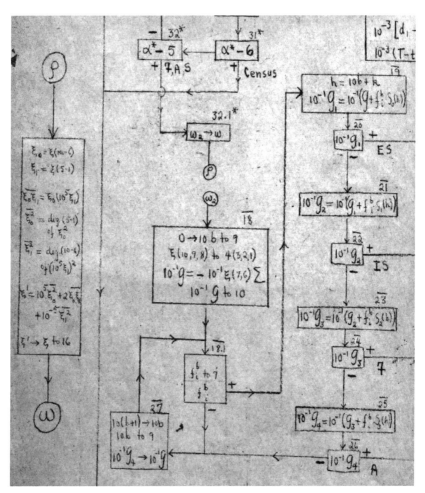

图 8.3　1947 年 12 月流程图里的一个细节，显示子程序（左）和调用它的点（框 32.1* 之后的 ρ，可变远程连接设置从 ω 改为 ω2，完成子程序后从框 18 开始继续执行程序）。（根据美国国会图书馆的原本复制，玛丽娜·冯·诺伊曼·惠特曼提供）

　　通过在区间边界表中搜索，可以找到中子的速度区间。这个搜索用循环代码来实现，是一个早期的迭代过程的示例，其目的不是简单的计算。确定了速度区间之后，通过计算当前参数组合对应的地址，可以很容易地从函数表中检索到合适的截面值。

　　关于搜索的设计经过了多次修改。将中子的速度与函数表的中间值进行比较，然后根据需要再对表的上半部分或下半部分进行线性搜索，从而找到正确的中子区间。在图 8.4 流程图的初始分支中可以看到这种策略，每种情况都有两个结构类似的循环。最初，函数表里当前位置的地址 m 用于控制循环，然后根据循环终止的方式（从框 $\overline{10}$ 到框 $\overline{13}$）计算区间 k 的数量。不过，这种方式很快就被修改成用区间个数本身来控制循环，从而大大简化了终止条件。这些变化给团队留下深刻印象，他们渐渐对现代代码范式中高效编程的常用技术有了认识。

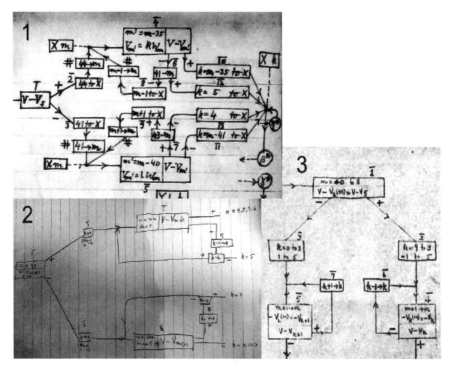

图 8.4 B 区是查找一个中子的速度区间的流程图，有三个逐步优化版本。图 1 来自冯·诺伊曼的原始流程图；图 3 是 1947 年 12 月的图；图 2 是一个中间版本。（未注明日期，包含 9 个框的手写流程图，JvN–LOC，11 号盒子，文件夹 8；摘自美国国会图书馆，玛丽娜·冯·诺伊曼·惠特曼提供）

引入速度区间使裂变模拟更加真实。在最初的计划中，裂变产生的"派生"中子的速度都相同。引入速度区间之后，每个区间都存储了一个称为"重心"的代表值。用当前随机数里的一个数位来选择速度区间，可以为派生中子生成不同的速度。

变化 4：统计时间

从最初的计算计划到 1948 年春季运行的程序，其间最大的变化是起初是跟踪单个中子直到它经历下一个"事件"，后来是管理这段时间的一群中子。将计算计划转换为 ENIAC 程序，需要管理多个中子和多个模拟周期，这使得该工作变得明确且部分自动化。原始计算中为一个中子处理一个事件的代码，现在被包装进几个级别的循环之中，因而既有自动的步骤，也有手工处理的相关步骤。

程序围绕"统计时间"（census times）概念进行组织。里克特迈耶在回应冯·诺伊曼最初的提议时指出，输出卡片上的信息代表了中子在不同时间点上的"快照"，而这些时间节点的跨度很大。为了"补救这个问题"，里克特迈耶建议"跟踪链式反应在一个固定物理时间段内的行为，而非操作周期的明确数量"。他继续说，"每次循环之后，所有时间大于预设值的卡片都被丢弃，剩下的将在下一个计算循环里处理"，一直重复到卡片包中的卡片数减少到零为止[36]。这个预先设定的值被称为"统计时间"。

每次统计时间结束都会生成有效中子总数的统计快照，类似各国政府在特定日期测量全国人口的特征一样。统计时间以一次震荡（shake，10 纳秒）为间隔。在曼哈顿计划中，震荡是方便测量核爆炸压缩时间尺度的标准[37]。统计（census）的概念在蒙特卡洛仿真中被广泛应用[38]。

变化 5：每个周期模拟多个事件

按照最初的计算计划，每个计算周期只追踪一个中子的进程，直到下个事件（散射、带逸出、总逸出、吸收和裂变）发生，然后产生一张或多张表示事件结果的新卡片。新编程模式提供了额外的逻辑复杂性，使 ENIAC 可以模拟中子生命中的多个事件，并把中子状态打孔记录在新卡片上。如果中子被散射或移动到新的区域，但还没有达到统计时间，此时不会立即生成输出卡片，计算将回到更早的阶段，继续跟踪中子活动的进展。这样增加了程序的复杂性，但减少了需要人工处理的卡片数量。

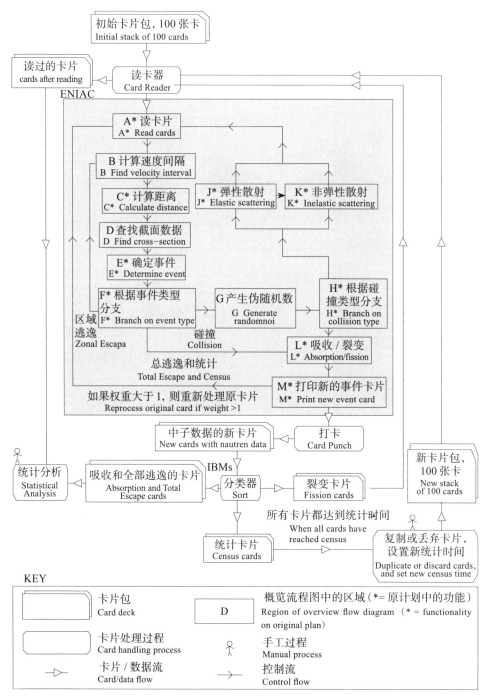

图8.5 图中的阴影区域是"第一轮运行"的蒙特卡洛程序结构，包括程序区域。没有阴影的区域是 ENIAC 外部的卡片操作。

图 8.5 概述了这些更改在实践中是如何工作的。首先，从输入槽中一次读取一张卡片。紧接着，ENIAC 会在一张或多张输出卡片上穿孔。如果一个中子在统计时间结束时没有发生状态变化，就不再继续追踪它，ENIAC 会输出一张带有最新信息的"统计"卡片。若自由中子被吸收或从武器中逃逸，那么这一终结性事件被记录在输出卡上，供以后分析。如果它的最终碰撞导致裂变，其释放的派生中子的数量将作为"权重"输出在卡片上。

然后，ENIAC 操作员会使用一个配置好的分类器——这是一种专用的穿孔卡片机——把输出的卡片分到三个槽中。一个槽存放终结事件卡片，代表逃逸或被吸收的、不必再处理的中子；另一个槽存放统计卡，代表已到达当前统计时间但没有发生事件的中子；第三个槽里放的是发生了裂变事件的中子卡片。在一次核爆炸中，平均而言，每个自由中子在每一次震荡（统计时间）中都会触发裂变事件[39]。由于目前的统计时间还没有结束，代表裂变的卡片被拿到 ENIAC 的输入槽中，ENIAC 把它们一次性读入，在内部反复处理。每次处理运行都模拟一个裂变产生派生中子的进程，直到下次统计时间或者终结事件发生。如果有进一步的裂变，则输出卡片，然后分类。这个过程一直重复到 ENIAC 的输出槽里不再有代表裂变中子的卡片。

当每个中子都已经到达统计时间，便开始下一个统计周期。输出的卡片包代表前一周期结束时仍然活跃的中子，操作员从这些统计卡片中手工复制或丢弃一部分，组成一个新的刚好有 100 张的卡片包。尽管在引爆器触发后，炸弹内部实际的中子数量通常会急剧上升，研究小组决定每次统计开始时都使用相同数量的中子卡。样本量随着模拟对象数量的增加或减少而波动，或者牺牲准确性，或者损失实用性。样本量大，就需要给更多的卡片打孔，花更多时间，做更多工作。数量较小的样本更容易处理，但作为被模拟的较大群体的代表，在统计上的可靠性比较低。

计算期间所有打孔的卡片都保留下来。它们可以用来分析和展示中子裂变在时间和空间上的分布，这是里克特迈耶提到过的理想情况。它们还会揭示中子的速度趋势，在某一时刻逃逸和裂变事件的相对频率，以及在每次统计期间自由中子数量增长的速度。追踪后者将会帮助洛斯阿拉莫斯实验室估算出仿真过程中每一时间点上自由中子的总量——而 ENIAC 本身并没有完成这件事。

总的来说，这五个变化让我们感觉到，即便像约翰·冯·诺伊曼这样为蒙特卡洛仿真做了如此细致、具体的设计规划，从计算计划转变为实际有效的数字计算机的实现，依然需要做很多的工作。在此过程中，团队克服了一系列实践和概念上的挑战，开发和应用了我们现在认为是编程实践中不可或缺的高效技术，如子程序的使用和循环的有效编码。

注　释

[1] Galison, "Computer Simulation and the Trading Zone," 119.

[2] 同 [1]，120。

[3] Michael S. Mahoney, "Software as Science—Science as Software," in *Mapping the History of Computing:Software Issues*, ed. Ulf Hashagen, Reinhard Keil-Slawik, and Arthur L. Norberg (Springer, 2002); Ulf Hashagen, "The Computation of Nature, Or: Does the Computer Drive Science and Technology?" in *The Nature of Computation. Logic*, *Algorithms*, *Applications*, ed. Paola Bonizzoni, Vasco Brattka, and Benedikt Löwe (Springer, 2013). Isaac Record 的博士论文 Knowing Instruments: Design, Reliability, and Scientific Practice (University of Toronto, 2012) 探讨了早期蒙特卡洛仿真的哲学地位。

[4] 跳转在第 130 页的底部。第 130 页到 135 页讨论了蒙特卡洛方法在 1950 年"超级"炸弹的应用，包括 ENIAC 上的计算。

[5] Fitzpatrick, *Igniting the Light Elements*.

[6] Donald MacKenzie, "The Influence of Los Alamos and Livermore National Laboratories on the Development of Supercomputing," *IEEE Annals of the History of Computing* 13, no. 2 (1991): 179–201.

[7] Stanislaw M. Ulam, *Adventures of a Mathematician* (Scribner, 1976), 148.

[8] Fitzpatrick, *Igniting the Light Elements*, 269.

[9] Ulam, *Adventures of a Mathematician*, 196–201. 另一个第一手的描述参见 Nick Metropolis, "The Beginning of the Monte Carlo Method," *Los Alamos Science*, Special Issue 1987. 随后的注释里引用了几个第二手的处理方法。

[10] Aspray, *John von Neumann and the Origins of Modern Computing*, p. 111 and p. 288 (note 50). 蒙特卡洛仿真被公开提及的时间似乎早于著名的论文 Stanislaw M. Ulam and John von Neumann, "On Combination of Stochastic and Deterministic Processes: Preliminary

Report," *Bulletin of the American Mathematical Society* 53, no. 11 (1947): 1 120 公开发表的时间。

[11] Cuthbert C. Hurd, "A Note on Early Monte Carlo Computations and Scientific Meetings," *Annals of the History of Computing* 7, no. 2 (1985): 141–155. 这篇文章里再版的报告是后来许多计算计划讨论的资料来源，包括 Galison，"Computer Simulation and the Trading Zone，" 129–130 和 Record，"Knowing Instruments，" 137–141.

[12] 里克特迈耶的回答（也在 Hurd 1995 的文章里重印）指出，在"我们（洛斯阿拉莫斯）感兴趣的系统"里，也就是炸弹，"减速材料"可以省略。程序的第一版采纳了这个意见，不过这一层最终还是被重新加进来，用氢化铀芯模拟炸弹。

[13] 冯·诺伊曼也提出给当前的区数重新编码，省去从中子位置推算出来的麻烦。

[14] R. D. Richtmyer, "Monte Carlo Methods: Talk given at the American Mathematical Society, April 24, 1959," SMU–APS, series 15 (Richtmyer, R.D. "Monte Carlo Methods"), 3.

[15] Hurd, "A Note on Early Monte Carlo," 152 and 149.

[16] 同［15］，152.

[17] Dyson, *Turing's Cathedral*, 210.

[18] J. von Neumann to Ulam, March 27, 1947, SMU–APS, Series 1, John von Neumann Folder 2.

[19] "我期待很快就能从普林斯顿附楼听到关于第一个蒙特卡洛程序的消息。" Mark to von Neumann, March 7, 1948, JvN–LOC, box 5, folder 13.

[20] Dyson, *Turing's Cathedral*, 175–189 关注了克拉拉·冯·诺伊曼。克拉拉的情况还可以参考 Marina von Neumann Whitman, *The Martian's Daughter:A Memoir* (University of Michigan Press, 2012), 22–23, 38–39, 48–54.

[21] 1947 年 8 月 28 日一封阿曼德·凯利写给里克特迈耶的信证实，洛斯阿拉莫斯对她的聘任"已经基本上被批准了"。JvN–LOC, box 19, folder 7. 但是她的非正式参与似乎早于这封信。

[22] Klara von Neumann, "A Grasshopper in Very Tall Grass"（没有日期的回忆录），KvN–MvNW. 玛丽娜·冯·诺伊曼惠特曼记录。

[23] 同［22］。

[24] William Aspray and Arthur Burks, "Computer Programming and Flow Diagrams: Introduction," in *Papers of John von Neumann on Computing and Computer Theory*, ed. Aspray and Burks (MIT Press, 1987), 148.

[25] 为第一次运行开发的最好的流程图尺寸大约是 24 英寸 ×18 英寸，由阿黛尔·戈德斯坦手写，标题是 "MONTE CARLO Flow Diagram 12/9/47," JvN–LOC, box 11, folder 7. 我们制作了一个电子版，在网站 www.EniacInAction.com 上。后来添了两个手写注释

的副本在 HHG–HC.

[26] 十页手稿，页码是 Ⅰ，Ⅱ.a—Ⅱ.g，Ⅲ. 和 Ⅳ, JvN–LOC, box 11, folder 8. 在 JvN–LOC, box 11, folder 8 中有一张没有注明时间的手稿页，包含 ENIAC 三个函数表的计划，标记为 "FT Ⅰ," "FT Ⅱ," and "FT Ⅲ."在蒙特卡洛程序中，通常的做法是用两个表来存储程序代码，第三个 "数值函数表" 用来保存描述特定物理情况的数据。

[27] 标题为 "Refresh Random No." 的未注明日期的手稿页, JvN–LOC, box 11, folder 8. 约翰·冯·诺伊曼亲自研究生成随机数的方法，所以这很可能是以前写的，或者是与程序的其他部分分开写的。

[28] 七页未注明日期的手稿，编号从 0 到 6，还有一页标题为 "移位", JvN–LOC, box 11, folder 8. 图 8.5 的阴影区域复制了第 0 页的概览流程图结构。第 1–3 页的附加图表代表了 12 个区域中每个区域的操作框和它们之间的连接。第 4–6 页包含每个框和区域的详细时间估计。

[29] 在图 8.1 中可以看到两个存储表，其中一个由虚线连接到 box 1* 和 box 1.2* 之间的线，另一个连接到 box 7* 的右侧。

[30] 冯·诺伊曼在给 A. S. Householder (1948 年 2 月 3 日) 和 C. C. Hurd (1948 年 12 月 3 日) 的信中谈到了用 "平方取中间数字" 的方法生成伪随机数，并测试了结果的概率分布。参见 *John von Neumann:Selected Letters*, ed. Miklós Rédei (American Mathematical Society, 2005), 141–145.

[31] 这是另一个较小的优化——1947 年底，计算里生成新伪随机数的四个地方中的两个被改成了，使用已经生成的数字中特定的一些位。

[32] ENIAC 团队内部早在 1945 年就熟悉了子程序的想法："主程序可以分成若干子程序，一个步进器连接到另一个步进器，这样在常规的过程中可以选择适当的子程序执行。"Eckert et al., *Description of the ENIAC (AMP Report)*, 3–7. 这早于 *Oxford English Dictionary* 中记录的冯·诺伊曼最早使用这个词的 1946 年。

[33] Martin Campbell–Kelly, "Programming the EDSAC: Early Programming Activity at the University of Cambridge," *Annals of the History of Computing* 2, no. 1 (1980): 7–36, at 17. 坎贝尔 – 凯利把这两种类型的子例程的术语归功于道格拉斯·哈特里。

[34] 惠勒被认为是封闭子例程的发明者，公平地说，我们应该注意到蒙特卡洛程序使用简单的方法来处理返回地址，并依赖全局变量作为形参和实参。坎贝尔 – 凯利指出，EDSAC 的实践很快就超越了这些特殊的机制。同时，ENIAC 使用函数表存储器消除了从程序库定位子例程的可能，这是戈德斯坦和冯·诺伊曼，以及 EDSAC 团队在子程序方面早期工作的一个主要问题（在最后一期的 "计划和编码……"早些时候报道引用）。失去了这个特别的 "第一"，惠勒创新的实质内容几乎没有受到影响。

[35] 简单的原始操作的序列号被对原始图的修改搞混了。小插入放在有十进制数字的矩形框中，例如 20.1*。更大的修改有了新的编号序列，通过上划线或者用符号°来区分。在第二轮运行中，这些矩形框依次重新编号，每个功能区域分配了一个由 10 个数字组成的框。不过和以前一样，修改很快又导致出现了各种特殊符号。

[36] Hurd, "A Note on Early Monte Carlo," 155.

[37] K. von Neumann, "Actual Running of the Monte Carlo Problems on the ENIAC," JvN–LOC, box 12, folder 6. 作者制作了这个文件的电子版，放在网站 www.EniacInAction.com 上，供读者参考。

[38] 关于统计时间与其他可替代技术的比较，参见 E. Fermi with R. D. Richtmyer, "Note on Census–taking in Monte–Carlo Calculations" (LAMS–805, Series A), Los Alamos, July 11, 1948.

[39] 现在 1 MeV 中子的速度大约是 1.4×10^9 cm/s，裂变之间的平均自由程大约是 13 cm，所以裂变之间的平均时间大约是 10^{-8} 秒。Robert Serber, *The Los Alamos Primer* (LA–1) (Los Alamos National Laboratory Research Library, 1943), 2.

第九章

ENIAC 的运气

约翰·冯·诺伊曼和克拉拉·冯·诺伊曼把 1948 年和 1949 年洛斯阿拉莫斯实验室关于蒙特卡洛链式反应的三组主要计算，称为"第一轮运行""第二轮运行"和"第三轮运行"。每轮运行都要研究一系列"问题"，对不同的物理配置进行建模。随着经验的积累，程序代码在运行过程中不断演化。"运行"这个词与后来普遍使用的"跑"程序这一说法是相呼应的，也可能是指人员和物资在阿伯丁与其他地点之间的往返物理运动，类似于"轰炸航路"和"接送儿童（上下学的）行程"。冯·诺伊曼用"探险"一词来指代这些新的应用，以及后来前往阿伯丁进行数值天气预报实验的应用过程[1]。"探险"这个词令人印象深刻，在计算机还被看作很奇特很恐怖的事物的这个世界里，它让人联想到经过精心策划的长期而艰苦的实地考察，观察日食，发现被掩埋的城市，或者探索极地等科学传统。探险家们带着在家里永远也不可能获得的知识归来。使用 ENIAC 是一种冒险，是去往未知之地的旅行，常常也是一种折磨。

第一轮运行（1948 年 4 月和 5 月）

安·菲茨帕特里克能够读到洛斯阿拉莫斯实验室的内部进展报告和其他机密文件。在她看来，洛斯阿拉莫斯实验室在 1948 年和 1949 年间进行的所有蒙特卡洛研究工作，都集中在核裂变武器上，与以聚变为动力的氢弹研究并没有直接关系。1948 年的春天，ENIAC 完成了最初的七次计算，"在尼克·梅特罗波利斯看来，这主要是为了检验技术，没有试图解决任何武器问题"[2]。不过很明显，洛斯阿拉莫斯认为，ENIAC 对实验室在新武器设计方面的工作进展至关重要。菲茨帕特里克继续说：

> 整个 3 月和 4 月，实验室理论部主任卡尔森·马克（Carson Mark）都在每月报告里抱怨，ENIAC 改造速度缓慢，且"状况不佳"，从而造成了核裂变项目的延误。马克指出，在 ENIAC 上运行裂变问题的首要目的，是通过计算的"机械化"加速理论部的工作。[3]

即使是像约翰·冯·诺伊曼这样的关系户，也不能轻易地出现在阿伯丁，伸手向他的朋友索要 ENIAC 的钥匙。官僚程序是必须遵守的，还有一连串的指挥命令需要遵守。1948 年 2 月 6 日，冯·诺伊曼写信给洛斯阿拉莫斯实验室主任诺里斯·布拉德伯里（Norris Bradbury），请他正式申请使用 ENIAC 的机时。冯·诺伊曼在组织政治方面的直觉，对于他在新兴的联邦科学官僚机构中成为权力掮客至关重要，他提醒布拉德伯里，"在信中要强调，你是多么感谢弹道实验室对你的员工的礼遇，以及 ENIAC 对你的工作是多么的重要，等等"，并补充说："这将在政治上极大地帮助西蒙上校，也有益于未来我们与弹道实验室的关系。"[4]

关于申请使用 ENIAC 的条款，冯·诺伊曼和布拉德伯里早已经与莱斯利·西蒙上校和他的下属进行了非正式谈判，但由于天花板承包商的到来，一些新硬件的安装被推迟和其他测试方面的原因，导致了时间的拖延[5]。布拉德伯里把正式请求，包括语言奉承在内，一并送到了军械司令办公室。3 月 13 日，冯·诺伊曼写信给洛斯阿拉莫斯实验室的理论部门负责人卡尔森·马克，说蒙特卡洛问题已经"准备就绪，可以动手解决了"[6]。约翰和克拉拉·冯·诺伊曼 1948 年 4 月 8 日访问了阿伯丁，克拉拉留了下来，并在接下来的一个月里与梅特罗波利斯一起工作。那时，梅特罗波利斯已经完成了 ENIAC 向现代代码范式转变的初步改造。冯·诺伊曼也为阿黛尔·戈德斯坦和罗伯特·里克特迈耶申请了许可，但也许是由于他们忙于 Hippo 的工作，所以没有来到阿伯丁。

1948 年 4 月 17 日，蒙特卡洛计算进行了第一次成功的"生产运行"。然而机器仍然饱受各种"麻烦"困扰，计算直到 4 月 28 日才真正开始[7]。进展被硬件故障拖慢的程度，似乎远远超过了程序错误，这很有意思，因为还没有人调试过使用现代代码范式所编写的程序。但他们只发现了少量编程错误，这是由于程序计划的精心安排、普林斯顿团队对新编程风格的深入思考，可能也有 ENIAC 对程序调试相对友好这一因素。

我们没有找到第一轮运行的程序代码。不过，根据其他来源的几个资料，我们可以了解第一个蒙特卡洛仿真程序是如何可靠的工作的。首先，我们有前一章所讨论的一系列流程图。第二，我们掌握 1948 年底第二轮运行的完整的程序清单。第三，我们有一个冗长的归档文件"ENIAC 上蒙特卡洛问题的实际运行"，描述了这两轮运行使用的编程技术，明确突出了两轮运行之间所做的更改。第四，我们有第二轮运行的流程图草稿，它与第一轮运行的流程图的许多区域是相同的。最后，第一轮运行的归档材料记录了 ENIAC 累加器的数据分配、第三个函数表里常数数据的布局、使用的卡片格式，以及常数发生器的相关使用情况[8]。

第一轮运行的计算模拟了七种不同情况，每种情况都通过更改存储在第三个函数表中的一些数据来表示。里克特迈耶写道：

> 显然，某些核数据需要做实验来确定。我们必须知道所谓的宏观截面，也就是说，在每种介质中，每个单位距离内各种过程（吸收、弹性散射、非弹性散射）发生的概率，这是中子速度的函数。对于散射，必须知道角的分布，即各个散射角的相对概率；对于非弹性散射，还必须知道散射中子的能量分布；而且，对于裂变，必须知道发射出的中子的平均数目和能量分布。[9]

这一段里所提到的数据，是整个蒙特卡洛仿真在军事上最为敏感的部分。档案中保留的文件一式三份，记录了克拉拉·冯·诺伊曼在不同场合所收到的机密材料。有的机密材料（如 1948 年 1 月 16 日的"截面数据"）是她丈夫给她的[10]。

我们已经讨论了在规划过程中为 ENIAC 创建的几个指令集草案。在第一轮运行时，ENIAC 设置为 79 指令集，而不是计划的 60 指令集[11]。除了更新与指令助记符相对应的两位数代码之外，更新蒙特卡洛程序的主要挑战是在新的指令集中重新编码移位操作。

1948 年 5 月 10 日，第一轮蒙特卡洛程序运行结束了。约翰·冯·诺伊曼在 5 月 11 日给乌拉姆的信中写道："ENIAC 跑了 10 天。这 10 × 16 小时中有 50% 的时间正常运行，此外还包括两个星期天和所有处理机器问题的时间……它在七个问题上做了 160 次循环，每次输入 100 张卡片。这个时期结束时，所有有趣的粒子状态都很稳定，结果是非常有希望的，该方法显然已经获得了 100% 的成功"[12]。三天之后，他又补充道："现在输出的卡片总量超过了 2 万张。我们已经开始分析了，但要解释它还得花点功夫"[13]。

这场严峻的考验对克拉拉·冯·诺伊曼的身体造成了伤害。据她的丈夫说，"在阿伯丁被围攻之后，她的身体非常虚弱，体重减轻了 15 磅"，还去做了体检[14]。与乌拉姆夫妇一起去度假的计划也被迫放弃了。6 月，她写信给斯塔尼斯拉夫说她"非常愤怒"，因为她丈夫"阻止"她去欧洲。她现在觉得"好一点，但绝不是真正的好"，"仍在为各种检查和治疗而烦恼"[15]。她患抑郁症的倾向在其他地方也有详细的记载，不过这些信件并没有描述具体病症。

然而，她还是打起精神工作，在一份有着神秘标题"Ⅲ：实际技术——ENIAC 的使用"的手稿中记录了这些技术[16]。她首先讨论了 ENIAC 如何支持新代码范式的改造，又记录了穿孔卡片的数据格式，然后合理、详细地概述了计算的总体结构和每个阶段所执行的操作。

第二轮运行（1948 年 10 月和 11 月）

蒙特卡洛方法在模拟中子扩散方面已经证明了自己的价值，现在应该把它应用到洛斯阿拉莫斯实验室正在研究的武器上去了。据安·菲茨帕特里克说，第二组问题"构成了实际的武器计算"，包括"对氢化物核内爆结构 UH3 的阿尔法研究"，以及"被称为'Zebra'的超临界结构"的研究[17]。这些计算是 ENIAC 在 1948 年 10 月初到 12 月底这一大块时间里，为原子能委员会（监督洛斯阿拉莫斯的机构）所预留的、需要处理的三个主要问题之一。1948 年 10 月 18 日，克拉拉·冯·诺伊曼回到阿伯丁。两天之后梅特罗波利斯也加入了她的工作。运行从 10 月 22 日起开始。11 月 4 日，约翰·冯·诺伊曼写信给乌拉姆说："阿伯丁的情况非常好。估计本周末或下周初可以完成目前的蒙特卡洛程序。"[18]

报告"蒙特卡洛问题在 ENIAC 上的实际运行"，对蒙特卡洛程序第一版到第二版的变化有比较详细的描述。这是早期的报告"实际技术"的扩展和更新，由克拉拉·冯·诺伊曼在 1949 年 9 月执笔，梅特罗波利斯和约翰·冯·诺伊曼合作编辑。它包含对计算的详细描述，突出显示了两个版本在流程图、程序代码和手工操作上的不同[19]。

这一轮用的物理模型，以及跟踪单个中子路径的计算几乎没有变化。他们修改了不同材料区域和中子区域逃逸（zonal escape）的表示方法，但大多数修改都是操作层面上的优化。例如，对程序的较早部分进行重新排序从而略微提高了总体效率；预先计算出每个区域的碰撞截面比，并存储在函数表中，这样的话，使用时就不用再临时计算了。

这一轮最重要的变化是，整个蒙特卡洛过程的自动化水平得到进一步提高。在第一轮运行期间，代表达到当前统计时间的中子的新穿孔卡片被单独整理成一堆。直到在那之前发生的所有裂变都被处理完，统计卡才被重新读入，然后模拟下一个周期的中子运动。在一次统计结束后、下一次统计之前，要对所有的中子进行跟踪。冯·诺伊曼和梅特罗波利斯在每次统计结束后，都要进行人工干预，调整中子的数量规模，这会使效率变得相当低下。ENIAC 生产的每组卡片都要经过 IBM 分选机，根据所发生的情况把中子分类，统计周期结束时，手工组装并调整下一周期的输入卡片。

第二轮运行程序的逻辑顺序和编码里包含了"一种自动处理操作周期开始和结束的方式"，从而消除了这两种手工处理[20]。现在，当一个中子的统计周期结束，就会被继续跟踪至下一个统计周期，无须再等待其他所有的中子都结束。因此，不需要将裂变卡片、统计卡片或其他类型的卡片分开，ENIAC 穿孔的每一个卡片包都可以立即转移到输入槽中作进一步处理[21]。

完全逃逸、吸收或裂变都是自由中子结束生命的方式。第二轮的一些应用问题里发现有的中子散射到缓和材料的外部区域，因此第二轮运行对区域逃逸的处理有一些修改，从而减少了处理这部分中子的时间。在第二轮模拟中，每当中子从一个区域逃逸到另一区域，就会打出一张卡片，接着计算下一个中子，而在第一轮运行中并没有记录这些"区域逃逸"。

在第一轮运行中，每个统计周期开始时，由人工重新建一个 100 张的输入卡片包，从而保持所模拟的中子数量大致是恒定的。根据克拉拉·冯·诺伊曼的报告，在第二轮运行中"输入卡片的数量不固定"。相反，统计期结束时幸存中子的"权重"被调整，以便在下一个周期里产生两个中子，保证即使模拟的真实粒子总数减少了，样本总体也会增加，并且在模拟结束时得到更多有统计意义的中子样本[22]。

甚至初始的中子卡片也是自动生成的。这里引入了一段新代码来读取所谓的"处女"卡。这些卡片没有说明单个中子的属性，只是简单定义了新中子进入模拟过程的时间，然后自动分配随机的速度值。这些中子通过模拟的一次迭代，生成正常格式的输出卡，然后输出卡片被重新输入，继续模拟。

新的操作程序区分了亚临界反应、近临界或超临界反应。对于亚临界系统来说，新的操作程序简单地遵循物理规律会导致中子数量下降。在整个仿真过程中，"处女"卡都被标记上了开始时间。在仿真过程中增加所注入的新中子，会最大限度地提高结束时仍保持活跃的中子的比例，确保有足够的可供最终分析的样本量。第二轮运行的程序包含两个独立的读卡片指令序列。在计算开始之前，通过在函数表上设置无条件转移指令的目标地址，来选择合适的那个。

同样的技术也用于控制区域逃逸的某些方面，还包括特殊问题所需的特殊代码部分。

1948 年 11 月 7 日，ENIAC 完成了对这一系列问题的处理过程。11 月 18 日，约翰·冯·诺伊曼写道："整个第二轮蒙特卡洛仿真似乎已经成功了。ENIAC 不可思议地运行着，在三周的时间里，它大约生产了 10 万张卡片。虽然我们还没有分析这些材料，但是有理由相信它包含了相当数量有价值和有用的信息。"[23]

我们发现了两张描述此轮运行的流程图，以及与其中一个流程图非常匹配的完整代码清单[24]。这两个图的表示方法与 1947 年 12 月第一轮运行的流程图类似，这表明随着经验的积累，流程图表示的惯常用法逐渐稳定下来。克拉拉·冯·诺伊曼手写的这份代码清单长达 28 页。它按顺序编号，被分解成六行一小节，每一节与函数表中保存的一行代码相对应。许多地方都有注释，提供了对程序进度的模拟跟踪进程，并检查指令对典型数据值的处理效果。

代码忠实反映了第一轮和第二轮运行的流程图结构。它包含一个子程序，分别在两个地方调用，返回地址可以变化。它还通过有相当严格的入口和出口点的代码块，实现了流程图中的模块化结构[25]。它的主序列填满了第一函数表的 −2、−1 和 12 到 97 行，以及第二函数表的 −2 到 96 行。这些行中大约有 100 位数字未被使用，意味着大约有 2 220 位程序代码，代表了大约 840 条指令[26]。第一轮运行也很复杂——第二轮运行的某些方面被简化了，但是增加了一些新的数据字段，并且将最初版本中的人工卡片排序这一任务实现了自动化。

第二轮运行可以按不同的路径和代码执行。它在执行之前通过手动更改一些传输地址和常量，来针对特定的应用问题进行配置。最重要的变体部分涉及"轻材料"里中子的弹性散射，这是由于洛斯阿拉莫斯实验室对使用氢化铀堆芯感兴趣。氢从铀中分离出来，作为中子的缓冲剂降低中子的速度，并减少制造核武器所需的铀的临界质量。爱德华·泰勒认为（后来被证明是错的），利用稀缺的武器级铀制造核弹，爆炸当量必然下降，但生产的核弹数量可以更多[27]。

克拉拉·冯·诺伊曼 12 月 1 日左右前往洛斯阿拉莫斯，大概是为了帮助解释第二轮运行的结果，也为未来的计算做准备。她准备通过这次独自旅行来"证明她在智力上的独立"，却几乎陷入精神危机。她丈夫的信紧跟着就来了，信中表达了"深深的困惑"[28]。约翰·冯·诺伊曼在电话里发现克拉拉处在"灾难性的抑郁"之中，他赶紧写了第二封信，称自己"吓得不知所措"，担心压力会让妻子"身心俱损"。在斯坦尼斯拉夫·乌拉姆、爱德华·泰勒和恩里科·费米（Enrico Fermi，已经是诺贝尔奖得主）这些大科学家面前为自己的数学技巧辩护，即使是那些被赋予了足够自信、心理健康强大的人，也多少

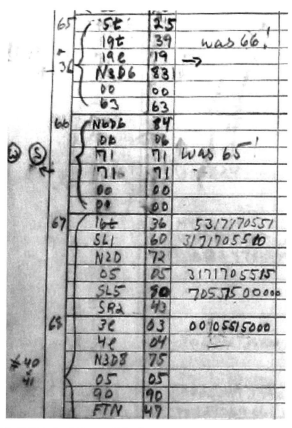

图 9.1　第二轮运行的程序代码第 7 页的细节，显示了 840 条指令中的 13 条。数字 65–68 表示函数表上的位置，左边的符号指向流程图中相应的方框。每一行给出函数表上输入的两个十进制数字，当这些数字编码是操作而不是数据时，则给出对应的助记符，如 31 或 N3D8。一些修改是用铅笔写的，代码第 65 和 66 块的序号被擦除，互换了位置。（复制自美国国会图书馆，玛丽娜·冯·诺伊曼·惠特曼提供）

会感到害怕。克拉拉的丈夫曾经狂热地试图减轻她对衰老（"你的问题和性情常年如此，年龄是你最小的麻烦"）、智力（"一个聪明的女孩"）和性格（"非常好的一个"）的忧虑，但在他的阴影里寻求独立，只会给克拉拉再增加一个不得不面对的挑战[29]。

氢化物的计算里出现了一个错误，克拉拉·冯·诺伊曼变得更加焦虑和担忧。2 月 7 日，乌拉姆写信给约翰·冯·诺伊曼说，"第 4 号应用问题的电子计算好像是错的"，"尼克找到了原因。这个问题必须重做"[30]。卡尔森·马克在定期的理论部门进展报告中抱怨道："很明显，ENIAC 还处在实验阶段，还不能为这个项目进行正式的计算。"[31]

阿岗的蒙特卡洛仿真（1948 年 12 月）

洛斯阿拉莫斯实验室的第二轮蒙特卡洛计算完成之后，洛斯阿拉莫斯的物理学家乔恩·雷茨（Jon Reitz）立即进行了一系列仿真，直到 11 月 18 日结束。11 月 29 日，玛丽亚·梅耶（Maria Mayer）、埃尔默·艾斯纳（Elmer Eisner）和詹姆斯·亚历山大（James Alexander）从阿岗国家实验室赶来，进行另一次蒙特卡洛仿真[32]。迈耶的问题涉及反应堆中的中子扩散，他模拟了 8 个不同的材料区域。这在很大程度上借鉴了冯·诺伊曼夫妇的工作成果。克拉拉对这项工作的介绍非常简单：这是一个"普通的蒙特卡洛过程"。迈耶在此基础上做了一些重要改变，包括将统计间隔从固定的时间间隔改为固定的距离（通过这种方式，可以为那些在反应堆里显得非常重要，而在炸弹里变得不再重要的慢中子进行建模），构建一个更复杂的区域和运动系统，对外部减速剂区域进行特殊处理以简化计算。

一周以后，约翰·冯·诺伊曼给妻子写信说："这个问题表现得相当不合理，大概是由于某种逻辑或代数上的错误。"他在第二封信中把问题说得更清楚明了：

a）那些芝加哥人从 12 月 1 日起就开始运行 ENIAC。b）它有过不少麻烦，6 天里总共工作了 3 天左右。它正在改善，在之前的 36 小时里连续运行了 24 小时。c）玛丽亚说，他们的代码经过"踏板"调试，并与试验计算的结果比较，发现已经"没有错误"了。d）但是在 12 月 6 日，又出现过严重的逻辑（或几何？）错误：中子的数量以难以置信的速度增加……无论是芝加哥人，还是和他们待了两个小时的我，都没有作出什么诊断。[33]

ENIAC 的日志显示，在昼夜不停地运行情况下，尽管空调、累加器和函数表都出了问题，该计算还是在 12 月 19 日成功地完成了。

第三轮运行（1949 年 5 月和 6 月）

卡尔森·马克对第二轮运行中出现的问题的抱怨，并没有打击人们在 ENIAC 上做蒙特卡洛仿真计算的热情。不过现存的信件表明，合作者们之间的关系相当紧张。克拉拉·冯·诺伊曼前往芝加哥与玛丽亚·梅耶合作，研究即将进行的第三轮仿真中改进武器计算的方法，包括基于距离的统计方法。在 1949 年 3 月 27 日的信中，约翰·冯·诺伊曼反对他们采用这种方法，他说："过去一年里发生了这么多荒唐的事，没有一件是你的错，最糟糕的那些即使你反对也无法改变，我们没有再进行其他试验的特权了。至少下一轮运行是不行的。"[34]

此时，第三轮计算的计划正在进行中。随着每一次"运行新任务"，克拉拉的作用越来越突出。乌拉姆写道，在前往洛斯阿拉莫斯的准备之旅中，克拉拉"对编码和流程图的知识给大家留下了非常深刻的印象"[35]。克拉拉写信给哈里斯·迈耶（Harris Mayer）[跟玛丽亚（Maria Mayer）没有关系]，说她已经"更加仔细地查看了数值函数表上的可用空间，并且在约翰尼的帮助下，已经为玛丽亚尝试的修改方案建立了流程图"。克拉拉由此评估了这种新编码方法对时间和空间的需求："存储大约需要占用 35 行命令。看起来也可能需要相当长的时间来进行计算。（每次碰撞时间大约 1/2 秒）。"[36]

克拉拉和尼克·梅特罗波利斯的关系似乎因为这个而变得紧张起来，也许是她们在第二轮运行中出现的失误而相互指责所造成的。约翰安慰她说："看在上帝的份上，从长远来看，千万别让你和尼克的不愉快破坏了你的职业态度和精神。这样的事情总是会一次又一次地发生，你却成功地走了出来。你可以看到，无论是爱德华·泰勒还是我，都没有因此而看轻你……"约翰的信试图帮助克拉克服不安全感和抑郁，让她相信自己的才华，并向她保证，从某种程度上来说，只要她渴望成功，"明确的职业成功"已经是触手可及，而她不能只满足于简单的"安静和自己的工作机会"[37]。

无论克拉拉·冯·诺伊曼的内心是多么混乱不安，但是她发出的那些通知依然清晰、自信。她牵头安排了新一轮计算的后勤工作，并组建了一个由"哈里斯·梅尔夫妇、福斯特·埃文斯夫妇和她本人"组成的洛斯阿拉莫斯代表团，与 ENIAC 进行合作。原子能委员会所得到的 ENIAC 机时的一大部分，又一次被蒙特卡洛计算占据了。根据 ENIAC 的运行记录，这批人 5 月 23 日抵达[38]。他们花了几天时间，用其程序和数据来配置函数表，然后 ENIAC 运行起来并实行三班倒，每周工作六天[39]。

ENIAC 在经历了一些"麻烦"之后，于 1949 年 6 月 1 日取得了"第一次真正的进步"。6 月 3 日，"第一个 A.E.C. 问题三个部分中的第一部分"已经完成，但空调系统出现问题使机器状态恶化，从而拖慢了进程。6 月 6 日，日志记录了"周一机器照常运行"这一干巴巴的观察状态，同时也抱怨"操作员问题"，抗议"把机器交给没有经验的陌生人"。也许是对这一抗议的反馈，随后的条目可以看到，专门分配了操作员来帮助解决每个 AEC 问题。

蒙特卡洛计算曾多次被原子能委员会其他一些较短的工作打断，但日志里的记载证实："AEC#1 的第 53 号问题（蒙特卡洛计算）在 6 月 24 日下午早些时候就已经完成了。"[40]克拉拉·冯·诺伊曼回到普林斯顿，写信给卡尔森·马克报告计算的成功（至少其中一些显示了爆炸的可能性）。核截面又是数据中最敏感的部分，所以她把计算中使用的"所有秘密文件都带到了普林斯顿"[41]。相反，"十个大盒子"输出卡片（通过它们可以追踪模拟计算的进展）和装了"全部问题的清单"的两个小一点的箱子，被弹道研究实验室的工作人员直接邮寄给了洛斯阿拉莫斯。克拉拉·冯·诺伊曼计划于 7 月 7 日飞往新墨西哥去查看结果。

下一个在 ENIAC 上运行的程序也是洛斯阿拉莫斯实验室的，但它是"内爆小组"的，具体目的我们不清楚。它也被各种"麻烦"困扰，因此各种慌乱的电话又打回洛斯阿拉莫斯，核对数据，叫来其他的实验室工作人员，最终完成了定位工作并纠正了错误。该项目于 1949 年 7 月 8 日开始成功运行，并于 7 月 29 日完成。

"超级炸弹"计算（1950 年）

关于在 ENIAC 上运行的下一套洛斯阿拉莫斯蒙特卡洛计算的细节，可供查阅的档案材料相对来说非常少。而非保密渠道里的相关讨论则故意对这一计算的目的含糊其词，例如，涉及至关重要的"某些问题"，以及 ENIAC 可能应用于"某些问题类别……这些问题一直是洛斯阿拉莫斯的 IBM 小组的主要项目"[42]。

尽管 ENIAC 的第一个应用程序就是洛斯阿拉莫斯的一组氢弹计算（非蒙特卡洛计算），意在探讨爱德华·泰勒的"超级"炸弹的可行性，但在经过整整三组裂变武器的蒙特卡洛计算之后，ENIAC 才再次应用于氢弹。据安·菲茨帕特里克说，约翰·冯·诺伊曼自 1948 年底以来，一直在研究"超级"炸弹的蒙特卡洛计算[43]。1949 年中，冯·诺伊曼给乌拉姆寄了几封信，讨论关于"流体动力学蒙特卡洛"和"S"计划。他的结论是，ENIAC 无法处理后者，但"在我们未来的机器上，这个问题可能只用 24 ~ 30 小时就能解决"[44]。与 1945 年到 1946 年间的计算一样，这些计算试图确定点燃一个自我维持的聚变过程需要多少氚。乌拉姆和他的同事 1950 年初进行了一次人工模拟，结果令人失望；埃文斯夫妇、冯·诺伊曼夫妇和其他人随后在 1950 年春夏期间，使用 ENIAC 模拟了聚变反应点火[45]。由于高等研究院的机器延期交付，再加上他们迫切需要答案，所以只能简化模拟。

1950 年 4 月，约翰·冯·诺伊曼写信给泰勒，向他介绍"正在计划为

ENIAC 提供新的数字计算任务"的最新情况。这一计划的细节工作完成了"大大超过百分之五十"的工作量，冯·诺伊曼"现在对我们能够使用 ENIAC 进行计算感到满意"。他已经"收到了阿伯丁当局的非正式保证，只要我们提出要求，5 月份我们随时都可以使用 ENIAC"[46]。克拉拉·冯·诺伊曼继续扮演中心角色——约翰写信给卡尔森·马克说她将提前一周去阿伯丁帮助准备 ENIAC 的相关工作，"今天克拉里将把代码的最后一部分寄给福斯特和塞尔达·埃文斯（Cerda Evans）"[47]。

新的 ENIAC 模拟结果支持了手工计算的相关发现，超级炸弹的设计被放弃了。1952 年开始测试的氢弹模拟则使用了完全不同的设计方法。该方法由泰勒和乌拉姆在 1951 年制定，是用来回应超级炸弹存在的可行性问题的。

很快，洛斯阿拉莫斯实验室的机器使用合同到期了。1951 年夏天，高等研究院的计算机终于开始运转，而在洛斯阿拉莫斯实验室，梅特罗波利斯的 MANIAC 也即将完工。1952 年初，就在 MANIAC 第一次成功运行之前，克拉拉·冯·诺伊曼将一些代码转移到了新机器上。塞尔达·埃文斯写信给克拉拉·冯·诺伊曼说：

> 我假设最终运行这个问题的最重要的一天到来时，你仍是团队中的一员……流体力学部分主要用了你的原始代码，所以你再检查一遍似乎没有什么意义。如果我没记错的话，你也检查过跃迁 I，但是你收到的新表里会有一些变化。你能仔细看看我们有什么错误吗？中子 - 质子部分和光子 - 跃迁 II 对你来说可能是新的，我们希望你能系统全面地检查一遍，因为我们在不同的时间做了不同的修改，并且不确定这东西能否真的正确地连接在一起。[48]

尽管有证据表明克拉拉·冯·诺伊曼的专业知识仍然受到洛斯阿拉莫斯实验室的重视，但她对计算机的参与工作即将结束。大型实验室逐渐都有了自己的计算机，越来越依赖全职的程序员和操作员，而不是外部顾问和合同工。克拉拉的极度抑郁和不安全感使她在工作中压力重重，她丈夫 1955 年得了绝症。

1957 年克拉拉的丈夫去世后，她再婚并搬到了加利福尼亚。尽管表面看起来似乎找到了安宁，但 1963 年她还是自杀了。

回顾蒙特卡洛仿真

ENIAC 上的蒙特卡洛仿真是从 1948 年春天开始执行的，其复杂性以及图表绘制和编码风格，均忠实地体现了约翰·冯·诺伊曼及其合作者的思想，使它从 20 世纪 40 年代运行的各类程序中脱颖而出。我们对第一轮和第二轮运行的详细分析描述了这组程序在两年时间内的演变：从最早的计算计划，然后通过一系列流程图，再到原始的 ENIAC 程序，随后又经过了一个重要的修正和改进周期。这些都为这一里程碑式的项目提供了详细而丰富的独特证据。

我们的分析挑战了这样一种观点，即早期科学计算应用重视计算速度，几乎不需要输入，只有少量输出，而数据处理工作的效率才取决于数据从卡片或磁带单元输入和输出的速度。经过分析我们对此提出疑问。ENIAC 最初的计算轨迹表任务当然属于这一类型，曼彻斯特大学的"Baby"计算机和 EDSAC 上运行的著名"第一个程序"也是如此。它们执行的计算序列很长，没有输入数据，很少输出数据[49]。相比之下，ENIAC 转换为新代码范式后，所运行的第一个程序就是复杂的模拟仿真系统。该模拟仿真系统完成任务的时间取决于数据输入机器的速度，可能需要好几天。

ENIAC 上的蒙特卡洛仿真程序包含了现代代码范式的几个特性：它由使用少量操作代码编写的指令组成，其中一些指令后面是附加的参数；用条件跳转和无条件跳转，在程序的不同部分之间进行转移控制；指令和数据共享一个地址空间，循环操作与索引变量相结合，可遍历存储在表中的值；子程序可以在程序中的多个位置被调用；返回地址被保存起来，用于在子程序完成后跳转回正确的位置。尽管有些更早的，如在哈佛 Mark I 上运行的程序，也是用一系列基本指令编写的，并且用数字编码，但蒙特卡洛仿真程序是第一个将现代代码范式的其他特性结合在一起执行的程序。

我们的研究也揭示了早期计算的人性维度。克拉拉·冯·诺伊曼对蒙特卡洛计算作出的核心贡献，除了之前所引用的尼克·梅特罗波利斯的评论，以及乔治·戴森最近的报道外，几乎无人提及[50]。这里讲述的故事大体符合盖里森的著名描述"蒙特卡洛仿真与交易区"，但比盖里森更关注计算细节，而且加深了对什么被交易以及谁在交易的理解。盖里森说，蒙特卡洛仿真把物理学带到了一个"无处不在却又难觅踪迹的神秘所在"[51]。本书也描述了蒙特卡洛仿真智力遗产的非常规社会结构，和它在意想不到的地方所创造的鲜为人知的机会。蒙特卡洛仿真不仅涉及盖里森故事中那些有不同学科背景的伟人，还包括了更多并非科学精英人物的参与。

被盖里森列为早期女性程序员之一的克拉拉·冯·诺伊曼，在这些技术的融合中，出人意料地成了核心参与者。她带着自己的天赋和从丈夫那里整合而来的社会资本进入了交易区，虽然没有任何科学背景，但她很快就成功地经营起了自己的事业。回顾60多年前ENIAC的早期计算工作，你会为在机器操作的各个方面都存在夫妻团队而感到惊讶[52]。对克拉拉·冯·诺伊曼和阿黛尔·戈德斯坦来说，与才华横溢的男人结婚为她们开启了一扇大门，让她们得以在重大项目上参与极其成功的合作，但同时也决定了她们对这项工作的贡献永远都被视为是无足轻重的。冯·诺伊曼夫妇和戈德斯坦夫妇在洛斯阿拉莫斯还与另外两对夫妇——梅耶夫妇和埃文斯夫妇密切合作过。尽管她们之后的女人们在独立建设自己事业方面享有更大的自由，不必将创造力都投入到与丈夫合作的工作中，但我们还是由衷地钦佩这些女士在建立智力合作以及家庭伙伴关系方面所取得的成功。

注 释

[1] 例如，他写道："克拉里这次从阿伯丁探险幸存下来，比上次好。"（letter to Ulam, November 18, 1948, JvN–LOC, box 7, folder 7）. 探险这个词在冯·诺伊曼的圈子里似乎非常流行。卡尔森·马克在1971年的ENIAC专利案证词（"Testimony: September 8, 1971," in volume 48 of *Honeywell vs. Sperry Rand*, 7 504, ETR–UP）里也提到从洛斯阿拉莫斯到ENIAC的一系列"相当重要的计算探险"。一位与约翰·冯·诺伊曼合作过的气象学家后来也写了《ENIAC探险》（*ENIAC expeditions*），其中的第一次

是"每天 24 小时持续 33 昼夜的""非凡的壮举"。George W. Platzman, "The ENIAC Computations of 1950—Gateway to Numerical Weather Prediction," *Bulletin of the American Meteorological Society 60*, no. 4 (1979): 302–312, 引自 pp. 303, 307.

［2］Fitzpatrick, *Igniting the Light Elements*, 268.

［3］同［2］。

［4］Von Neumann to Bradbury, February 6, 1948, HHG-APS, series 1, box 3.

［5］Von Neumann to Simon, February 5, 1948, HHG-APS, series 1, box 3; Simon to von Neumann, February 9, 1948, JvN-LOC, box 12, folder 3.

［6］Von Neumann to Mark, March 13, 1948, JvN-LOC, box 5, folder 13.

［7］"Operations Log."

［8］JvN-LOC box 11, folder 8 里四页没有注明日期的格子稿纸上列出了以下内容：用某些累加器作为临时保存变量的空间，使用随机数 ξ 的不同位，函数表和常量发生寄存器的布局，以及几个数值常量。1947 年 12 月的流程图描述了打孔卡的布局。

［9］Richtmyer, 1959, "Monte Carlo Methods," p. 4.

［10］"Receipt of Classified Materials," January 16, 1948, in JvN-LOC, box 19, folder 7.

［11］"Operations Log," entries for April 1 and 2, 1948.

［12］J. von Neumann to Ulam, May 11, 1948, SMU-APS, series 1 (John von Neumann Folder 2).

［13］J. von Neumann to Ulam, May 14, 1948, SMU-APS, series 1 (John von Neumann Folder 2).

［14］J. von Neumann to Ulam, May 11, 1948, SMU-APS, series 1 (John von Neumann Folder 2).

［15］K. von Neumann to Ulam, June 12, 1948, ETE-UP.

［16］JvN-LOC, box 12, folder 6, 里面有一份 17 页标题为"实际技术"的手稿，和打字机打出来的副本，上面有冯·诺伊曼插入和修改的内容，用 x1 到 x83 标在右边的空白处。在另外的纸上有 8 个较大的手写文本段落被标记出来，以便在不同的地方插入。这个文档后来写成了"Actual Running of the Monte Carlo Problems on the ENIAC,"将在下面讨论。

［17］Fitzpatrick, *Igniting the Light Elements*, 269.

［18］J. von Neumann to Ulam, November 4, 1948, SMU-APS, series 1, box 29.

［19］本报告的 3 份草稿保存在 JvN-LOC，box 12, folder 6。其中之一是克拉拉·冯·诺伊曼手中的原稿；另外两个是相同文本的打印版本。一份打字稿从头到尾都做了注解和修改，主要是克拉拉·冯·诺伊曼完成的。这些修改可以在 www.EniacInAction.com 网站上找到。梅特罗波利斯后来给克拉拉写信说："这是你的手稿，还有一份打好的草稿……流程图一定会在周一完成，当天会发给你。"Metropolis to K. von Neumann, September 23, 1949, JvN-LOC, box 19, folder 7.

［20］K. von Neumann, "Actual Running ... " (typescript version), JvN-LOC, 5–6.

［21］当中子到了统计时间，ENIAC 还是会中断它的计算进程，只有刚打孔的卡片被重新读入，ENIAC 才继续工作。看来很可能只是简单地输出一张卡片供分析使用，然后立刻继续计算，在下次统计期间确定中子的命运。我们推测没有这样做是因为这样的话在统计期间就没有机会让中子的"权重"翻倍了，如下所述。

［22］团队认为第二轮仿真运行 13 个统计周期就够了。K. von Neumann, "Actual Running ... " (typescript version), JvN-LOC, 13. 这限制了倍增技术带来的以指数增长的卡片数量。即使这样，每次仿真也需要 15 000～20 000 张卡片。

［23］J. von Neumann to Ulam, November 18, 1948, JvN-LOC, series 1 (John von Neumann Folder 1).

［24］这些文件都在 JvN-LOC, box 11, folders 7 和 8 中。程序代码的标题页上写的是 "Card Diagram//FLOW DIAGRAM//Coding/Function Table Ⅲ Values//Monte Carlo//Second Run." 其中，只有编码部分留下来了。约翰·冯·诺伊曼补充道："1 月初洛杉矶需要，但之后应该来普林斯顿，等等。"这个程序代码含注释的版本参见 Mark Priestley and Thomas Haigh, "Monte Carlo Second Run Code: Reconstruction and Analysis"，可从网站 www.EniacInAction.com 获得。早期的草案流程图有点混乱，本身没有编号，很容易与该文件夹中其他流程图区别开来。后来的版本是一个镜像负片，多年来已经损坏了一些，如果不进行图像处理就很难阅读。

［25］"模块化"的意思是，通过将一个区域分成两个，并重新排序几个区域，在两次运行之间重组程序似乎非常容易。

［26］有些指令包括地址或数据以及两位数的操作码，但大多数没有。第二轮运行的程序每条指令大约用 2.5 位数字。

［27］关于泰勒的氢化物武器的讨论，参见 Gregg Herken, *Brotherhood of the Bomb:The Tangled Lives and Loyalties of Robert Oppenheimer, Ernest Lawrence, and Edward Teller* (Holt, 2003).

［28］J. von Neumann to K. von Neumann, December 7, 1948, KvN-MvNW.

［29］J. von Neumann to K. von Neumann, December 13, 1948, KvN-MvNW.

［30］Ulam to J. von Neumann, February 7, 1949, JvN-LOC, box 7, folder 7.

［31］LAMS-868, "Progress Report T Division: 20 January 1949–20 February 1949," March 16, 1949, quoted in Fitzpatrick, *Igniting the Light Elements*, 269. The original report remains classified.

［32］Maria Mayer, "Report on a Monte Carlo Calculation Performed with the ENIAC," in *Monte Carlo Method*, ed. Alston S. Householder (National Bureau of Standards, 1951).

［33］J. von Neumann to K. von Neumann, December 7 and December 13, 1948, both in KvN-

MvNW. "踏板" 这个词在某个计算开始的时候在 ENIAC 操作日志中出现了好几次。我们认为，这是为了诊断，必须一步一步地完成程序。

[34] J. von Neumann to K. von Neumann, March 27, 1949, KvN–MvNW.

[35] Ulam to J. von Neumann, May 16, 1949, JvN–LOC, box 7, folder 7.

[36] K. von Neumann to Mayer, April 8, 1949, KvN–MvNW.

[37] J. von Neumann to K. von Neumann, March 27, 1949, KvN–MvNW.

[38] K. von Neumann to Dederick, May 16, 1949, JvN–LOC, box 19, folder 7.

[39] 我们在 JvN–LOC 中找到了这次运行的流程图。它遵照冯·诺伊曼的建议，坚持使用已建立的基于时间的统计方法。这张图没有日期，也没有标题，但用蜡纸印刷得非常工整，节点编号从 1 到 98，上面还用铅笔写了一行字："修改后的图表将以完美的形式呈现。"除了一些常规的改进之外，它还包含了用于散射的"轻质材料"的代码。这些"轻质材料"在第二次运行的流程图中没有，但在程序中作为可选的代码块出现。这符合第二轮运行中重复氢化物计算的既定需要，也符合菲茨帕特里克的观察。1949 年的计算至少在一定程度上涉及氢化物芯的代号为 Elmer 的炸弹设计。Fitzpatrick, *Igniting the Light Elements*, 269.

[40] "Operations Log."

[41] Letter of June 28, quoted in Dyson, *Turing's Cathedral*, 198.

[42] J. von Neumann to Ulam, November 4, 1948, SMU–APS, series 1 (John von Neumann Folder 2).

[43] Fitzpatrick, *Igniting the Light Elements*, 143.

[44] J. von Neumann to Ulam, May 23, 1949, SMU–APS, series 1 (John von Neumann Folder 3).

[45] Fitzpatrick, *Igniting the Light Elements*, 143–149, quotation from p. 149.

[46] J. von Neumann to Teller, April 1, 1950, JvN–LOC, box 7, folder 4.

[47] J. von Neumann to Mark, April 19, 1950, JvN–LOC, box 5, folder 13.

[48] Evans to K. von Neumann, February 8, 1952, JvN–LOC, box 19, folder 7.

[49] 为了庆祝 50 周年重建了计算机 Baby。Baby 的第一个程序由 19 条指令组成，不读任何输入（可以理解，因为开关是唯一的输入设备），运行 52 分钟，目的是让硬件（特别是新的存储单元）得到彻底的测试。(参见 http://www.computer50.org/mark1/firstprog.html) 1949 年 6 月 22 日，EDSAC 首次演示时运行了打印平方数表格和质数两个程序。这次演示程序运行的时间更长，分别由 92 条指令和 76 条指令组成，其中大部分指令是用漂亮的格式打印结果的代码。

[50] W. Renwick, "The E.D.S.A.C. Demonstration," in *The Early British Computer Conferences*, ed. M. R. Williams and M. Campbell–Kelly (MIT Press, 1989), 21–26.

［51］一个例外是 Crispin Rope, "ENIAC as a Stored-Program Computer: A New Look at the Old Records," *IEEE Annals of the History of Computing* 29, no. 4 (2007): 82–87.

［52］Galison, "Computer Simulation and the Trading Zone," 120.

［53］冯·诺伊曼夫妇和戈德斯坦夫妇都是在参与 ENIAC 工作之前结婚的。其他人是在摩尔学院和 BRL 找到伴侣的。几年之中，霍伯顿夫妇、斯宾塞夫妇、雷特维斯纳夫妇和莫奇利夫妇（约翰·莫奇利在第一任妻子突然去世之后再婚）通过与这台机器的共同关系结识，走到了一起。Light ("When Computers Were Women," note 37) 讨论了这件事，还提到了这个时代其他科学工作者夫妻的例子。

第十章

ENIAC 安定下来

1948 年初，ENIAC 的工作状况仍旧不是很好。尼克·梅特罗波利斯 3 月份来到弹道实验室，开始改造 ENIAC。在这之前，ENIAC 一直苦苦挣扎，在整整一个月里，只有一天在进行计算工作。梅特罗波利斯把它的时钟频率从设计之初的 100 千赫下调到 60 千赫，才使它成功运行了蒙特卡洛程序。这一招很管用，不过在未来的几个月、几年里，ENIAC 在提高可靠性和配置标准化方面做了更多的改进工作。通过修改电源和电气连接、改进程序，配备更有经验的操作人员，使它的有效工作时间大大增加。20 世纪 50 年代初，ENIAC 又增加了一系列硬件来提高其性能。本章探讨了这些变化及其对 ENIAC 的影响，直到 1955 年，ENIAC 一直是弹道研究实验室计算机实验室的中坚力量。

稳定 ENIAC

当第一轮蒙特卡洛计算接近完成后，即将在 ENIAC 上运行的下一个问题，其准备工作也在顺利展开。1948 年 5 月 6 日，理查德·克里平格拜访了 ENIAC 小组，给他们"仔细讲解了他的应用问题"。来自联合航空公司（United Aircraft Company）的另外两个人"留下了……他们的涡轮喷气发动机问题"，要"放在"ENIAC 上运行。梅特罗波利斯 5 月 11 日离开阿伯丁。运维团队首先调整了梅特罗波利斯"83 指令集"的相关配置，修改"每条线"，使之与最初的计划一致 [1]。经过一周的测试和调整，运行涡轮喷气发动机问题的批准文件尚未收到。5 月 17 日，克利平格和巴蒂克以及另一位费城工作人员早早抵达，开始进行他计划已久的超音速气流计算。

接下来的三个月里，新结构逐渐稳定下来，这两个问题的运行都有了进展。克里平格的程序运行跟以往一样，频繁地被机器的公开演示打断，甚至需要更加频繁地牺牲整个轮班时间来排除故障。7 月 6 日，定义了 84 条不同指令的"ENIAC 问题编码指令"终稿被打印了出来 [2]。7 月 12 日，克里平格的程序从机器上被拿了下来。在"涡轮喷气发动机问题运行"之前，"新的指令集"，即那个两个最初用普林斯顿指令集提出的控制指令便设置好了。这段代码"相当成功"地运行了几天后，工作又重新转移回克里平格。[3] 当他的计算完成之后，操作员再次为涡轮喷气发动机问题"设置开关"，该问题于 8 月初完成。[4]

1948 年夏天之前，ENIAC 的配置和指令集一直在持续的做进一步调整。8 月 6 日安装了一个可以在函数表和穿孔卡控制器之间切换的开关。我们认为它的主要目的是在不干扰函数表上设置的程序的情况下运行系统诊断卡片。9 月，发布了对"转换器代码"设置的完整描述，该代码包含了 91 条指令。[5]

尽管 1948 年 5 月做了大量的工作，使机器能以 100 千赫的设计速度运行，但直到 10 月，日志里才有"除了平方根以外，机器在 100KC 频率下运行正常"的记录 [6]。全速的电子操作并不能弥补它所产生的更频繁的错误和机器故障，因为大多数工作都受到 ENIAC 穿孔卡设备速度的限制。20 世纪 50 年代为 ENIAC 编写程序的哈里·里德（Harry Reed）说："我们只是在一周开始的时候以 100 千赫的速度运行，看看一切是否正常，但如果一直这样运行下去，它会产生更多的错误。"[7] 这种做法最终发展成"在高于正常工作频率的情况下，重复进行操作测试，用示波器检查脉冲波形，定位并去除不可靠的电子管"[8]。

寄存器指令

指令集经过最初的调整之后，五年内几乎没有改变过。1948 年结构的持久稳定，完全是在预期之外。1947 年初，弹道实验室从摩尔学院订购了基于延迟线存储器的寄存器，而克里平格曾预计最初的改造很快就会被寄存器取代。1948 年 7 月底，他说："详细描述（现在正在使用的代码）已经没有什么价值了，因为到（1948 年 9 月）这份报告发布时，将会有更好的代码可用。"[9] 从 1948 年 4 月开始，也许比那更早，克里平格一直在研究一个完全不同的指令集，目的是利用新硬件——他在 1949 年计算机学会的会议上提出这一指令集[10]。

带有延迟线存储的计算机，如 EDVAC 或基于艾伦·图灵的 ACE 计算机，通常包括较长和较短的存储线[11]。短存储线的访问时间更快，但保存的数字更少。"寄存器指令"利用了 ENIAC 原有的 10 个累加器代替短存储线，并使用与函数表类似的间接寻址机制，将数据从寄存器转移到累加器中进行处理。寄存器中的指令可以直接执行，如此便"无限地提高了编程能力"。算术指令使用了三地址格式，指定两个源累加器和一个目标累加器。大幅提高总体速度是有保证的，部分原因是加速了基本指令周期本身，同时也因为三地址指令集意味着一条指令通常可以代替三条。

我们在第五章提到过，弹道研究实验室与摩尔学院签订了建造寄存器的合同，由理查德·默文监督并负责建造。如果寄存器能够按承诺的性能和时间交付，ENIAC 将成为第一台拥有大型高速电子存储器的计算机。但是，相比于同在摩尔学院制造的 EDVAC 延迟线存储器、Univac 的存储单元，以及在小镇另一边由埃克特和莫奇利计算机公司制造的昙花一现的 BINAC，ENIAC 寄存器的进展并不顺利[12]。计划的交付日期一拖再拖。

1949 年初，弹道实验室 ENIAC 小组开始每周召开会议，"讨论这门'艺术'的各个方面"[13]。早期的几次会议上讨论了寄存器指令。5 月 27 日，寄存器终于到了阿伯丁，几天后连接到机器上，但它从来就没有正常工作过。在 6 月 29 日的一次高层会议之后，"摩尔学院考虑要么投入更多资金让它运转起来，要么以相当低的价格卖给阿伯丁"[14]。实际的决定似乎是放弃整件事，因为日志里再也没有提到过寄存器。

"寄存器指令"不能像寄存器那样，它需要从不确定的命运中摆脱出来，而已经有人在这方面作出努力了。新的 ENIAC 专家之一乔治·莱特韦斯纳（George Reitwiesner）认为，寄存器指令的新设置比目前的"转换器指令"速度更快，程序也更紧凑。他认为，即使没有延迟线存储器，安装新系统也是值得的。他计划建造一个"真空管存储单元块"，以补充寄存器指令控制所需的两个额外累加器[15]。这个想法似乎没有得到多少支持。相反，尼克·梅特罗波利斯和克拉拉·冯·诺伊曼所实现的指令集，虽然在理查德·克里平格看来已经过时了，但充当了这台机器在阿伯丁时期的整个运行活动的编码基础。

提高可靠性

从 1948 年初到 1952 年初，ENIAC 的实际表现可以用弹道研究实验室所收集的数据来说明。1948 年第二季度，它在超过一半的时间内都处于修理状态，只有大约四分之一的时间在实际运行。6 个月后，它"解决常规问题的正确操作"的概率是 57%。尽管由于真空管固有的不可靠性，使得 ENIAC 的可靠性仍然比不上贝尔实验室的中继计算机，但情况已经有所好转。根据霍默·斯宾塞汇编的数据，仅在 1952 年一年，ENIAC 就移除了大约 19 000 根失效的电子管[16]。

1948 年后，硬件团队继续对电路进行修补，而操作团队也积累了处理机器缺陷的经验，ENIAC 运行应用问题的时间比例只有一次降低到了 50% 以下，而到了 1951 年初，其峰值数据已达到 70%。在 ENIAC 实际运行工作的大部分生涯中，用于"查找和排除机器故障"的时间大约占 30%。这足以让人感到沮丧，但这并没有阻止这台机器完成了令人印象深刻的工作量。

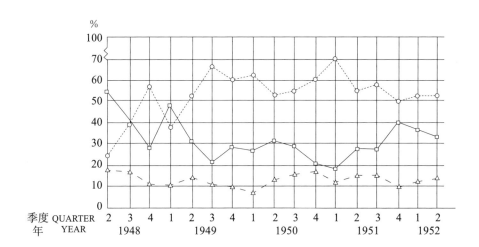

1. ○┈┈┈┈○ 常规求解问题正确运行的时间。
CORRECTLY OPERATING ON THE SOLUTION OF REGULAR PROBLEMS

2. □────□ 定位并修复 ENIAC 机器故障，包括不可复制的现象的时间，
以及预防性特别维护时间。
LOCATING AND CORRECTING MACHINE TROUBLE IN THE ENIAC, NON
DUPLICATION TIME, AND DOWN TIME ON SPECIAL PREVENTIVE MAINTENANCE.

3. △── ──△ 在 ENIAC 上设置新问题，检查程序，数据分析，以及由人的操作错误
引起的停机时间。
PLACING NEW PROBLEMS ON THE ENIAC, CHECKING PROGRAMMING,
DATA ANALYSIS, AND DOWN TIME DUE TO HUMAN OPERATING ERROR.

图 10.1　1948—1952 年间 ENIAC 用于解决问题、进行修复和准备工作的时间对比。（巴克利·弗里茨，弹道实验室备忘录第 617 号报告：对 ENIAC 操作和问题的调查：1946—1952 年，弹道研究实验室，1952 年）

　　到 1952 年 8 月，ENIAC 在新的控制模式下已经完成了大约 75 个不同的程序，其中许多是重复性工作，如生成射击表和分析导弹遥测[17]。许多硬件方面的改进仍在持续，使它实际运行工作的时间和能力不断提高。

　　弹道研究实验室的资料把可靠性的提高归功于 1950 年初启动的"电子管监视计划"，"对电子管的寿命进行测试，并收集有关故障的统计数据"。据称，这个项目提出了电子管测试这一"特殊"方法，并促进了"真空管本身的许多改进"[18]。历史学家也记录了在 ENIAC 初级阶段，摩尔学院的埃克特所提出的同样复杂、全面的真空管测试和检查方法，因此目前还不清楚后来的措施是全新的，还是只重新引入了原本便可以使 ENIAC 可靠运行的技术[19]。一些改进可能仅仅是安装了新的电子管，因为电子公司也一直在改进产品，并

且已经开始针对数字应用进行优化。例如，1948 年 Sylvania 公司推出被称为"计算机管"的 7AK7[20]。

尽管历史学家一直认为 ENIAC 可靠性有限的主要原因是电子管，但电源等不那么新奇的技术改进也同样重要。我们在讨论 ENIAC 的采购时提到，电源是敏感的定制设备。"清洁"输入的电源，消除引起错误及电子管故障的电压波动是一场持续的斗争。1950 年，弹道实验室把发电机连接到电动机旋转的飞轮上为 ENIAC 供电，从而避免了输入电源的清洁问题。该措施切断了 ENIAC 与电网的直接电气连接。

提高 ENIAC 可靠性的另一个平淡无奇的改进是消除了电路中的小瑕疵。在 1945 年狂热的夜班期间，"连线员"的焊接工作并不总能达到最高标准。搬家到阿伯丁的过程中又受到道路震动的影响，脆弱的连接使 ENIAC 在弹道实验室头十八个月里出现"断续"故障。这些故障几乎导致 ENIAC 瘫痪。克里平格在 ENIAC 专利审判的证词中回忆说，斯宾塞"只是简单地检查了一下，就发现太多的冷焊点，然后他把机器里的每个点都重新焊了一遍"[21]。一周又一周，一年又一年，斯宾塞用烙铁检查了 ENIAC 面板上的每一个角落，他重新处理了技术欠佳的焊工留下的每一个小焊料。世界上最复杂的电子设备的命运就取决于这些手艺活儿。

弹道实验室有时会报告 ENIAC 所完成的不同计算任务的数量。这些报告让我们能够很好地理解操作技术和硬件的改进，以及程序开发人员和操作人员不断增长的经验是如何结合在一起，从而显著提高了 ENIAC 的工作效率。例如，1950 年 11 月至 1951 年 3 月期间 ENIAC 完成了下列问题：

（a）膛内弹道属性的计算；（b）轴对称超音速气流的误差评估；（c）确定燃料元件四组分系统平衡组成的两个附加程序；（d）两个完整的轰炸表；（e）对有 9 950 个制导导弹数据点的数据归纳；（f）两个包含常规轨迹计算的程序。

这一列表的内容具有多样性，但也反映了 ENIAC 在 1 个月内平均只运行

3 个程序的情况 [22]。在下一个季度，研究组似乎进入快速转型阶段。ENIAC 已经 "完成了 24 个不同问题的计算（其中涉及程序的 53 个修改）"，也就是说一个月大约有 18 次的程序改动运行工作 [23]。据报道，在之后的几年中 ENIAC 一直在持续改善。

ENIAC 的日常

ENIAC 经常被当作特殊事件来讨论，在以数字 0 结尾的周年纪念日进行庆祝，这期间人类进入了数字时代。但在将近 9 年的时间里，它也一直是在马里兰州阿伯丁的一套房间里。几十个人职业生涯的重要阶段都在这里度过。他们编写程序，操作计算机和一大堆穿孔卡片机，重新焊接更换真空管，维修有问题的电源和空调设备，或者只是在它的房间中心拖地，满足 ENIAC 的各种需求。1948 年底，ENIAC 研究组发展壮大，"第一届 ENIAC 圣诞晚会和晚宴" 有 22 人参加 [24]。ENIAC 已经有点名气了，而且不可否认地充满了异国情调，但俗话说得好，仆从眼中无英雄。这些男男女女年复一年地与机器一起工作，他们体验到的是日常生活单调的满足和挫折感，而不是传说中的英雄的激动。

图 10.2　在阿伯丁设置的 ENIAC。贝蒂·霍伯顿站在前面，格伦·贝克（Glen Beck）（我们对他一无所知）站在后面。1948 年 4 月以后，墙板上的电线和开关很少被改动，只有 3 个可移动函数表上的开关（右，整齐地排列在一起）经常移动。吊顶和定制的空间让络绎不绝的游客能从最好的角度来参观 ENIAC。（美国陆军图）

ENIAC 的面板长达 80 英尺，构成了一个相当大的内部房间的墙壁，中间留出的空间足够容纳较大规模的参观团。对哈里·里德来说，这是一个公共场所。操作日志中记录的各类访客，有卑微的，有些是有权势的，印证了这种看法。以下摘自 1996 年在阿伯丁试验场举行的"研讨会及庆祝活动的记录"：

> 每年春天，西点军校毕业班的学生都会来参观……他们的参观列表里就有 ENIAC。当一大群人进来闲逛，事情总会出点差错。人们总是会撞到电缆之类的……所以我们通常会拿出一副穿孔卡片，里面有一些特殊的诊断测试……这些测试让人可以看到数字在寄存器中的流动，是一个伟大的展示。它让人想起纽约的时代广场。然后，陪同的军官就会提前介绍说："那儿，在这个寄存器里，是子弹的速度，你可以看到它是如何移动的……"这些话没有一句是真的……但是我们侥幸成功了，它看起来确实不错。[25]

在从摩尔学院搬迁到弹道实验室期间，为 ENIAC 所做的防火措施似乎起了作用，1946 年 10 月之后，再没有发生火灾的记录。在阿伯丁，摩尔学院所发生过的洪水事件也没有重演。日志里确实有过电力和冷却系统故障的记录，但显然精心构建的新环境更能满足这台机器的需要。然而它仍然容易受到不那么严重的问题的威胁，例如，意外修改了实现现代代码范式的电线的配置。弹道实验室 ENIAC 操作团队的成员霍姆·麦卡利斯特·莱特韦斯纳（Homé McAllister Reitwiesner）回忆，保洁人员对机器构成了持续的威胁：

> 我们会在早上来，一路环顾 ENIAC 的底部。如果某个插头放在与其他插头不同的地方，就说明清洁人员已经碰掉了它，并随手放在附近的插头旁边。有一天，我们花了好几个小时查找问题，结果发现是清洁人员移动了一个插头。从那以后，我们每天早晨都要检查一遍所有的插头。[26]

里德指出，在大西洋中部闷热的夏季里，穿孔卡片上的湿气是"最大的问题之一"。"由于 IBM 的卡片有吸收水分的特性，而那时我们的读卡机和打印机尤其不能容忍卡片的大小变化，所以有空调的房间都用来处理和存放 IBM 的卡片。"[27] 1949 年 7 月 28 日的日志中指出，在"又一个创纪录的大热天"里，ENIAC 给操作人员带来了麻烦，因此伯纳德·丁斯代尔（Bernard Dimsdale）还建议，把放卡片的柜子转移到存放 ENIAC 辅助打孔卡设备的房间[28]。[在 ENIAC 的职业生涯后期，弹道实验室的工作人员为存放它的空间找到了额外的用途。作为科学计算机最密集的用户之一，实验室是非正式的信息交换网络的中心。20 世纪 50 年代，这些交流活动变得正规起来，参与的技术人员发表了一系列技术报告，详细介绍了所有正在使用的电子数字计算机。有一段时间，该项目的负责人马丁·维克（Martin H. Weik）和他的"特殊系统部门"就把桌子放在 ENIAC 里，以躲避夏季的炎热和潮湿。][29]

天气模拟

在科学史学家看来，在弹道实验室 ENIAC 上运行的最著名计算，是 1950 年的数值天气模拟。这些计算与蒙特卡洛仿真有许多相似之处，为 20 世纪 50 年代 ENIAC 的运行实践提供了最好的书面证据。

天气模拟和蒙特卡洛的"运行"一样，是约翰·冯·诺伊曼安排的，目的是用 ENIAC 处理那些原本计划在高等研究院计算机上运行的工作，因为那台机器研制的进展非常缓慢。天气模拟同样由普林斯顿来的"探险"队进行，他们花了几个星期的时间给卡片穿孔、交换排序，并将大量的穿孔卡片重新输入给 ENIAC。就像蒙特卡洛仿真一样，这项工作用 ENIAC 论证了后来成为科学实践中一个非常重要的领域的可行性。在后来的几十年里，气象和气候研究中心，如国家大气研究中心（National Center for Atmospheric Research），与原子能研究实验室及其巨大的蒙特卡洛仿真系统，竞相成为每一台破纪录超级计算机的第一位和最有影响力的购买者[30]。

自 1946 年起，冯·诺伊曼就一直在向气象学界推销即将诞生的高等研究院计算机，宣传其潜力[31]。据威廉·阿斯普雷说，他选择大气流体力学作为

"无法用以前的数学方法研究的复杂非线性现象的主要例子"[32]。从 1946 年 5 月起，海军研究和发明办公室（Navy's Office of Research and Inventions）开始资助高等研究院数值气象学项目的 5 名专家和其他相关人员。事实上，高等研究院很难找到并留下在气象学和数值分析交叉领域具有专长的研究人员，直到 1948 年朱尔·查尼（Jule Charney）到来以后才改变了这一局面。此后，相关工作开始集中于建立大气流动的数学模型，并平衡真实天气的巨大复杂性和早期计算机的计算能力，以及缺乏准确和均匀间隔的天气观测之间的矛盾。1949 年，查尼作出了一个很有前途的二维模型。不幸的是，由于高等研究院的计算机项目未能取得相应的飞跃进展，当时这一模型几乎没有机会测试。

1949 年 9 月 29 日，美国军械部批准了气象局的请求，允许他们使用两周 ENIAC。当时 ENIAC 仍是美国唯一采用现代代码范式的计算机[33]。此后的工作立即转向设计和编码一个适当简化的模型。最终报告感谢了克拉拉·冯·诺伊曼"对 ENIAC 编码技术的指导和对最终代码的检查"[34]。根据克里斯丁·哈珀（Kristine Harper）所研究的数值气象学历史，约翰·冯·诺伊曼处理了"计算机程序中与数值分析相关的部分"，而朱尔·查尼则深入参与了从其开发的模型到计算机代码的转换[35]。理查德·克里平格要求他们至少提前 1 个月发出"ENIAC 操作的详细代码流程图"，"以便我们的操作员检查编码"[36]。检查非常彻底，以确保有效利用机器时间，并检测可能导致无效结果的错误。约翰·霍伯顿给查尼列出了一长串工作人员所发现的问题、含糊不清之处，以及可疑的错误[37]。

1950 年 2 月，ENIAC 必须首先完成弹道轨道的计算，气象学家"探险"阿伯丁的计划，被霍伯顿所说的"超过正常数量的机器故障和比预期更慢的进展"所破坏[38]。同年 3 月，来自高等研究院、芝加哥大学和美国气象局的 5 名气象学家组成的小组抵达阿伯丁，在 ENIAC 上进行为期两周的试验。在获准进入试验场之前，他们每个人都必须接受安全检查。这种"探险"模式实际是向 ENIAC 早期使用模式的一种倒退。1950 年的弹道实验室以一种更常规的方式运行 ENIAC——工作通常由内部员工在几小时或几天内完成，而不是几周的时间。

　　3 月 5 日（周日）午夜时分，气象学家们开始使用这台机器，33 天后撤退。ENIAC 昼夜不停地运转，其间"只有短暂的中断"[39]。按照通常的做法，头两天是"踩踏板"程序，也就是说，慢慢地通过单步执行来验证其操作的正确[40]。

图 10.3　1950 年，前往阿伯丁进行气象应用考察的参加者站在 ENIAC 前。朱尔·查尼在右边，左二是约翰·冯·诺伊曼。（麻省理工学院博物馆提供）

　　这时候人们发现，虽然 ENIAC 比 1948 年可靠多了，但仍然没有完全摆脱故障。霍姆·麦卡利斯特和克莱德·豪夫（Clyde Hauff）是被派去帮忙的操作员之一，他们与高等研究院的小组密切合作，提前检查代码，并在计算结束后进行跟踪，邮寄结果表格，检查是否还需要输出卡片[41]。ENIAC 失效的情形有很多种，其中有一些是通过检查结果中的蛛丝马迹才发现的。硬件问题由正规的工作人员处理，耽搁了几个小时[42]。尽管预先检查过，但是早期的运行还是产生了一些错误结果，或者花费的时间太长，导致很多次在运行前的最后一分钟，还要修改已经在函数表上设置好的代码块和常量值。查尼估计，约有41% 的机器时间花在有用的工作上面，19% 的时间浪费在"程序错误，也就是我们自己的愚蠢"上，剩下 40% 的时间花费在机器本身的问题上 [43]。

ENIAC 缺少一些高等研究院计算机的先进功能，尤其是浮点运算。正如阿斯普雷所指出的那样，这意味着"在计算之前的大量时间被用于手动缩放变量的试错过程" [44]。ENIAC 另一个明显缺陷是累加器内存有限。查尼抱怨说 ENIAC "缺乏外部存储让我们头痛不已"，不过查尼的模型所需要的内存空间，实际上超出了当时在建的任何一台计算机 [45]。模拟天气仍然高度依赖数据的输入和输出。不同寻常的是，一张特别的图表幸存了下来。这张图表记录了仿真过程中用到的各种穿孔卡片操作，以及它们与不同阶段的模型的关系。这是在 ENIAC 上进行的最复杂的计算之一：20 小时的天气预报需要 ENIAC 不间断的工作 36 小时。

查尼和同事把天气模拟分成许多不同的过程。这样每个过程都足够简单，可以在现有的设备上运行。对每个卡片包，ENIAC 都处理得相对较快。第五个操作是最长的操作之一，需要 23 分钟才能把全部输入卡片运行一遍 [46]。这远不能说是即时的，但它已经是以分钟而不是小时来计量的过程。然而，第五个操作只是天气模拟周期里的 16 个操作之一，而且 20 小时的预报至少需要 6 个计算周期才能生成，因而在许多不同的运行过程中间便需要整理数据卡片。其中，大多数整理数据卡片是手工操作。ENIAC 日志里记录了反复运行的测试情形，这清楚地表明，机器的可靠性仍然不稳定，需要运行两次，然后比较运行的结果 [47]。

处理穿孔卡片占据了天气模拟程序运行的大部分时间，还无法做到等待 ENIAC 自动处理一整副卡片。这个应用程序涉及的穿孔卡片操作要比 1948 年"第一轮运行"的蒙特卡洛问题复杂得多。天气预报与蒙特卡洛模拟一样，反复运用相同的步骤来模拟系统在一段时间间隔内的变化进程。在天气模拟中，每个完整的周期至少代表 1 个小时 [48]。图 10.4 显示，每个周期生成七组中间过渡的穿孔卡片，而每组卡片都构成下一阶段处理的输入。幸运的是，ENIAC 的函数表内存足够大，可以保存所有步骤的程序代码和常量（如最左边的列所示），因此几乎不需要调整步骤之间的切换。七组中间卡片中的六组必须经过手工处理，才能返回并输入给 ENIAC，因此，并不是所有天气预测计算包含的操作都可以由 ENIAC 来处理。例如，操作 2 和 3 在第一组中间卡片包上执行，为 ENIAC 处理的第二阶段（即操作 4）提供输入。"在校对机上进行两次插入操作"之前，卡片包"首先被复制，然后手工修改，再复制三份，再手工修改"[49]。

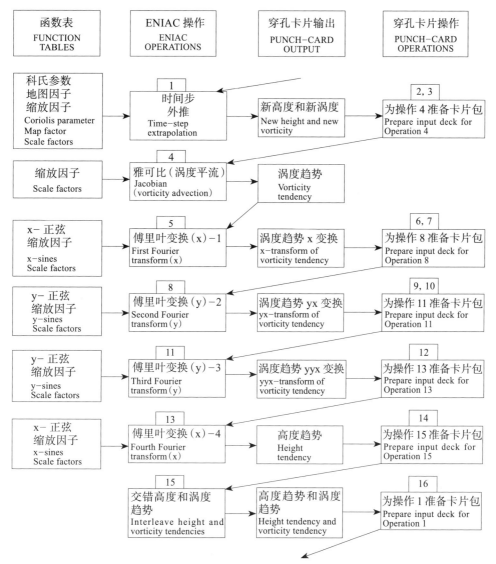

图 10.4 1950 年运行的第一个数值气象模拟程序显示了 ENIAC 程序和手工穿孔卡的处理过程。（由美国气象学会提供；根据普拉茨曼《1950 年的 ENIAC 计算——通向数值天气预报》重新绘制，感谢保罗·爱德华兹）

查尼用了很多种方法检查输出计算结果的正确性。将早期的输出与手工计算进行比较，结果显示两组都存在错误。代码本身、函数表上设置的缩放常量值，以及舍入方法里都发现了错误。错误是一种持续存在的可能性——特别是对穿孔卡片的处理，"每个操作都有人为错误的风险"[50]。在每个 24 小时预报的计算过程中，大约需要给 2.5 万张卡片打孔，其中大多数都是手工处理的[51]。这一工作分三班进行，参加者们轮流睡觉。

工作需要分成若干小步骤，每个步骤都可以利用 ENIAC 有限的内存加以实现。这也影响了数学方法的选择。根据其中一名参与者的说法，ENIAC 的"非平凡"贡献来自于步骤 5、8、11 和 13。在这些步骤中，"为了解泊松方程，拉普拉斯算子被倒置了"。冯·诺伊曼为这个任务选择了一种直接方法，通过一系列步骤得到精确的解。在高等研究院的计算机上运行的模型使用了迭代法，这种方法速度更快，但不好预测计算所需的步数，因此很难把不同的步骤分割开以满足小内存这一限制条件[52]。

这次"探险"立刻就被认为是"天气预报新时代的开始"[53]。1951 年又进行了第二次"探险"，不过 ENIAC 的局限性使它似乎无法再进一步推进所涉技术。1952 年夏天，气象局和军事天气预报研究部门开始安排采用新的计算机技术[54]。那时，高等研究院的计算机终于可以进行下一步的试验了。ENIAC 所使用的天气模拟模型被重新实现，成为这台新机器的测试程序。新机器只花了 90 分钟就完成了 ENIAC 要算 36 个小时的预测[55]。高等研究院的计算机在核心的电子逻辑上明显比 ENIAC 快，但最大的性能提升来自其内部较大规模的可写存储器和磁鼓。它们大大减少了对卡片存储器和外部卡片处理的依赖[56]。高等研究院的计算机使用纸带和慢速电传阅读器，而 ENIAC 用的是 IBM 的穿孔卡单元。当需要将数据推送到外部存储时，ENIAC 具有初始性能优势。但是，一旦高等研究院的计算机升级了穿孔卡设备，只要 10 分钟就能完成预测[57]。气象学研究组还将 ENIAC 实验的结果纳入第一个三维气流模型之中。

ENIAC 在使用中不断发展

ENIAC 的新控制模式挑战了在原始设计中所做的一些权衡。特别是，现代代码范式可不断地从函数表中获取指令。由于函数表的容量相对较大，程序的复杂性有所增加，加上失去了一些以前可用的累加器空间，使得内存有限的 ENIAC 比以往任何时候都更受限制。1951 年到 1954 年间，为了克服所有这些缺点，并更好地支持新的使用模式，ENIAC 对硬件做了一系列修改，大大提高了读取指令和移位操作的速度。程序可以存储在插件板上，根据需要安装或拆卸。这台机器还装备了开创性的磁芯存储器，其高速可写存储器的性能提高了 5 倍。

ENIAC 的某些部分使用得比预期的要多得多，其他部分则很少或者根本没有使用。主程序器几乎没怎么用过，而且大多数累加器只是简单地被当作存储设备，这意味着最初为实现更复杂功能所设计的电路和程序控制都不再是必需的了。

更多更快的函数表

在 ENIAC 的术语中，"函数表"是一个固定的单元，由两个面板组成，包含电路和程序控制，其功能是访问被称为"可移动函数表"的独立单元的开关上设置的数字。这种设计提高了灵活性，例如，离线设置可移动的单元，然后在需要的时候插入函数表。可移动函数表的设计使数据表和程序参数可以很容易地改变。它们不太适合生命周期较长的数据，如标准函数表或可能在多种场合运行的程序代码。

ENIAC 的设计者考虑过几种不同的函数表方案。1944 年 5 月，利兰·坎宁安建议，三个函数表中的两个，应该"通过电传打字机"而不是用手工进行设置，这样数据就可以自动重新加载[58]。约翰·布雷纳德对坎宁安的建议非常热心。阿黛尔·戈德斯坦在 1946 年的报告中提到了另一种不同的设想：构造"固定的"可移动函数表——只读存储器，可以在需要某个特定函数时将其连接起来[59]。不过实际情况似乎是 ENIAC 没有任何这样的函数表，但是 1948 年

12 月又提出了一个类似的存储标准程序代码的方案。不久之后，约翰·冯·诺伊曼写信给克拉拉说，"再做一个'固定'的函数表几乎不需要什么工作量"，弹道实验室的工程师们"决定要做一个"，并"焊接"了她的一些代码[60]。

　　1951 年，ENIAC 增加了第四个函数表。上文所述的后一种方案的变体最终被实现了。这个函数表的大部分数值是通过将插线板夹在正确的位置来设置的，而不是通过转动旋钮。插线板将数字存储成电线穿过小孔这一模式。这是 IBM 穿孔卡机器上使用的一种控制方法。在插线板上存储数据是一项很单调的工作，而且板子上的电线容易纠缠在一起，但是在经常需要访问某个程序、子程序或常量表的时候，它被证明是有利的。它不需要重新设置数千个开关，只要从机架上取下一块预先插好的插线板，然后安装起来即可。这类似于将程序烧录到 ROM 磁带上，然后在需要时将其插入适当的位置。新的函数表使用了几个大小不同的插线板，大概是为了提高子程序和数据表重新组合的灵活性。"两个三板和四个单板的 IBM 插线板"一共可以存储 1 152 位数字[61]。其余的 48 位数字是用开关设置的，修改参数变得非常容易。

　　上面讲述了 ENIAC 的硬件是如何根据用户需要和实际运行需求持续演化和发展的。这种需求指，如何快速地在经常性的工作之间进行切换，或者如何在不影响一个已经建立了常规函数表的特殊项目的同时运行紧急工作。新的函数表还增加了存储程序和常量数据的内存空间，副作用就是那些过时的 ENIAC 原始硬件变得更多了一些。前三个函数表有 104 行，以前是通过一个两位的"参数"选择的。为了能够访问到所有函数表里的行，表示偏移的开关指定一个介于 2 和 −2 之间的值，然后自动添加到参数中。最早的改造计划，保留了把偏移量编码为一部分地址的功能，最初这样做的目的是实现程序的自我修改。第四个函数表只有 100 行，在引入这个表的同时，对其他函数表的代码进行了修改，每个表只允许读写 104 行中的 100 行；这样，原始表里的附加行，以及访问附加行所需要的开关就都变得多余了。

　　1952 年初，这台机器的"高速函数表"修改好了。固定函数表单元进行了修改（从档案记录看不出它们是被替换了还是仅仅被修改了）。对最初的设计人员来说，函数表的访问速度并不需要优先考虑，因为对函数表的访问需要额外的 5 个加法时间，且这种情况只发生在需要从查找表中检索参数或数值的时候。但是在改造之后，机器执行的每条指令都要先从函数表里读出，这就大大降低了 ENIAC 的执行速度。在 ENIAC 第一次被改造为遵循现代代码范式的机器之后，加法的执行（聪明的读者可能会猜到，原始的 ENIAC 只需要一个加法时间）需要 6 个加法时间 [62]。在高速函数表上检索数据只需要一个加法时间，加快了指令执行的周期。举例来说，ENIAC 只需要 3 个加法时间就能完成一次加法运算，或者在 17 个加法时间里完成一次乘法运算，而不是 20 个加法时间 [63]。

优化移位指令

改造成现代代码范式之后，ENIAC 在数字的转换操作上花费了大量时间。累加器能容纳一个 10 位的十进制有符号数。而实际上存储的许多数字都很小，如只有一位的代码、从不超过 100 的计数器，等等。考虑到存储空间如此紧张，用整个累加器存储这样的一个数字非常浪费。在最初的 ENIAC 上，输入和输出端口之间可以有一个被称为"适配器"的设备，把输入的数字重新路由到其他部件。由于 ENIAC 的每一位数字都放在单独的电线上，这很容易做到。移位器把它们向左或向右移动一定数量的位置，可以提供快速的 10 的幂次的乘除能力，而"删除器"则将某些数位替换为 0。

改造之后，程序员用移位指令完成上述这些操作，以及其他的一些操作。将多个变量（例如一个五位数、一个三位数和两个一位数的代码）打包保存到一个累加器中，能够更有效地利用宝贵的存储空间。现代代码范式机制所提供的额外的复杂性使这种方法更容易实现。处理打包保存在累加器里的变量的开销相当大。举例来说，提取 18 号累加器的第 6 位到第 8 位的数字需要 5 条指令：将累加器 18 的内容复制到累加器 15；用移位指令"R5"，将累加器 15 向右移去 1 ~ 5 位；用"移位转移"指令"R' 3"，将感兴趣的 3 个数位向右移动，转移到累加器 12（担任临时工作空间）；累加器 15 清零；然后将累加器 12 的内容复制到累加器 15。如果变量更新了，则需要一个类似的复杂过程，用新的数值覆盖累加器 18 的相关 3 个数位。在规划过程中，对指令集进行了优化，减少了移位操作的数量。例如，51 指令集有一条从函数表里读出两个数位的指令，后来的指令集在这条指令的基础上，增加了在 4 个或 6 个数位上进行操作的指令，消除了多次读取和移位的操作。

第二轮运行的蒙特卡洛程序里，大约有 18% 的指令是移位操作。在 ENIAC 的初始设计中，移位器不会降低计算速度，而现在每次移位都会产生指令序列最基本的"取指和解码"阶段的全部消耗。蒙特卡洛团队已经敏锐地意识到了这些指令所消耗的计算机时间。他们对早期设计的第一次运行程序的分析表明，总计算时间的 32.2% 将花在移位操作上。在计划的 60 指令集中，每条移位指令之后，都有两个数字表示移位的方向和移动的位数。移位指令的执行需要 20 个加法周期，大部分时间都花在处理这些参数上。这可能促使扩展指令集，从而为蒙特卡洛计算提供更简单、更快速的移位指令。它有 20 条不含参数的移位指令，每条指令的执行只需要 9 个加法时间。

弹道实验室认识到移位操作的应用非常普遍，而且仍然是不相称的慢，于是他们为 ENIAC 设计了一套新电路，统称为"电子移位器"或"高速移位器"[64]。移位器使用了一个二极管阵列，为每种可能的移位创建从输入到输出的直接映射，从而消除了移位过程中需要在累加器之间转移数字的问题。这个新配置意味着在执行基本序列所需要的 3 个加法时间里，没有增加任何消耗[65]。现在最频繁使用的操作是最快的。据报道，1952 年 2 月初新的移位器安装后，已经"减少了许多电子管和程序单元"[66]。

磁芯内存

1949 年的寄存器失败以后，ENIAC 内部的可写存储器一直很小，直到 1953 年 7 月，安装了一个完全不同的单元——伯勒斯（Burroughs）公司制造的早期磁芯存储器。新存储器为 ENIAC 增加了额外的 100 个累加器的存储容量，《纽约时报》对此解释说，它"使 ENIAC 可在不用纸带的情况下，处理更复杂的问题"[67]。

有了磁芯内存，ENIAC 跨越了整整一代的内存技术，直接走到了技术的最前沿。磁芯内存自 1951 年开始以来就一直使用，最引人注目的是麻省理工学院的超高速"旋风"计算机。它紧凑、简单、可靠，允许快速访问内存的任何位置。一经完善，它就淘汰了 20 世纪 50 年代早期领先的计算机存储器技术——延迟线和阴极射线管存储器。这两种存储器体积庞大，结构复杂，而且不可靠。为了使计算机的数据需求与延迟线存储器的信号同步，程序员需要付出很大的努力。安装在 ENIAC 上的磁芯存储器是首批从供应商处采购而非内部制造的核心存储器之一，是从伯勒斯公司的费城研究实验室定制的。

将新的内存技术与特殊的旧机器连接起来，也是一项新的挑战。ENIAC 使用十进制数字，每个数字都通过一系列脉冲进行传输。例如，数字 8 以连续 8 个脉冲的形式传输。ENIAC 需要额外的硬件，将内存中每个数字的十进制内部表示，转换为四位二进制序列和 ENIAC 的脉冲序列[68]。新存储器和 ENIAC 的其他部分之间共有 48 根信号线。为了添加这种相对较大的可写随机访问内存，ENIAC 的指令集增加了 4 条新指令。之前所有版本的指令集都分配了两条不同的指令，用于在通用累加器和累加器 15 之间传输数据。显然，这种处理方法无法扩展到磁芯内存所提供的 100 个新位置。修改后的设置将磁芯内存单元作为第五个函数表进行处理。新的"存储"和"提取"指令，扩展了函数表使用的间接寻址方法，在累加器 8 所指定的、表示地址的子字段上进行操作[69]。我们再一次为 ENIAC 的模块化架构所展示的灵活性感到震撼。

新存储器的安装导致"计划内"和"计划外"的工程时间突然增加。增加的原因包括：需要"对服务人员进行电路和机器逻辑方面的进一步培训"；新硬件"实际故障排除经验"的缓慢积累；以及"不熟悉的错误症状，和显然已经不够充分的测试程序"。"对内存崩溃过程中遇到的问题进行的检查"演变成了新的测试程序，经过了 7 次这样的测试之后，机器的可用时间开始恢复[70]。这让我们认识到早期计算机维护人员的重要性，以及将工程专业知识应用于不熟悉的新设备（如磁芯存储器）时所遇到的问题，然后转化为新的日常使用规则这一过程的重要性。

ENIAC 和下一代计算机

1950 年初，也就是 ENIAC 开始投入工作 4 年多之后，它仍然保有当时"美国正在运转的最强大全电子计算机"这一重量级头衔。如果一个计算对于传统的穿孔卡片机（哈佛大学和哥伦比亚大学的少数几台中继计算机）来说过于复杂，人们可以尝试在纽约的 SSEC 或者在阿伯丁的 ENIAC 上运行。ENIAC 机时的标价是每天 800 美元，当时"一天"指 24 小时计算机时间。两天的 ENIAC 价格和一辆新车的平均价格差不多。为外部用户编写程序，通常是由弹道实验室的工作人员完成的，并且必须得到华盛顿军械司令办公室的批准[71]。

1950 年，ENIAC 把它的这一头衔让给了华盛顿国家标准局制造的计算机 SEAC。SEAC 最初被称为"临时计算机"，因为它的目的是大到可以使用，但又小到可以快速构建。尽管 SEAC 的建造远远落后于其预定的完工时间（跟大多数的早期计算机一样），但它的完工速度仍然比任何其他仿照高等研究院计算机的项目都要快。SEAC 比 ENIAC 快一点，并且有更大的可写高速内存。它立即取代了 ENIAC，成为洛斯阿拉莫斯实验室的首选机器。

在接下来的 18 个月里，其他一些团队也成功地制造出了可用的计算机。这些机器包括加州大学洛杉矶分校为国家标准局制造的 SWAC、麻省理工学院的旋风（Whirlwind）、明尼苏达工程研究协会制造的两台计算机，以及约翰·冯·诺伊曼在普林斯顿高等研究院建造的计算机。1951 年，第一台 UNIVAC 计算机被客户美国人口普查局（United States Census Bureau）接收，但直到次年才交付使用。随着 1952 年的到来，ENIAC 仍然是全美常规生产使用的十几种最强大的计算机之一。到了那年年底，它就不再是解决问题的最强大甚至第二强大的计算机了。弹道研究实验室已经把 EDVAC 和 ORDVAC 计算机收入囊中。

EDVAC 这个名字更容易让人联想到《初稿》，而不是真正的计算机本身。我们已经讨论过 EDVAC 项目的早期进展，以及极具影响力的《初稿》与摩尔学院团队工作之间的争论。那些对计算机历史了解较少的人，可能没有意识到

EDVAC 实际上已经交付给了弹道实验室。

EDVAC 的早期设计是在埃克特和约翰莫奇利的指导下完成的，并在 1946 年摩尔学院的讲座上讨论过，但不久之后就被放弃了。约翰·冯·诺伊曼和赫尔曼·戈德斯坦那时正沉浸在他们自己的高等研究院计算机项目中，而埃克特、莫奇利和亚瑟·博克斯也已经离开了摩尔学院。ENIAC 设计团队一些有经验的成员（其中包括凯特·夏普勒斯），在摩尔学院又呆了一两年，到 1947 年，他们作出了一个高度改良的设计[72]。在接下来的几年里，EDVAC 项目的其他几个负责人来了又走，最后的产品因为人才流失而遭受了巨大的损失。

EDVAC 的设计逐渐脱离了《初稿》的极端简单性。例如，它的指令集跟 ENIAC 提出的"寄存器指令集"一样，在有 3 个地址字段的指令中定义了算术运算，并且与其他有延长线存储器的机器（比如 Pilot ACE）一样，增加了另一个地址，可指定要取出的下一条指令的位置。在构思和设计期间，它的复杂性和真空管的数量大大增加了。

1949 年，EDVAC 被运到弹道实验室，安装在一个勉强能塞下它的房间里。几年来，它带给人们的只有挫折感。它的延迟线内存系统极其不稳定，毫无希望，而且没有用于输入或输出的相关功能设备。20 世纪 40 年代中期，磁力线似乎是磁带这种同样没有经过验证的技术的可行替代方案，但摩尔学院的研究小组因为决定使用磁力线而走进了技术死胡同。EDVAC 甚至没有特殊的寄存器，也没有连接传统纸带或穿孔卡设备所需的物理接口。

EDVAC 的质量很差，直到 1952 年，也就是抵达阿伯丁 3 年之后，它的运转情况才开始变好，可以分配各种工作。一份官方文件婉转地指出，它"有大量的边缘电路，必须修改后才能投入使用，超出了能够忍受的限度"[73]。迈克尔·威廉姆斯（Michael Williams）的说法更加直接。他记录了 EDVAC 的大量缺陷，文章最后这样结束："EDVAC……已经一去不复返，很多为她工作过的人都会说，没关系。"[74]

EDVAC 继续发展，摩尔学院的外围硬件（例如不可靠的电源）被替换下来，补充了新的输入和输出设备，EDVAC 的可靠性得到提高，最终稳定了下来[75]。在 1962 年退役之前，它为弹道实验室提供了 10 年日渐可靠的服务[76]。

ORDVAC 是 1952 年加入弹道实验室的另一台计算机，它和 20 世纪 50 年代初美国的许多计算机一样，是在高等研究院冯·诺伊曼团队的设计基础之上制造的。这种设计传播得很广，其影响比机器本身大得多。然而，将仿照这种设计而研制的机器称为"克隆"，可能有些夸张。它们在许多重要的方面都有区别，如指令集通常不兼容、使用了一系列不同的存储和内存技术。尽管如此，他们的体系结构还是有明显的家族相似性。

1945 年之后，基于摩尔学院建造的设备所经历的重重问题，包括 ENIAC 的寄存器和 EDVAC，弹道实验室被说服与其他单位签订了下一个合同。ORDVAC 由伊利诺伊大学建造，并于 1952 年 2 月交付。[77] 按照早期计算机项目的标准，这个项目的进展迅速而且顺利。同样，机器被转移到阿伯丁，在那里进行了最初的故障排除工作。伊利诺伊大学对机器的每个部件都各造了两个，并用备件给自己的数字计算机实验室建造了一台 ORDVAC 副本。该副本被称为 ILLIAC，成为当时世界上最重要的计算机研究小组之一的核心设备，使伊利诺伊成为后来领先的计算机科学中心。

1952 年底，弹道实验室统计了 ENIAC、EDVAC，以及 ORDVAC 的运行数据。由于多年累积的操作经验，ENIAC 平均每周只有 48.1 小时的"工程时间"（即维修停机时间），不到 EDVAC 的一半。ENIAC 每周能完成 67.1 小时的实际运行工作，而 EDVAC 是 21.7 小时，ORDVAC 为 29.4 小时。在每台早期计算机的硬件完全稳定可靠之前，故障排除和调试的时间都很长[78]。

最后比较得出的结果，并不怎么令人满意。将新程序加载到 ENIAC 上需要手工设置数百个开关，而新机器从纸带上自动载入程序的时间则很短。然而，ENIAC 每周因为"问题设置和代码检查"而损失的时间只有 20.4 个小时，EDVAC 是 23.3 个小时，而 ORDVAC 则是 39.1 个小时。ENIAC 在运行作业方面的效率，可能要归功于弹道实验室的程序员在旧计算机上获得的经验、ENIAC 的测试程序库、指令集的简单性，以及代码调试的简便性[79]。新机器的修修补补工作一直持续到 1953 年。尤其是 EDVAC，它增加了几块新硬件，进一步减少了运行程序所需的时间。但是，ENIAC 作为实验室生产力主力的位置仍然没有受到挑战[80]。

ENIAC 被超越

与 ENIAC 一样，弹道研究实验室的新机器也在不断改进，以更好地满足用户的需求。例如，EDVAC 交付时没有任何关于数据和程序的存储机制，作为补偿的权宜之计，设计人员给它增加了一个纸带接口。纸带是一种常见的技术，可以与标准的穿孔器和读卡器一起使用。它比穿孔卡片慢，并且难以处理大量数据。1953 年，EDVAC 增加了穿孔卡片接口。1955 年，EDVAC 增加的磁鼓存储器投入使用，1958 年是浮点运算单元，1961 年则是磁带单元[81]。

弹道实验室不断引导其内部所拥有的计算机的发展，使它们能够最大限度地实现技能和数据之间的互用。ENIAC 由一个特别的"ENIAC 部门"管理。后来，为处理 EDVAC 和 ORDVAC 的编程和操作需求，设立了平行的部门。然而很快，实验室的领导们就意识到，如果程序员们在这三台计算机上都接受过培训，那么他们的工作效率会更高，就可以更专注于应用问题，而不是特定的某台机器。这使得人们非常重视如何使这三台计算机在用户面前看起来更相似——例如，在 EDVAC 和 ORDVAC 上增加穿孔卡输入，这样它们就可以在 ENIAC 使用的同一媒介上读写数据。最初，ORDVAC 花了 38 分钟用纸带来填充它的 1 000 个字的内存，然而这对那些有经验的人来说太长了[82]。ENIAC 永远没法读二进制或文本卡片，但它的卡片接口做了一些调整，使它与其他机器上的穿孔数字卡片能够兼容[83]。

旧机器不可能永远都保持竞争优势。安装了磁芯存储器之后，支持 ENIAC 这台机器的工程师花费了更多的时间来改进它。1954 年夏天，与 EDVAC 或 ORDVAC 相比，虽然 ENIAC 因计划外维护而损失的时间更多，但它仍然有更多的时间用于生产工作（平均每周 84 个小时），并且只有 2 个小时闲置。然而，无论 ENIAC 工作多少小时，它的生产率都无法与年轻的同类机器相比。它平均每周只能运行 5 个不同的程序，且中间有 14 个"新变化的问题"。平均一项工作需要 1.2 小时的设置和指令集检查时间，5.4 小时的处理时间。现在，ENIAC 一周干的活儿比 5 年前整整一个月完成的工作还要多，但它的速度面临新一代产品的挑战。ORDVAC 平均一周运行 31 个程序，252 次修改，通常一个作业需要不到一个小时的时间来检查和运行，所以当 ENIAC 的操作员还在检查开关设置时，它就已经完成了计算。EDVAC 在进入弹道实验室 5 年之后仍未得到充分利用，每周只能花 24 小时处理生产问题。尽管如此，这个永远的"懒人"最终还是在那年夏天成功地超过了 ENIAC，执行了 24 个不同的程序，有 119 次修改[84]。

新的磁芯存储器最终使 ENIAC 的时钟速度从原来尼克·梅特罗波利斯发现最稳定的 60 千赫有所提高。1954 年的一份报告说："ENIAC 现在通常使用 90 ~ 100 千赫范围内的脉冲，因为（新的磁芯）存储器在这个频率下运行的可靠性更高。"[85] 不幸的是，磁芯存储器也破坏了 ENIAC 的可靠性。从 1954 年 12 月到 1955 年 5 月，它每周用来维修服务的时间增长到 60.8 小时，而生产工作时间只有 44.6 小时。尽管也有令人愉快的说法，称时钟速度的提高抵消了所增加的修理时间，并使 ENIAC "在整体上成为一台更快的计算机"，但它现在每周有 51.8 个小时因为缺少工作而闲着。重复的工作转移到了其他机器上，它漫长的职业生涯已经接近尾声[86]。

ENIAC 的退出

ENIAC 揭幕时受到了全国媒体的关注，一位将军在典礼上按下了按钮，还有隆重的晚宴。这些备受瞩目的事件为几十年后的法律纠纷和个人恩怨持续提供素材。相比之下，它的最终关闭几乎没有引起世界的关注。我们也没有从任何回忆录、口述历史或档案材料中找到对此事的描述，只有日期和时间（1955 年 10 月 2 日晚上 11 点 45 分）被保留了下来。

《数字计算机通讯》（*Digital Computer Newsletter*）忠实地记录了 ENIAC 的成就和改进升级，但只是在总结弹道实验室最近一个季度计算机正常运行时间的脚注里，提到了它的终结："ENIAC 的数据统计以 8 周时间为单位。"在过去的这最后 8 周里，它平均花费 49 个小时进行维护服务，33 个小时空闲，只有 2.3 小时运行了作业。

有资料说 ENIAC 被一次雷击损坏，然后遭到遗弃[87]。如果这是实情，这将是一个戏剧性的结局：ENIAC 被流过它的电子管、推动计算实践转变的同一种力量摧毁。然而，如果雷击真的发生，那也只是让不可避免的结局提前了几周发生。这台旧机器几乎没有什么工作可做，而员工的开支和维护费用却和以前一样昂贵。它的残骸从计算实验室里被运了出来，在接下来的十来年里，在阿伯丁试验场的某个角落慢慢地腐坏。

注 释

［1］"Operations Log," May 17 and 18, 1948.

［2］"Description of Orders for Coding ENIAC Problems," July 6, 1948, HHG–HC, box 1.

［3］"Operations Log," July 12–14, 1948.

［4］同［3］，July 22 and August 5, 1948. 克里平格计算的结果发表在 Richard Clippinger and N. Gerber, BRL *Report No. 719:Supersonic Flow Over Bodies of Revolution (With Special Reference to High Speed Computing)* (Ballistic Research Laboratory, 1950).

［5］"ENIAC: Details of CODE In Effect on 16 September, 1948." 新的指令集支持用主程序器控制固定的循环，并包含延迟和停止指令。

［6］"Operations Log," October 9, 1948.

［7］Bergin, ed., *50 Years of Army Computing*, 35.

［8］Melvin Wrublewski, "ENIAC Operating Experience," *Ordnance Computer Newsletter* 1, no. 2 (1954): 9–11 (in HHG–APS, series 4, box 1).

［9］Clippinger, *A Logical Coding System*.

［10］1948 年 4 月 20 日的操作日志记录了"与克里平格和丁姆斯代尔讨论了用于寄存器的新代码开发"。规划中的指令集参见 B. Dimsdale and R. F. Clippinger, "The Register Code for the ENIAC," in *BRL Technical Note 30:Report on the Third Annual Meeting of the Association for Computing Machinery* (Ballistic Research Laboratory, 1949): 4–7, 11–14. 当时 ACM 还没有会议论文集，这是参加会议的 BRL 成员的总结。

［11］EDVAC 在 1945 年 9 月买了一个短的延迟线，可能是对冯·诺伊曼的编码实验的回应。Eckert and Mauchly, Automatic High–Speed Computing. 图灵在那年年底的 ACE 报告里也采用了相同的策略。

［12］Nancy Stern, "The BINAC: A Case Study in the History of Technology," *Annals of the History of Computing* 1, no. 1 (1979): 9–20.

［13］"Operations Log," January 10 and January 20, 1949.

［14］同［13］，June 29, 1949.

[15] G. W. Reitwiesner, "Stand−by Plan for Operation of the ENIAC," April 1, 1949, ENIAC−NARA, box 2, folder 3. 提出一种比已有累加器更有效的存储器设计。

[16] Homer W. Spence, "Operating Time and Factors Affecting It, of the ENIAC, EDVAC, and ORDVAC During 1952," ENIAC−NARA, box 2, folder 10.

[17] 已知共有 87 个问题在 ENIAC 上运行。我们认为，原始模式大约解决了 12 个问题。转换到现代代码范式后的头四年似乎解决了 75 个问题。

[18] Kempf, *Electronic Computers Within the Ordnance Corps*, 34.

[19] Akera, *Calculating a Natural World*, 100–102.

[20] 麻省理工学院 Whirlwind 项目的代表非常关注 7AK7 的制造标准，以验证它作为长寿的电子管是否适合新计算机。Brown et al. to Forrester, "Investigation of 7AK7 Processing, Emporia, PA," March 16, 1948, in Project Whirlwind Reports, MIT Libraries. Online at http://dome.mit.edu/ handle/1721.3/38986.

[21] Richard F. Clippinger, ENIAC Trial Testimony, September 22, 1971, ETR−UP, p. 8 888.

[22] "Aberdeen Proving Ground Computers: The ENIAC," *Digital Computer Newsletter* 3, no. 1 (1951): 2.

[23] "Aberdeen Proving Ground Computers," *Digital Computer Newsletter* 3, no. 3 (1951): 2.

[24] "Operations Log," December 13, 1948.

[25] Bergin, *50 Years of Army Computing*, 154–155.

[26] 同 [25]，45.

[27] 同 [26]，153.

[28] "Operations Log," July 28, 1949.

[29] Bergin, ed., *50 Years of Army Computing*, 54.

[30] 冷战期间，国家大气研究中心得到的资助从未达到过像洛斯阿拉莫斯这样的规模，但它是 Cray 超级计算机的主要客户，也是唯一一个购买了 Cray−3 超级计算机的客户（1993 年）。

[31] Aspray, *John von Neumann and the Origins of Modern Computing*, 137.

[32] 同 [31]，121.

[33] Sayler to Richelderfer, September 29, 1949, JGC−MIT, box 9, folder 299.

[34] Jule G. Charney, Ragnar Fjørtoft, and John von Neumann, "Numerical Integration of the Barotropic Vorticity Equation," *Tellus* 2, no. 4 (1950): 237–254, quotation from p. 254.

[35] Harper, *Weather by the Numbers*, 141.

[36] Clippinger to Charney, December 12, 1949, JGC−MIT, box 9, folder 299.

[37] Holberton to Charney, February 7, 1950, JGC−MIT, box 9, folder 299.

［ 38 ］同［ 37 ］。

［ 39 ］Platzman, "The ENIAC Computations of 1950—Gateway to Numerical Weather Prediction," quotation from p. 307.

［ 40 ］Charney to von Neumann, July 15, 1949, JvN–LOC, box 15, folder 2.

［ 41 ］"Skeet" (Hauff) to Charney, April 26, 1950, JGC–MIT, box 9, folder 302. 查尼在回信中回忆了他们"一起恶作剧"的美好回忆，还询问了豪夫的妻子和孩子的情况，表明这位来访的科学家和操作员之间的关系相当融洽。

［ 42 ］Platzman, "The ENIAC Computations of 1950—Gateway to Numerical Weather Prediction."

［ 43 ］Charney to von Neumann, July 15, 1949, JvN–LOC, box 15, folder 2.

［ 44 ］Aspray, *John von Neumann and the Origins of Modern Computing*, 143. Platzman, "The ENIAC Computations of 1950—Gateway to Numerical Weather Prediction" 这篇文章在第 311 页提到了扩展的困难，这也得到了日志记录的证实。

［ 45 ］Charney to Hauff, September 6, 1950, JGC–MIT, box 9, folder 302.

［ 46 ］"Operations Log," March 9, JGC–MIT, box 9, folder 301.

［ 47 ］同［ 46 ］，March 13.

［ 48 ］"时间间隔最初是一个小时，后来增加到两个小时，然后是三个小时，但发现较大时间间隔的预测结果实际上是相同的，并没有导致计算的不稳定。" Charney, Fjørtoft, and von Neumann, "Numerical Integration of the Barotropic Vorticity Equation."

［ 49 ］Platzman, "The ENIAC Computations of 1950—Gateway to Numerical Weather Prediction," quotation from p. 310.

［ 50 ］同［ 49 ］。日志记录了由于遗漏了准备输入卡片的步骤而重复运行的几个程序实例。

［ 51 ］Charney, Fjørtoft, and von Neumann, "Numerical Integration of the Barotropic Vorticity Equation."

［ 52 ］Platzman, "The ENIAC Computations of 1950—Gateway to Numerical Weather Prediction," 310.

［ 53 ］Joseph Smagorinsky, quoted in Aspray, *John von Neumann and the Origins of Modern Computing*, 143.

［ 54 ］Aspray, *John von Neumann and the Origins of Modern Computing*, 146–147.

［ 55 ］同［ 54 ］，146. 根据 Charney, Fjørtoft, and von Neumann（ "Numerical Integration of the Barotropic Vorticity Equation"），ENIAC 预测一次的时间超过 24 小时，但据估计，"通过彻底地把作业程序化"，ENIAC 的运行时间可以减半。

［ 56 ］普林斯顿高等研究院计算机的延迟线存储器容量是 1 024 个字，还有 2 048 个字的磁鼓存储器，每个字 40 位（同［ 55 ］，87）。在运行预测程序的时候，ENIAC 执行乘

法操作需要大约 20 个加法时间，也就是 4 000 微秒的时间。Fritz, *Description of the ENIAC Converter Code*, 24. 据报道，普林斯顿高等研究院计算机需要 713 微秒。

[57] ENIAC 与 IAS 机的相对计时同 [56]，145.

[58] Brainerd to Goldstine, May 6, 1944, MSOD–UP, box 48 (PX–2 General Jan–Jun 1944).

[59] Goldstine, A Report on the ENIAC, Ⅶ –13.

[60] J. von Neumann to K. von Neumann, December 7, 1948, KvN–MvNW.

[61] Fritz, *Description of the ENIAC Converter Code*, 7.

[62] ENIAC 采用了类似于后来从内存中"预取"指令的技术，即一条指令的执行与下一条指令的提取在时间上重叠。假定这段时间是顺序执行。因此，最简单的操作例如加法（初始化转换后需要 6 个加法时间），它执行的时间被获取下一条指令的时间固定了下来。对于更复杂的操作，如乘法（在初始转换后需要 20 个加法时间），ENIAC 会触发它的"基本序列"（类似于后来的取码和译码周期），以便下一条指令在需要的时候正好到达。执行分支意味着下一条要执行的指令还没有被取出来，导致花费的时间比平常更长。"Detailed Programming of Orders, ENIAC Converter Code," ENIAC–NARA (ENIAC Converter Code Book Used Before Installation of Shifter and Magnetic Core Memory).

[63] "Aberdeen Proving Ground Computers: The ENIAC." 一份没有标题的文件给出了高速表的早期设计，保存在 ENIAC–NARA，box 4, folder 14。文件指出，将所需的地址传输到高速函数表需要一个加法时间，接收其内容需要半个加法时间。不过，它还指出，进一步改进会将总时间减少到一个加法时间。这台机器职业生涯后来的指令执行时间参见 "Listing of Add Times of ENIAC Converter Code," June 1, 1954, ENIAC–NARA, box 4, folder 1.

[64] J. Cherney, "Computer Research Branch Note No. 40: High Speed Shifter," ENIAC–NARA, box 4, folder 1.

[65] "Changes to BRLM 582 'ENIAC CONVERTER CODE'," circa June 1954, ENIAC–NARA, box 4, folder 1.

[66] Wrublewski, "ENIAC Operating Experience." 我们不确定淘汰了什么。

[67] "Sidelights on the Financial and Business Developments of the Day: Military Memory," *New York Times*, December 20, 1952.

[68] "Revised Specifications for Static Magnetic Memory System for ENIAC," October 9, 1951, ENIAC–NARA, box 4, folder 1.

[69] 新指令定义了 store 和 extract 的两个版本。两种方法的一种使用间接寻址，另一种使用固定地址，地址由存储在指令之后的参数指定。尽管内存本身在一个加法时间内

就能检索到数字，执行这些操作需要 5 ~ 7 个加法时间，使得磁芯内存比累加器内存大约慢 1 倍。"Changes to BRLM 582 'ENIAC CONVERTER CODE'," circa June 1954, ENIAC–NARA, box 4, folder 1.

[70] Wrublewski, "ENIAC Operating Experience." 关于磁芯存储器可靠性问题的进一步讨论参见 Melvin Wrublewski, "An Engineering Report on the ENIAC Magnetic Memory," *Ordnance Computer Newsletter* 2, no. 2 (1955): 11–13 (in HHG–APS series 4, box 1).

[71] Fritz, *Description of the ENIAC Converter Code*.

[72] Michael R. Williams, "The Origins, Uses, and Fate of the EDVAC," *IEEE Annals of the History of Computing* 15, no. 1 (1993): 22–38.

[73] Kempf, *Electronic Computers Within the Ordnance Corps*, 54.

[74] Williams, "The Origins, Uses, and Fate of the EDVAC," quotation from p. 37.

[75] Kempf, *Electronic Computers Within the Ordnance Corps*.

[76] Williams, "The Origins, Uses, and Fate of the EDVAC."

[77] Spence ("Operating Time and Factors Affecting It ... ") 给出了一个数字，1953 年初 ORDVAC 有 3 063 个真空管。由于新功能的增加，这个数字会随着时间变化。

[78] "Aberdeen Proving Ground Computers," *Digital Computer Newsletter* 5, no. 2 (1953): 7–8.

[79] 同 [78]。

[80] 根据 BRL 那年记录的结果，ENIAC 在问题设置和代码检查上花费的时间仍然少于这两种新机器。它平均每周花 79.4 个小时运行生产任务，而 EDVAC 是 30.4 个小时，ORDVAC 是 53.7 个小时。"Aberdeen Proving Ground Computers," *Digital Computer Newsletter* 6, no. 1 (1951): 2.

[81] Williams, "The Origins, Uses, and Fate of the EDVAC."

[82] Kempf, *Electronic Computers Within the Ordnance Corps*.

[83] J. F. Cherney, "Branch Report No. 48: Modifications of the ENIAC's IBM Input–Output Sign Sensing System," November 9, 1953, NARA–ENIAC, box 2, folder 10.

[84] "Aberdeen Proving Ground Computers," *Digital Computer Newsletter* 6, no. 4 (1954): 2. EDVAC 应用问题的编码似乎远远跟不上它的速度，它每周有 60 个小时空闲，而 ENIAC 是 2 小时。

[85] Wrublewski, "ENIAC Operating Experience."

[86] "Aberdeen Proving Ground Computers," *Digital Computer Newsletter* 7, no. 3 (1954): 1.

[87] Computer History Museum, "ENIAC (in online Revolution exhibit)," n.d., accessed January 23, 2015 (http: //www.computerhistory.org/revolution/birth–of–the–computer/4/78). 同样的主张参见 Williams, "The Origins, Uses, and Fate of the EDVAC."

第十一章

ENIAC 及同时代的"存储程序"计算机

本章我们将以更广阔的视野把 ENIAC 放在对早期计算机来讲非常普遍的"存储程序概念"这一历史背景之下，与其他那些正处于黄金工作期的计算机进行比较。历史学家们一致认为"存储程序"将现代计算机与发展程度较低的前辈计算机区分了开来，20 世纪 40 年代这个概念的发展和采用构成了计算机历史上最重要的分界线。然而，正如多伦·斯韦德（Doron Swade）最近指出的那样，历史学家对于它为什么如此重要的原因意见并不统一。多年来，斯韦德一直"认为存储程序的重要性是不言自明的"，他自己的困惑应该归结为"理解不深"，或者是他在计算机科学教育方面"有所欠缺"。而当他"变得大胆起来"，"开始请教"计算机历史学家和先驱们时，他们所给出的答案却"不尽相同"。"它所带来的主要好处是原理性的还是实践性的"，这个问题的答案"令人沮丧地模糊不清"。斯韦德的结论是："在所有的回答中，有一点完全一致——没有人质疑存储程序是现代数字电子计算机的关键特征"。他接着说，"尽管给出的理由各不相同，但都没有低估它的深远意义"，"但是，我们很难用简明的语言阐述它的意义，而且它在原理和实践上的明显结合，也使得清晰表达变得更加困难"[1]。

现在几乎普遍认为，"存储程序概念"是冯·诺伊曼在《关于 EDVAC 的报告初稿》（简称《初稿》）中首先提出的，它被定义为（通常是隐含的）我们在第六章中所分离出的一些特性的组合，由现代代码范式、冯·诺伊曼体系结构范式，以及 EDVAC 硬件范式的一些特性组合而成。《初稿》究竟是首先提出"存储程序概念"的文本，还是它最有影响力的表述？学者们对此存有争议。有些人认为，艾伦·图灵或者普雷斯普·埃克特和约翰·莫奇利才是真正的发明者。虽然传统上认为 ENIAC 只是为激发"存储程序概念"提供了一个低效但可在其上进行改进的模型，但 ENIAC 和新范式之间的实际关系要复杂得多。我们已经看到，ENIAC 在其职业生涯的中期经过重新配置，获得了运行现代代码范式所编写的程序的能力，成为第一台由《初稿》直接塑造出来且可以实际运转的计算机。如果把这种设计看作 ENIAC 的后代，那么从某种角度来说，ENIAC 就成了自己的子孙，与 EDVAC、高等研究院的计算机及其衍生品，乃至 Univac、EDSAC、ACE 家族，以及曼彻斯特机器（Manchester machines）等这些表兄弟是并列在一起的。

本章我们将探讨一个历史问题——历史学家是怎样开始用"存储程序概念"来定义现代计算机的，以及他们为什么坚持要使用这个概念？我们研究了现存的存储程序概念与 1948 年后运行的 ENIAC 之间的关系等相关历史讨论，然后，对 ENIAC 作为通用计算机与其他同代计算机（包括那些没有选择 EDVAC 模板的计算机，如 IBM 的 SSEC）的性能进行了更广泛、更注重实践的分析。

但是，我们首先要详细讨论通常被认为是"存储程序概念"的第一个表述：1944 年 1 月埃克特描述的一种新型计算机器。

埃克特的磁计算机器

埃克特和莫奇利后来声称，1944 年初已经全部完成了"存储程序"的技术突破，包括指令修改。埃克特使用了明确的修辞说法：

> 我的最成功的计算机思想，在今天被简称为"存储程序"，对我们来说是一个"显而易见的思想"，一个我们从开始就认为是理所当然的想法。显然，计算机指令可以用数字代码来表达……很明显，主程序器在控

制循环和计数迭代等方面的功能，可以通过允许在计算机器中修改指令而非常自然地加以实现。[2]

莫奇利在生命的最后阶段写道，因为在设计 EDVAC 时，"很自然地，'架构'或'逻辑组织'是我们首先要考虑的事情"。到 1944 年初，他们已经决定使用单一存储设备、单一运算单元和完全的集中控制[3]。然而，摩尔学院的记录显示，一年后他们仍在讨论给 EDVAC 提供多个运算单元的可能性。这表明从 ENIAC 架构到最终 EDVAC 的体系结构的转变，比埃克特和莫奇利所回顾的要更缓慢、更渐进[4]。

埃克特于 1944 年 1 月发表的《有关磁性计算机器的披露信息》，经常被引用来支持他们的主张。它勾勒出基于连接到旋转轴上的金属盘或鼓的计算机存储器这一想法。这段关键的文字，其隐晦的全文是这样的：

> 如果使用多轴系统，由于提供了更长的时间尺度，因此支持有关设施和自动编程的设备将大大增加。这样就显著地扩展了这种机器的用途和吸引力。这种编程可以在合金盘上临时设置，也可以在蚀刻的盘片上永久设置。[5]

有人称这段文章证明，埃克特已经计划在 ENIAC 的继任者上实现存储指令和数据的互换。南希·斯特恩（Nancy Stern）在一份重要的早期历史文献中总结说："早在冯·诺伊曼知道摩尔学院的几个月之前，存储程序概念，即便是还没有开始发展，但也已经被构想出来了。"[6] 有人还指控冯·诺伊曼盗用了埃克特和莫奇利的突破性成果。记者斯科特·麦卡特尼（Scott McCartney）或许是这一主张的最有力支持者，他收集整理了一系列来自埃克特、莫奇利和其他摩尔学院老兵的言论，质疑冯·诺伊曼的道德和诚实。麦卡特尼总结说："冯·诺伊曼的许多行为……似乎都是精心策划的，目的是争得发明计算机的名誉。"[7]

无论从狭义上讲，即程序的指令和数据不加区分地存储在同一个可写可寻址的存储介质中，还是从更广泛的意义上讲，即它包含了《初稿》的其他主要思想，我们都不同意上面所引用的公开内容是关于"存储程序概念"早期陈述的观点。如果埃克特描述的是一种通用的机器，其范围和通用性与 ENIAC（原始的 EDVAC）相当，那么这个结论才会显得可信。但是，这篇披露短文介绍的发明是"一种构造数值计算机的简化方法"，其中"保留了普通机械计算机器的一些机械特性，并与某些电子和磁性装置相结合，以创造一种更快速、更简单的机器"。在最后一段埃克特又回到了这个主题，指出这种机器的"制造成本应该更低，因为电气部件的精度远远低于同等的机械部件。维修也会减少，因为电气部件的可靠性高，寿命长，而剩余的机械部件只有非常简单的轴承，寿命很长"。

虽然此时的"计算器"和"计算机"这两个词，并没有以任何系统的方式指代不同种类的机器，但埃克特的披露中的描述表明，他提出的是一种改进的台式电子计算器。Merchant 计算机器公司（Merchant Calculating Machine Company）生产的计算器是那个时代最复杂的机械设备之一。通过键盘控制，计算结果输出在刻度盘上。齿轮、传动轴和杠杆组装在一起进行基本的加减乘除运算，而这些复杂的配置被塞进一个可放在桌子上的小盒子里。制造公差非常精确，装配很有挑战，而且计算器需要专家来定期维修。这些机器广泛应用于科学、工程和商业领域，因而更好的替代产品的商业市场是明确存在的，但价值几十万美元的大型自动计算机的前景却非常模糊。

埃克特保留了传统计算器里"被称为时间轴的、由电动机驱动的连续旋转的轴"。机械计算器里齿轮的位置可以用来存储数字。但埃克特建议将数字储存在"盘片或鼓上，这些盘片或鼓的外边缘由一种磁性合金制成，能够被反复磁化和高速退磁"。数据存储在"扇区"中，这个术语至今仍在使用。埃克特首次描述了硬盘驱动器（从 20 世纪 60 年代开始广泛使用）和磁鼓存储器（20 世纪 50 年代领先的存储技术）。用电子逻辑驱动传统的机械指示盘是很困难的，所以埃克特还提出了一种特殊的、通常带有 0 ~ 9 数字字符的指示盘或鼓。当磁盘旋转时，根据"频闪观测原理"，这些数字被闪烁的氖灯照亮，从而显示出结果。

约翰·阿塔纳索夫的计算机使用旋转的鼓来存储工作数据，用电容而不是磁来表示数字。从盘片或鼓上读取数据的速度慢得多，电子逻辑操作需要匹配这个速度，从而大大降低了计算速度（后来莫奇利严厉地批评了这一点），但也显著降低了成本[8]。实际情况是，阿塔纳索夫声称发现了一种非常便宜的数据存储方法，促使莫奇利 1941 年 6 月驱车前往爱荷华州来探查。这次旅行如今已广为人知。用速度的降低来换取低成本和大容量，对于 ENIAC 这样的高端计算机来说，这种折中方案并不受欢迎，但对台式计算器极具吸引力[9]。阿塔纳索夫 - 贝里计算机原型的制造成本还不到 7 000 美元。埃克特可能因而认为，批量生产的更简单的计算器可以卖到 1 000 美元左右，与高端的机械计算器价格相当。按照 20 世纪 40 年代电子计算机项目成本和工期的乐观标准，这看起来并不荒谬。

历史上的讨论主要集中在，埃克特提到在他的机器的旋转磁盘上设置"自动编程"。然而，我们不应该就此得出这样的结论，即埃克特使用了"编程"一词的现代意义。在 ENIAC 的整个开发过程中，"程序"主要指"程序控制器"为执行单个操作而采取的行动，而不是后来的为解决某个特定应用问题所设置的一整套指令[10]。1944 年初，ENIAC 项目的第一次进展报告发布，而这正是埃克特写这份披露报告的时候。报告里的"编程"通常用在"编程电路"里，每个单元的"编程电路"根据单元外部开关的设置按顺序来执行操作，只是偶尔才接近当今这个词所表示的含义，指代更松散的设置开关的活动。"将这些［基本操作］结合在一起解决应用问题"，被描述为"设置一个问题"，而不是编程。报告中"ENIAC 建立的问题"这一章节，也没有出现"程序"一词。报告在其他地方指出，ENIAC 因为不必"为自动设置互连和自动编制程序制造单独的设备"，因而加快了设计、建造和测试的速度[11]。

"自动编制程序"一词首先出现在与乘法器有关的 ENIAC 文件中。乘数必须放在与乘法器直接连接的累加器中。1944 年 6 月的进度报告提出："当程序脉冲发送到乘法器的任何程序控制器时，乘数和被乘数所在的累加器将被自动编程，以接收乘数和被乘数。"在这里，不是人类的操作员而是乘法器单元在为累加器"编程"[12]。

对埃克特所讨论的"自动编程"的理解,应该参考那个时代的用法:它指的不是解决特定应用问题的一套完整指令,而是控制单元收到执行复杂操作的指令(如乘法)后,继而在机器的运算单元自动触发一系列基本操作的过程。高速的乘除法运算能力使机械计算器比单纯的加法计算器贵得多,将原本紧凑合理的内部单元设计推向了极限。埃克特在披露文件里建议加法作为唯一的基本操作,从而极大地简化了这一点。在他的计算器里,"减法、乘法和除法"将"通过一系列的加法过程来完成",而这些加法操作必须以某种顺序执行。埃克特介绍了自动控制的概念,"圆盘或滚筒的边缘或表面被蚀刻",这样,它们旋转时会"产生脉冲或其他电信号,以便启动和控制计算所需的操作,并对这些操作进行计时"。他指出,这"类似于某些电子风琴的音调生成机制",通过对旋转圆盘边缘上的凸起进行磁性解读,来确定按键所产生的频率组合。

埃克特提出的过程类似于后来的微程序概念。根据蚀刻在磁盘上的控制序列,用户请求的某个数学函数(如乘法)将触发执行一系列的操作(如加法和数据传输)。这使我们能够理解埃克特令人费解的说明,即"多轴系统"将使"支持有关设施进行自动编程的相关设备大大增加",因为"提供的时间标度更长"[13]。埃克特希望程序和数据分别存储在不同的磁盘上,甚至是不同类型的磁盘上。他提到,圆盘的外边缘被磁化,每个磁盘只有一个数据轨道。因此,程序操作(如乘法)最大的复杂度受到程序磁盘旋转一周所需时间的限制。更慢的旋转轴为操作提供"更长的时间尺度"。由于需要单独的轴以便数据磁盘比程序磁盘旋转得更快,因此,在旋转较慢的程序盘发送新代码以触发下一个操作之前,计算器将有时间完成一个编码操作,包括从旋转较快的数据盘检索或更新一个数字。埃克特和莫奇利对在一台机器中使用不同转速设备的想法肯定很熟悉——阿塔纳索夫的计算机在旋转轴上安装了一个小磁鼓,转速是主存储器磁鼓的 16 倍,用来临时存储数字之间的进位信息。

将操作序列构建到硬件中,然后按需执行,这一想法也很熟悉。我们已经提到过的 ENIAC 自己的乘法器和除法器单元就是例子。1943 年底,ENIAC 计划开发一种"函数生成器",可以存储函数的某些值,并实现插值算法来生成中间值^[14]。哈佛的 Mark Ⅰ 也采取了类似方法：一些专门功能，如乘法、除法、对数、指数和正弦函数，以及内插等，被实现在硬连接里，调用其中一个就会在机器上触发一系列复杂的步骤。在回顾过去的时候，这些专门的功能单元经常被称为"子程序"。这样一个单独的操作可能需要整整一分钟才能完成^[15]。用埃克特的"自动编程"机制来实现这些函数和其他函数则是很容易的。

埃克特在我们读到的披露文件里提出了一个交互的、个人使用的计算器设计方案，未来这一计算器在计算生态系统中占据的位置类似当时最先进的机械计算器。他建议"用普通键盘把数字输入机器"。相对而言，20 世纪 40 年代实验用的电子计算机和机电计算机，只能从穿孔卡片或纸带上获得数据和输出结果。这些介质都很贵——尤其是穿孔卡片，IBM 卡片的利润率非常之高。埃克特的披露文件对这个可能获得专利的发明作了初步声明。他以尽可能宽泛的术语来描述其潜力，以便最大限度地扩大专利范围。他提到可以使用纸质的载体进行输入和输出，但在结论中重新强调了键盘控制的设想，称他的计算器比"使用卡片和纸带的机器"更经济，因为"机器的操作通常不使用任何材料，只消耗电力"。

埃克特和莫奇利建造电子计算器的总体目标甚至可能早于 ENIAC 项目。莫奇利在 ENIAC 的专利审判中作证说，早在 1941 年 1 月，他就开始设计"相当简单"的机器，"基本上就是能存储足够信息的台式计算器，这样就不必反复输入要重复使用的数字了……但用的是键盘，而不是穿孔卡片"^[16]。1944 年，工程能力远超搭档的埃克特，似乎又回到了这个想法上。

埃克特设想的计算器比 ENIAC 更简单、更便宜，但性能远不如 1944 年夏天承诺给弹道实验室的 ENIAC 的后继产品。然而我们可以看到，埃克特在披露文件中探讨的思想与我们所称的 EDVAC 硬件范式之间存在一些相似之处。计算器使用二进制而不是十进制来表示数字，使逻辑电路得到简化。它激进的成本目标把简单性放到最重要的位置，促使埃克特通过串行而不是并行传输数字，从而最小化逻辑电路。

埃克特没有提到从控制带上读取指令序列的可能性，也没有提到把这些指令复制到盘片或鼓中进行内部存储的可能性[17]。如果仅从披露文件便得出埃克特已经采用了 EDVAC 方法的结论，当然是不合理的。EDVAC 的技术路线是指令与数据可互换性地存储在可寻址的存储介质中，每次读出一条编码指令并执行[18]。在《初稿》之前讨论 ENIAC 升级和后续版本的现存材料中，并没有讨论指令格式或寻址系统。即使在 1945 年初，埃克特和莫奇利在 EDVAC 上所能花费的时间也很少。从各种可能获得专利想法的披露文件中可以看到，他们的主要心思都用在了存储技术延迟线和磁盘上。事实上，他们获得了延迟线存储器的专利授权[19]。

从披露文件的细节中抽离出来，我们得出的结论是，历史学家对单一的"存储程序概念"的迷恋迫使埃克特的崇拜者基于这几个相当模糊的词来评价他对 EDVAC 的贡献，这掩盖而不是揭示了更多的东西。这种方法低估了埃克特对现代计算机的贡献。1944 年初，在推动 EDVAC 项目向前发展的过程中，埃克特使用延迟线构建大型、高速、可重写内存的想法，比他关于控制的早期想法重要得多。在埃克特取得突破之前，还没有足够大的高速可写内存来存储任何有用的程序。如果有人建议使用 ENIAC 风格的累加器来处理程序指令和数据，那么与其说他是天才，不如说是白痴。埃克特对存储技术的专注及其对延迟线和旋转磁性介质的认识，都证明了他是伟大的工程师。

存储程序概念

我们在本书避免不加区分地使用术语"存储程序"，而倾向于用现代代码范式、冯·诺伊曼体系结构范式和 EDVAC 硬件范式来定义《初稿》的贡献。这避免了在讨论"存储程序概念"时所隐含的这个杰出思想包含了全部现代计算机的发展。

现在我们通过"存储程序"的历史史料，来证明这个选择的合理性。我们早些时候已经看到，在 20 世纪 40 年代后期，对 EDVAC 类型机器的讨论明确了它的一些明显进步。冯·诺伊曼架构与新的存储技术相结合，使计算机的构造比之前的更小、更便宜、更可靠。两个很有趣的历史过程在这里相互交织：

一个是探索《初稿》及相关文件中产生的许多想法，最终都归结为一个共识的过程，即 20 世纪 40 年代末的计算机与它们的前任区别开来的最关键特性，是指令和数据被保存在一个共享存储器中；另一个是将专业术语"存储程序"附加到该概念上的过程。

术语"存储程序"的最早使用

尽管《初稿》在后来的历史著作中被赋予了重要的角色，但其实它并没有定义"存储程序"的含义。实际上，"程序"这个词从未在《初稿》里出现过。约翰·冯·诺伊曼一贯喜欢"代码"（code）胜过"程序"（program），喜欢"记忆"（memory）胜过"存储"（storage）。"记忆代码"比"存储程序"更为自然地概括了指令的存储。因此，目前使用术语"存储程序"来描述沿此条技术路线建造的计算机，需要作一些历史性的解释。这个词在字面上传达的信息很少。任何计算机能执行的程序都必须以某种形式存储。《初稿》本身就注意到，"指令的形式必须是设备可以感知的：在穿孔卡片或电传打字机的纸带上打孔，在钢带或钢丝上压磁，在电影胶片上拍摄照片，连接到一个或多个固定的或可交换的插件板上，这个列表还不一定完整"[20]。

"存储程序"又过了好几年才出现。1948 年发布的摩尔学院讲座的讲义里没有包含这一短语[21]。无论是 1947 年在哈佛大学举行的会议的记录，还是道格拉斯·哈特里在 1947 年和 1949 年出版的介绍性书籍，或是在 1949 年剑桥大学计算机会议的记录，以及在工程研究协会 1950 年出版的《高速计算设备》（*High-Speed Computing Devices*）里，也都找不到这个术语[22]。实际上，我们在 20 世纪 40 年代的任何出版物里都没有找到它。

20 世纪 40 年代，出现了许多其他描述新一代计算机的术语。用得最多的是"数字自动计算机"。"数字"将它们与模拟机器（如微分分析仪）分开。"自动"一词指机器，而不是人。另一个流行的形容词是"电子"，使高速机器有别于他们的机电祖先。这些词汇，并不能总是很明确地区分 ENIAC 或 IBM 的 SSEC，与模仿 EDVAC 的计算机之间的差别。《高速计算设备》将诸如 ENIAC 和 EDVAC 这样的机器一起归为"大型数字计算机系统"一类[23]。

1951 年的 AIEE-IRE 联合会议提出了一种类似的隐式分类法。根据这种分类方法对"高速数字计算机操作"的归纳，哈佛大学的 Mark Ⅲ，甚至 IBM 低档的卡片程序计算器和新型的 EDVAC 式计算机被分在了同一类里 [24]。

"存储程序"一词究竟从何而来，为什么它最终取代了诸如"EDVAC 类型机"之类的替代词，来描述新型计算机呢？我们能确定的最早使用时间是 1949 年。这一年，在纳撒尼尔·罗彻斯特（Nathaniel Rochester）的指导下，IBM 波基普西（Poughkeepsie）工厂的一个小团队生产出了 IBM 第一台 EDVAC 类型的计算机，一般称它"测试组装机"。这个实验系统使用了 IBM 的第一台电子计算器，即 604 电子计算器，作为拼凑而成的计算机的算术单元。它还连接了一个新的控制单元——阴极射线管存储器和一个磁鼓。

IBM 604 本身已经包含一个可以容纳 60 条指令的插件板，因此这台机器有两种潜在的编程机制。为了区分用电线连接的插件板程序和存储在 250 个字的电子存储器或磁鼓上更复杂、更灵活的指令序列，研究小组开始称后者为"存储程序"。罗彻斯特在 1949 年写的一份建议书中提到，一旦复杂性达到一定程度，插件板的成本和编程所需的工作量就会使它变得不切实际。因此，他断言："解决这一难题的最佳方案是，机器从制表卡片包上获取计算程序，并将它与数字数据一起保存在计算器的存储区。"这份报告的标题是《使用静电存储器和存储程序的计算器》[25]。

到目前为止，"存储程序"在出版物上最早出现在 1950 年，是对诺斯罗普飞机公司（Northrop Aircraft Corporation）的磁鼓数字微分分析仪 MADDIDA 的描述："由一种新型的存储程序控制。"[26] 但现在，尽管 MADDIDA 的控制信息存储在内部的磁鼓上，它并不被认为是存储程序计算机，甚至不被认为是可编程计算机。在此情况下，这个术语指的似乎是磁鼓控制，与使用现代代码范式没有关系。

术语"存储程序"在 20 世纪 50 年代开始流行

纳撒尼尔·罗彻斯特和他的 IBM 合作者一直使用"存储程序"这个术语来描述他们所研发的产品，从测试组装机到其后继产品磁带处理机，直至最终发展到 701（IBM 的第一款计算机产品），均是如此。例如，测试组装项目的资深人士克拉伦斯·弗里泽尔（Clarence Frizzell）指出，701 是"通过存储程序控制的"[27]。

在后来的用法中，由存储程序控制的数字计算机被浓缩成"存储程序计算机"。在 1951 年 AIEE-IRE 联合会议上发表的一篇论文中，IBM 两名员工展示了公司的卡片编程计算器（CPC）。该卡片编程计算器将 604 电子计算穿孔机与卡片驱动的控制单元连接起来。作者称赞了这种配置的灵活性和速度，并将其与"存储程序机器"进行了对比，他们说，对于"存储程序机器"，"由于可用的存储空间有限，通常有必要节省指令序列的长度"[28]。

1953 年，IBM 的另一名员工沃克·托马斯（Walker Thomas）在一篇题为《数字计算机编程基础》（*Basics of Digital Computer Programming*）的论文中断言，"所有存储程序的数字计算机都有 4 个基本要素，内存或者存储、算术、控制和终端设备或输入输出"，因为"指令经过编码保存在内存中的形式是数字，代表计算数据的数字和代表指令的数字是没有什么区别的"，因此，指令可以"被其他指令执行，以改变其含义"[29]。"存储程序"的进化已经超越了其字面意义，包含了现代代码范式的两个重要特征：程序和数据保存在相同的存储器当中，以及计算机使用相同的指令和技术来修改存储程序及修改数值数据。

到了 1953 年，"存储程序"在电子计算机用户群里得到充分接受。兰德公司的威利斯·威尔（Willis Ware）已经可以在文章中把它称为"我们现在所知道的'存储程序机器'"[30]。这句话在 20 世纪 50 年代并不十分普遍，但它经常出现在会议记录中，特别是在 IBM 公司员工的演讲中。IBM 曾经希望 650 型计算机成为"使商业和企业熟悉存储程序原理的关键因素"，而存储程序原理是电子数据处理的基础。1953 年，IBM 650 面世并且公开发布，这个希望终于实现了[31]。然而，这一短语似乎并没有进入 IBM 精心控制的文档和广告官方词汇。

"存储程序计算机"成为史学术语

20 世纪 60 年代，"存储程序"概念的使用并不比在 50 年代更普遍。这可能是因为那个时代所有的主流数字计算机都是从可寻址内存,而不是直接从纸带、插板或外部开关来执行程序的。在书籍或者文章的标题里,"数字计算机"就意味着存储程序控制。只有随着人们对计算机历史的兴趣增加,才使得有必要将存储程序计算机与其他类型的数字计算机区别开来。计算机先驱赫尔曼·戈德斯坦的著作《计算机:从帕斯卡到冯·诺伊曼》(*The Computer from Pascal to von Neumann*)里大量使用了"存储程序"一词,使"存储程序"一词在 20 世纪 70 年代迎来了复兴[32]。戈德斯坦当时是 IBM 公司的研究员,帮助建立了这个相对晦涩的技术术语,并使它越来越多地进入各类历史叙述话语的中心位置。

ENIAC 通常被历史学家认为是一台"通用"计算机,而不是"存储程序计算机",尽管这两者可以分离的观点有时会引起争议。在 1981 年一篇关于 ENIAC 的文章中,亚瑟·博克斯和艾利斯·博克斯试图精确定义通用计算机的功能[33]。研究早期历史的权威布莱恩·兰德尔(Brian Randell)则回应认为 ENIAC 不是通用的,因为它缺乏通用计算机的关键特性——"根据目前的计算结果,在可读写内存中选择指令",这是"所谓存储程序计算机最重要和最突出的特征"[34]。换句话说,兰德尔认为,只有 EDVAC 类型的计算机才能被认为是通用计算机。这是一种修正主义的立场,因为 ENIAC 在 20 世纪 40 年代就被已经称为是"通用"的了。例如,约翰·布雷纳德在 1946 年发表了一篇文章,其副标题是《ENIAC 是有史以来被开发出来的第一台全电子通用计算机》[35]。

20 世纪 70 年代关于谁是"第一台计算机"的争论,在没有确定的获胜者的情况下,历史学家们集体撤回了这一比喻性的奖项。之后,早期计算机的最大荣誉便是谁是"第一台存储程序计算机"。这个奖被两台英国机器——剑桥大学的 EDSAC 和曼彻斯特大学的小型试验机器(昵称 Baby)共同分享。Baby 于 1948 年 6 月 21 日运行了第一个程序。

曼彻斯特大学的 Baby 是为了测试一种新型的阴极射线管存储数据方法而制造的。它以最简单的配置快速组装起来——指令集只有 8 条指令(不包括 add),存储管只能容纳 32 个字。Baby 运行了几个测试程序来证明存储器的可靠，但在重新部署其部件以构建全尺寸计算机之前，它从未处理过任何有实际用途的程序。

相比之下，按照当时的标准，剑桥大学的 EDSAC 是一台功能强大的计算机。这台机器 1949 年 5 月 6 日开始运行第一个程序，一直服役到 1958 年。它的研制者创建了一个丰富、全面的子例程库，编写了第一本编程教材，并构建了包括汇编程序在内的系统编程的基石[36]。EDSAC 和 ENIAC 一样，被应用于许多科学和数学问题。马丁·坎贝尔－凯利和威廉·阿斯普雷在他们关于计算机历史的权威综述中写道，1949 年 5 月 EDSAC 首次成功运行意味着"世界上第一台实用的存储程序计算机问世了，计算机时代也随之到来"[37]。这一共识实际上把 ENIAC（用电线和开关编制程序）和哈佛的 Mark Ⅰ（从纸带上读出指令），错误地放在了历史分界线的另一边。

"存储程序"成为"概念"

"存储程序概念"的出现是"存储程序"一词演变的第三阶段。该术语最初从字面上描述了一种程序，但很快就被用来表示一类"存储程序计算机"。对这个概念的历史讨论进一步扩展了其意义，并暗含了"存储程序概念"是第一代真正的计算机与其前辈之间的分界线。由于要区分的机器如此之少，人们可以同意诸如哈佛 Mark Ⅰ 不是存储程序计算机，EDSAC 是存储程序计算机，而不必确定它们之间的许多差异中，哪些组合是必要和充分的。新共识的确暗含了分界线应包含将数据序列载入存储器并作为程序执行的能力；然而，正如多伦·斯韦德所发现的，这在多大程度上可以被视为唯一的显著差异，或是更广泛的转变的一个方面，可能而且确实存在很大差异。

将"存储程序概念"视为构建现代计算机的决定性特征，这一共识促使人们尝试在其定义中加入更多特性。在一篇题为《存储程序概念的起源》的报告中，艾伦·布鲁姆里（Allan G. Bromley）基于不同的发明者，划分了 10 个"子概念"。根据布鲁姆里的说法，发明"阶段"早在《初稿》之前就开始了，以电子数字运算的发明为始，至几年后的微程序设计和汇编程序结束[38]。其他人则认为，图灵读了《初稿》之后几个月后就开始了 ACE 的设计工作，并增加了冯·诺伊曼错过或未能充分发展的一些关键因素[39]。我们赞许把现代计算机的不同方面加以区分和澄清的努力，我们也承认，在随后的几个月和几年里，《初稿》中所传播的各种范式得到了持续阐述。然而，用一个统一性的术语 "存储程序概念" 来囊括所有方面，会破坏我们对这一问题的整体理解。

历史学家也倾向于将 "存储程序概念" 和 "冯·诺伊曼架构" 视为同义词，从而进一步模糊了它们的含义。坎贝尔 - 凯利和阿斯普雷不无沮丧地指出，"计算机科学家经常提到'冯·诺伊曼架构'，而不是更平凡的'存储程序概念'，这对冯·诺伊曼的合作者是不公平的"[40]。

近年来，"存储程序概念" 越来越多地与更形式化的概念，如在内存足够的情况下计算机的 "图灵完备" 或 "通用"，混为一谈。20 世纪 40 年代对计算机建造者的讨论很少提到图灵的理论工作[41]。然而，更近一些的讨论常常迎合后来的计算机科学家对理论问题的关注来论证存储程序计算机的优点，而忽略了对设计者来说最重要的实用问题[42]。

现在这种联系已经成了约定俗成式的观念，这里我们引用 3 个最近的例子，这样的例子还有很多。在撰写本文时，维基百科的页面上对 "存储程序计算机" 的定义是 "一种将程序指令存储在电子记忆里的计算机"。它补充说，"通常这个定义会扩展为，要求内存中程序和数据的处理是可互换的"，然后说，"存储程序计算机的想法可以追溯到 1936 年的通用图灵机理论"[43]。保罗·塞鲁齐在《计算机简明历史》（*Computing：A Concise History*）一书中，将存储程序计算机定义为 "指令（即程序）和指令所操作的数据保存在同一物理存储设备中"，并认为这 "将图灵的思想扩展到了实际机器的设计当中"[44]。多伦·斯韦德最终摆脱了他此前所勇敢承认的困惑得出结论："内部存储程序" 是 "通用图灵机的实际实现"，因此得到了 "功能的可塑性，这在很大程度上可以解释计算机和智能化产品的令人瞩目的繁荣发展"[45]。甚至还有人称艾伦·图灵是存储程序计算机真正的发明者[46]。

"存储程序计算机" ENIAC

关于 1948 年后的 ENIAC 能否被看作一台存储程序计算机，目前的文献给出了相互矛盾的解释，反映了这一概念本身所固有的模糊性。许多参与早期计算机讨论的人都对这台或那台机器的主张有很深的情结。例如，我们之前有一篇论文，其同行审稿人反对讨论 ENIAC 有没有实现或者如何实现《初稿》中的想法，谴责我们"试图将改造后的 ENIAC 等同于真正的通用存储程序计算机。对同行的计算机历史学家来说，这就像玩文字游戏。ENIAC 本身是一台非常重要的机器，但它不是真正的通用存储程序计算机"。"存储程序概念"实际上定义了一个分界线，从而把 ENIAC 从下一代计算机区分开来，我们公然挑战传统历史叙事结构里公认的"第一"，是不言自明的异端邪说。审稿人没有指出论文里任何具体的证据和推理瑕疵，便建议拒稿。

相反，一些参与过 ENIAC 改造的人认为，ENIAC 确实是一台存储程序计算机。在生命的最后阶段，琼·巴蒂克写道："ENIAC 是世界上第一台存储程序计算机，我知道它是，因为是我领导的团队把它变成了存储程序计算机。"[47]理查德·克里平格同样声称自己是 ENIAC 改造的主要负责人。在 1970 年的一个口述历史里说得更加细致，ENIAC 是"微程序控制的机器，它的控制程序存储在函数表中，与保存指令的内存并不相同，而且指令也不能操作自己"[48]。

这些主张会招致，而且也已经遭到了两种观点的攻击。第一种观点认为，ENIAC 从未成为存储程序计算机。第二种说法则认为，ENIAC 是在专门制造的存储程序计算机曼彻斯特 Baby 之后，才被改变成存储程序计算机的。1948年 6 月 21 日是 Baby 运行第一个程序的时间。

第二个反对意见，即时间问题，我们在讨论 ENIAC 改造时所引用的主要资料来源已经对此进行了明确的驳斥。赫尔曼·戈德斯坦在他 1972 年出版的、颇有影响力的著作《计算机：从帕斯卡到冯·诺伊曼》中，用几段文字描述了 ENIAC 的改造，看起来明确无误但实际上没有任何引用来源。他说："1948 年9 月 16 日，新系统在 ENIAC 上运行。"[49]这已经是曼彻斯特的里程碑事件发生几个月之后了，似乎让讨论 ENIAC 只读系统的状态变得毫无意义。后来的作家［包括汉斯·诺伊科姆（Hans Neukom）所出版的一本详细论述 ENIAC 改造过程的著作］普遍接受了戈德斯坦关于新系统在 ENIAC 上运行的时间的相关观点[50]。

第一个反对意见——认为改造后的 ENIAC 并不是真正意义上的存储程序计算机——不能这样明确的反驳。那些对 ENIAC 的成熟配置进行过仔细研究的、不很偏激的专家，通常会将它描述为一种存储程序计算机，但会用一两个形容词对它进行限定。

尼古拉斯·梅特罗波利斯在最早的一篇关于计算机历史的文章里认为，ENIAC 完成了通向存储程序计算机的第三步（"内部控制的计算"，1946 年）和第四步（"存储控制计算机"，1948 年），但最后一步"存储程序的可读写记忆存储器"没有完成。因此，"ENIAC 应该是第一台运行只读存储程序的计算机"，而"BINAC 和 EDSAC 是最先运行动态可修改存储程序的计算机"[51]。戈德斯坦称 ENIAC 是"一台有点原始的存储程序计算机"[52]。阿斯普雷在他对冯·诺伊曼计算工作的权威论述中，称 ENIAC 是"（只读的）存储程序计算机"，而它的使用模式是"存储程序模式"，并为能够执行"存储程序的操作进行了修改"[53]。但是，把"原始"这个词附加到"存储程序计算机"前面，无论怎样也算是承认了 ENIAC 是存储程序计算机。这在逻辑上使 ENIAC 成为第一个可操作的存储程序计算机。然而，阿斯普雷和戈德斯坦从他们自己文本的含义中退缩了。也许是被时间问题弄糊涂了，在其他地方他们又认可了 EDSAC 是第一台可用的存储程序计算机，SEAC 是美国第一台可用的存储程序计算机。

亚瑟·博克斯在 20 世纪 70 年代研究了 ENIAC 的改造，注意到了这对矛盾。他的结论是："ENIAC 的程序语言与冯·诺伊曼计算机的程序语言一样具有相同的指令功能，只是后者还有革命性的地址替换指令。"[54]博克斯坚持认为，地址替换指令对于"存储程序概念"来讲是必不可少的。1990 年，他为《IEEE 科技纵览》（*IEEE Spectrum*）杂志审阅了阿斯普雷的一篇文章《存储程序概念》（*The Stored Program Concept*）。该文章内容只有一页，但博克斯的评语有足足四页。阿斯普雷的草稿赋予 ENIAC 一个重要角色，称之为"第一个全尺寸的存储程序计算机工作模型"。博克斯坚持认为"存储程序必须是可读写的"，因此 ENIAC 仍然只是"可编程的，但不是存储程序的计算机，这是普遍接受的存储程序概念的定义"。他警告说，阿斯普雷的语言，如果从逻辑上解读，隐含了"1948 年的 ENIAC 是第一台真正的计算机"的观点。阿斯普雷发表的论文采纳了博克斯的建议，"删除了所有提及 1948 年的 ENIAC 的内容"[55]。

两种立场似乎都不尽如人意，进一步证明"存储程序概念"作为一种类别分析标准是不充分的。我们赞许梅特罗波利斯 40 年前提出的"分级定义"概念，但计算机历史学家们采取了不同的方向。阿斯普雷和戈德斯坦选择的描述语言同样反映了这样一个事实，即 1948 年的 ENIAC 实现了 EDVAC 设计的某些方面，但不是全部。在"存储程序概念"的话语中，其真理性只能通过添加形容词来模糊地表达，承认 ENIAC 的次等角色。博克斯定义的"存储程序计算机"ENIAC 没有办法做到。然而，这种观点武断地否认了《初稿》与改造后的 ENIAC 之间真实直接的联系。特别是，博克斯没有承认 ENIAC 通过将跳转目的地存储在可写的累加器内存（一种间接寻址的形式）中，而获得了与冯·诺伊曼的 EDVAC 同样的地址修改能力。后者允许直接操作指令的地址字段。

"存储程序"的定义之争让我们想起了电影《战争游戏》(*War Games*) 中最真诚的教诲：唯一的制胜法宝就是不去玩这个游戏。经先驱者和历史学家之手，"存储程序"这一词语的生涯非常复杂，使其本身超额承载了许多相互矛盾的含义，令人绝望。1948 年的 ENIAC 与其中的一些含义一致，但与其他的不一致。我们对"现代代码范式"的定义是 1945 年《初稿》提出的新类型程序所具有的特点。1948 年蒙特卡洛计算保留下来的 ENIAC 代码和流程图与冯·诺伊曼团队在文章中所描述的那些有明显的相似之处。

另一方面，20 世纪 40 年代人们通常所理解的"EDVAC 类型"机器的意义在于新的冯·诺伊曼体系结构的简单和灵活。结合 EDVAC 硬件范式的核心新的内存技术，使所需的昂贵且不可靠的电子管数量急剧减少。而改造后的 ENIAC 体积依然庞大，电子管数量巨大，因此没有被其他计算机研究团队关注。据我们所知，1948 年的 ENIAC 的改造对任何其他计算机的设计都没有产生直接影响。相比之下，曼彻斯特 Baby 的阴极射线管存储器的演示却成为轰动一时的大新闻[56]。

ENIAC 和它的同行

现在我们不再继续进行这种语义游戏，而是把 1948 年的 ENIAC 作为一个实用工具，也作为冯·诺伊曼及其合作者在《初稿》以及随后的出版物里所引入的计算机设计和编程等新思想的体现，与 20 世纪 40 年代末的其他机器进行比较。只有突出这里所述的 EDVAC 的某些方面，而忽略其他因素，才能把曼彻斯特 Baby、EDSAC 和 Pilot ACE（这些机器一向被归类为"存储程序计算机"）与 1948 年的 ENIAC 区分清楚。

1948 年的 ENIAC 更接近 EDVAC 在许多方面的愿景，与曼彻斯特 Baby 相比，这一点尤为突出。例如，冯·诺伊曼坚持使用大容量存储器，偏爱 8 192 个 32 位字。然而，Baby 的存储器只有 32 个字，程序和数据都塞在里面，并且能运行的程序范围很小。ENIAC 的可写存储器同样也很小，但它的只读存储器更接近冯·诺伊曼所建议的方案。可以根据特定问题的需要在程序代码和数字数据之间进行划分，这也是他建议的。1948 年的 ENIAC 和 Baby 都通过拨动开关来编程，但 ENIAC 将它大量的开关阵列作为可寻址的存储器，而 Baby 是每次将输入复制到可写内存中的不同位置。《初稿》明确说明了，应该能够将结果存储在外部介质上并反馈回计算机。与 Baby 不同的是，带有打卡器和读卡器的 ENIAC 可以做到这一点，甚至可以用穿孔卡直接执行程序[57]。

SSEC 和"存储程序概念"

IBM 的选择性序列电子计算器 SSEC（Selective Sequence Electronic Calculator）采用了一种古怪的设计方案，同时是 ENIAC 同时代产品中较容易被忽视的一个。它为 ENIAC 提供了特别有趣的比较对象。两者都是独一无二的机器，SSEC 却没有被纳入 20 世纪 40 年代计算机领域一系列"第一"当中，这些关于"第一"的故事都被大书特书。SSEC 安装好之后于 1948 年 1 月投入使用，并在 IBM 纽约总部的街头展示了几年。它比其他任何类似的通用机器都要早。与 ENIAC 一样，它也被一些有大量计算需求的组织追捧。例如，洛斯阿拉莫斯实验室的一些计算起初准备在 ENIAC 上运行，后来发现 SSEC 的存储容量超出了 ENIAC，于是立刻就将计算工作转移给了 SSEC。

SSEC 的设计方案没有明显地受到《初稿》中所表达的思想的影响。尽管如此，它也偶尔被吹捧为第一台存储程序计算机，因为它的指令是从占用空间相对较大的机电继电器存储器或相当拥挤的电子存储器中获取并执行的 [58]。SSEC 可以在存储器里同时保存数据和特定的指令，还可以在程序的控制下对它们进行修改，从而满足 "存储程序概念" 的那个广为使用的定义。但是，如果我们把这台机器当作一个整体来看待，那么就会为这样的事实感到惊讶：一个拥有可用资源如此之多的团队，生产出的产品也远比 EDVAC 类型计算机更复杂，但它所具有的能力相差非常之远。

SSEC 很快就显得格外特别。它配备了大量的高速穿孔卡阅读器和纸带阅读器，且纸带阅读器大都基于一种不寻常的 80 列设计，其中的 "纸带" 实际上是一卷穿孔纸。每条指令都包含一个两位数的代码指定要取出的下一条指令的来源（通常是一个纸带驱动器）。要重复执行的代码部分，如子程序和循环，需要用胶枪把纸带的首尾黏住，形成一个物理循环。条件分支是通过将控制转移到单独驱动器上的不同纸带，而不是跳转到相同程序序列中的不同位置来实现的 [59]。

表 11.1 改造前和改造后的 ENIAC，与冯·诺伊曼 1945 年的 EDVAC 和 20 世纪 40 年代后期其他 3 台计算机的比较

	1945 年的 EDVAC	1945 年的 ENIAC	IBM SSEC	1948 年的 ENIAC	曼彻斯特 Baby SSEM	EDSAC
第一次运行的时间	N/A	1945.12—1946.1	1948.1	1948.4.12	1948.6.12	1949.5.6
程序加载来源	未指定机制。器官 R 作为存储器	通过 "设置" 重新连线	直接从卡片或纸带运行	旋转开关	拨动开关	5 道纸带；"启动命令" 的端口中内置了 31 个字的存储器

（续表）

	1945 年的 EDVAC	1945 年的 ENIAC	IBM SSEC	1948 年的 ENIAC	曼彻斯特 Baby SSEM	EDSAC
程序执行的载体	水银延迟线	开关、插件板和专门总线的分布式系统	高速纸带	开关板	威廉管	水银延迟线
程序执行的其他载体	N/A	N/A	中继存储器；电子存储器	直接从穿孔卡	N/A	N/A
可读、可寻址存储器大小	8 192 个 32 位字	4 000 个十进制位（数据）	100 个 19 位字（8 个是电子存储器，其余是中继存储器）①	4 000 个十进制位	32 个字	512 个 17 位字②
约相当于的 bit 数	262 000	12 800	7 700③	12 800④	1 024	8 704
可写高速存储器大小	与可读存储器相同	200 个十进制位	与可读存储器相同	200 个十进制位（许多还用作专用寄存器）	与可读存储器相同	与可读存储器相同

① SSEC 的中继存储器有 150 个字，而它的电子存储器是 8 个字，但每个要读取指令的位置都必须有自己的两位数代码。这些代码通过插接板映射到实际的内存位置。实际上，只从继电器或电子存储器中读取所需要修改的指令。分支通过将控制转移到不同的纸带驱动器实现，从这个驱动器可以连续读取指令，而不需要多个插接板。每个子程序或内部循环都存储在不同的驱动器上。
② EDSAC 的原始内存有时表示成 256 个 36 位的字，反映了它既能处理 35 位的数据字，又能处理 17 位的指令字。由于延迟线内存的计时问题，这两种长度的字的最后一位总是被浪费。
③ SSEC 以二进制编码的十进制格式，将 19 位的字存储为 76 位数字加符号和奇偶校验，因此我们在这里将每个字视为 77 个数据位。
④ 一个 20 位的十进制字，相当于一个 64 比特的二进制字。每个用二进制编码的十进制位需要 4 个二进制位，或每个 20 位的十进制字需要 80 比特。

（续表）

	1945 年的 EDVAC	1945 年的 ENIAC	IBM SSEC	1948 年的 ENIAC	曼彻斯特 Baby SSEM	EDSAC
约相当于的 bit 数	262 000	640	7 700	640	1 024	8 704
加法时间	N/A	200 微秒①	285 微秒②	1 200 微秒③	2 880 微秒④	1 500 微秒
输入 / 输出	讨论了各种可能性	穿孔卡片机（输出速度 133 cps，输入速度是 133 cps）⑤	多个读卡机和高速的 80 道纸带阅读器	穿孔卡片机（输出速度为 133 cps，输入速度是 133 cps）⑥	通过开关输入数据。从电子管读出数据。	5 道纸带，速度是 6.23 cps⑦，电传打字机
条件分支机制	通过指令修改	适配器和"空程序"将比较数据输出转换为控制输入	通过插件板将控制转移到两位代码指定的设备	N3D6 将 3 位的参数载入累加器 6；如果累加器 15 是正的，则 CT 跳转到该地址	跳转到程序指令中指定存储单元里的内容所指向的位置	根据累加器的符号或通过指令修改，条件跳转到指令中指定的位置

---

① 1945 年的 ENIAC 在这里很难比较，因为几个加法可以同时执行。

② 然而，SSEC 通常会花更长时间等待下一条指令从高速纸带加载，一次加载两条指令的复杂系统只能部分地解决这一问题。甚至从继电器存储器读取也不能以电子速度进行，因为继电器访问所需位置必须有一个物理上的动作。

③ 令人困惑的是，转换后的 ENIAC 执行一次加法需要 6 个"加法时间"，也就是 200 微秒。减法需要 8 个"加法时间"，乘法需要 20 个，移位 9 个。我们这里假设时钟频率是 100khz。后来的改进减少了这些时间。

④ 加法的执行需要两个运算，即减法和取非。

⑤ 根据 Goldstine, *A Report on the ENIAC*, Ⅶ–1 的报告，"如果读卡器没有中断，连续操作，读卡片的速度是每分钟 160 张，如果每次读之后停顿一下，读卡片的速度就是每分钟 120 或者 160 张。"对于输出，戈德斯坦指出（Ⅸ–1），"卡片打孔的速度大约是每分钟 100 张"。

⑥ 每条在卡片上穿孔（Pr）或读（Rd）卡片的指令需要 3 000 个加法时间，即 60 万微秒或 0.6 秒。每张卡片容纳 80 个字符，因此每秒的吞吐量为 133 个字符。

⑦ 1949 年，"输入是通过机电纸带阅读器读取 5 道电传纸带，速度是 6 2/3 字符 / 秒"，"输出是通过机电磁带阅读器以 6 2/3 字符 / 秒的速度传送"。（http : //www.cl.cam.ac.uk/conference/EDSAC99/statistics.html）

（续表）

	1945 年的 EDVAC	1945 年的 ENIAC	IBM SSEC	1948 年的 ENIAC	曼彻斯特 Baby SSEM	EDSAC
间接寻址机制	通过指令修改	N/A	指令从电子或者中继器存储器上读出，可以在程序中被修改	转移 / 跳转到保存在存储器固定位置单元里的地址	通过存储器间接方法：转移指令，包含了要从其中取出跳转目标或程序计数器增量的存储器地址	通过指令修改
指令格式	单地址	N/A	4 地址	无地址和单地址的混合①	单地址	单地址
指令字长度	32 比特	N/A	19 个十进制位	2 到 8 个十进制位	16 比特	17 比特
指令集	8 个操作，大多是从寄存器加载 / 存储数据的指令。一条算术指令可以从三个寄存器的堆栈式配置上选择 10 个操作数	N/A	每个字两条指令。操作码占 3 个数位。每个地址 2 位，包括下一条指令的来源地址	79 条指令，其中 40 条是存储 / 装载变量，20 条是移位操作	减法；取反；转移；条件跳跃；条件跳转；无条件跳转；停机	加法；减法；拷贝到多个寄存器；乘法（×2）；转移（×2）；合并（×2）；移位（×2）；条件跳转（×2）；读纸带；打印；校验输出；无操作；停机

---

① 第 7 章讨论过，ENIAC 有不同的操作指令来存储每个累加器中的数据，并检索。从函数表读数据使用的地址已事先存储在函数表中，跳转指令也是如此。存储这些数据的指令是唯一包含地址的指令。其他几个指令的后面跟的是参数。

（续表）

	1945 年的 EDVAC	1945 年的 ENIAC	IBM SSEC	1948 年的 ENIAC	曼彻斯特 Baby SSEM	EDSAC
最大程序长度	8 192 条指令，另需较少的数据空间	N/A（机器内分散有多个约束）	事实上无限制，大程序可以跨越多个纸带。每个子程序位于不同的纸带。跳转目标受 2 位地址编码的限制	1 460 条指令（假设每条指令需要 2.6 个数位），另需较少的常数空间	32 条指令，还需要较少的数据空间	512 条指令，另需较少的数据（和初始指令）空间

使用两位数代码来指定下一条指令的地址严重限制了 SSEC 从存储器执行程序的能力。由于 SSEC 有 150 个中继存储器位置、数十个纸带阅读器，以及 8 个电子存储器位置，因此需要 3 位数字来指定实际的存储位置。这两位数的代码通过重新连接一个插件板，映射到特定的纸带驱动器、读卡器、卡片穿孔机、打印机或存储器的物理位置。从同一个纸带上重复读取的操作，通过指令 "read with move" 触发地址自动增加，顺序读取指令或数据[60]。SSEC 的随机存取存储器没有类似的功能，每条指令被读取的位置都需要在插件板中有自己的入口。

SSEC 是在几台早期计算机使用的纸带控制中继计算器模型基础上扩展而来的，它从这种模式中得到的收益已经极为有限了。库恩把这称为旧范式的"功能失效"，因为当它被推广到已经适应得很好的问题之外时，就会磕磕绊绊。这里一个明显的细节就足够说明了。SSEC 的查表操作是一个相对快速、高容量的纸带循环。操作人员将重达 400 磅的纸卷推到专门建造的斜坡上，并送到一台定制机器上。这台机器产生的纸带如此之重，要用链式起重机才能吊起来，且它们如此之宽，还要制造另一台机器把纸带的两端牢固地黏在一起。

尚没有其他的计算机如此大规模地使用过这种方法。计算机设计者理解了《初稿》里的思想,很明显,增加一个程序计数器,从中继存储器中依次获取指令,将大大减少将纸带黏在一起的情况,或建立大量笨重而昂贵的输入设备来支持循环和分支的需要。SSEC 向我们展示了,一两年前即便对一个有技能和创造性的设计团队来说也不那么明白的东西,在完全吸收了《初稿》的思想之后,就变得如此清楚明白。

ENIAC 和 EDSAC

在早期存储程序计算机的历史文献中,实用性问题扮演了不一致的角色,也许是因为它被当作工具用来赋予了曼彻斯特和剑桥"创造了第一台现代计算机"的桂冠。EDSAC 通常被称为第一台"有用的""实用的",或者"全面的"存储程序计算机,因而人们认为它的历史价值比曼彻斯特 Baby 更重要[61]。EDSAC 在 1949 年开始运转,很快就像 ENIAC 一样,被有迫切计算需求的科学家们广泛使用。然而,实际上在许多应用问题上,1948 年的 ENIAC 比曼彻斯特 Baby 和 EDSAC 更有效、更实用、规模更大。

1948 年的 ENIAC 的指令集在范围上与 EDSAC 相当,远比曼彻斯特 Baby 的指令集完备。由于 ENIAC 的大多数指令都用两位数存储,因此它有可能会存储比 EDSAC 更复杂的程序。即使是最简单的 EDSAC 指令,也必须用其存储器(512 字)中一个字的全部 17 位来存储。1948 年的 ENIAC 的紧凑的两位数指令格式包含了一些异常强大的指令,包括平方根、一组十进制的移位,以及将整个穿孔卡上的信息向电子存储器传输的操作。

1948 年的 ENIAC 无法将变量存储在其大型只读存储器中。该存储器只保存程序代码和常量。变量被挤进了分布在 20 个 ENIAC 累加器上的真空管存储器中。ENIAC 蒙特卡洛程序代码展示了它在实际使用中的能力。有些累加器保存了在程序中多次访问的特定物理量,类似于全局变量;其他的则作为临时存储,在不同时刻被反复使用。在已经完成的改造设计中,累加器的 131 位十进制存储器完全不会有被覆盖的危险,因此可以用来存储全局数据,而不需要任何特殊的防护措施。另外 30 位数字的特殊作用与不太常用的操作(如平方根)

有关，使用它们存储临时数据的时候必须谨慎。

我们对蒙特卡洛程序的分析表明，ENIAC 的实际应用能力受其双内存系统的影响很小。运行短程序时，EDSAC 变量的可写内存比 ENIAC 多。但我们不能肯定，按照 1949 年的配置，EDSAC 能否容纳蒙特卡洛代码的 800 条指令。如果程序和数值常量以流水线的方式做了精简，那么 EDSAC 留给工作数据的内存就不会比 ENIAC 更多了。

只有 ENIAC 相对健壮的输入和输出能力，才能使蒙特卡洛顺利运行。任何计算机的内部内存都将很快被数据密集型的模拟耗尽，从而使总体的吞吐量受到输入输出性能的限制。ENIAC 可以使用高性能的 IBM 设备读写穿孔卡。在计算运行的间隙，计算用的卡片在传统穿孔卡设备上进行分类和处理。和许多早期的计算机一样，EDSAC 使用的是标准五道纸带，比穿孔卡片速度慢，体积庞大，而且无法分类。EDSAC 的一位早期用户回忆道，当时"为了制作一条正确的纸带，我们自制了粗糙且不可靠的打孔、打印和验证装置，遇到的困难难以想象"[62]。即使蒙特卡洛程序能够被硬塞进 EDSAC，但还是不清楚标准五道纸带这种存储介质能否满足洛斯阿拉莫斯的需要。

ENIAC 只有一个读卡器和一个穿孔器，这在实践上可能比其有限的可写内存的限制更大。许多应用问题还仍然依赖使用分类器、合并和复制穿孔器等完成准备工作，将所需的信息合并到一副卡片包中。这些手工操作是传统的穿孔卡片工作中的一部分。例如，在用穿孔卡片生成每周的工资存根时，通常会交叉使用雇员的主文件和一组时间时钟卡片。而且，正如我们已经注意到的，1950 年 ENIAC 上的天气模拟工作需要许多不同的人工穿孔卡操作。如果 ENIAC 有两个穿孔卡片阅读器，许多这样的杂务就可以自动化。

可用性是实用性的另一个方面。对于当时的机器来说，1948 年的 ENIAC 在可靠运行的情况下，特别容易编程和调试。ENIAC 一直提供单步调试和可变时钟，机器可以运行得足够慢，让操作员能够跟踪计算的进程。每个累加器里的氖灯显示了电子存储器的全部内容。在改造到现代代码范式之后，整个程序在函数表上是可见的，可以随时通过拨动开关更改。这使得设置断点和交互调试变得很容易。

与下一代计算机相比，ENIAC 的另一个限制是程序必须通过旋转开关手动放进存储器。冯·诺伊曼在《初稿》中没有想到的加载程序和其他类型的系统软件，在最早的计算机 EDVAC 的启发下，进入了计算实践。最值得注意的是，EDSAC 引入了"初始化指令"系统，被编码保存在只读存储器中"初始化指令"系统功能是从纸带中读取符号指令代码，并加载到内存中，同时转换成二进制[63]。它也允许在主存中自动加载和重新定位子程序，这是 ENIAC 的函数表存储永远都无法做到的。

ENIAC 的理论局限性

对早期计算机的计算遗产的讨论，很容易转向违反事实的推测。如果阿塔纳索夫 – 贝里计算机 ABC 能够正常工作，康拉德·祖兹的 Z3 没有炸毁，查尔斯·巴贝奇得到了更多资助，或者 Colossus 没有保密呢？对于历史意义的判断，既建立在已经发生了的事情，也建立在可能发生的事情的基础之上。当讨论到机器架构的通用性或图灵完备性时，这一点尤其正确，因为任何以假设无限时间和存储空间所开始的讨论，都已经不可逆转地背离了时代的一个现实，即在那个时代，压倒性的挑战是开发可靠和大容量的存储。从这个意义上说，探索计算的逻辑基础还是历史基础，会把我们拉向相反的方向。图灵机在计算机科学史中占有标志性地位，这是因为它从实际硬件的烦琐细节中所分离出来的纯粹和抽象。它的普适性思想将理论计算机科学从计算平台和体系结构的物质世界中分离出来[64]。这种方法的智力效用是清楚的，它对早期计算机科学共同体的战略利益也是显而易见的。当时的计算机科学共同体正在努力争取在知识结构上，从数学、电子工程和为其他学科服务的地位中独立出来。

迈克尔·马奥尼（Michael Mahoney）多年来一直在努力总结理论计算机科学的历史[65]。他的伟大主题是科学界需要构建自己的历史叙事。马奥尼把理论计算机科学看作从群论、λ 演算到乔姆斯基语法层次等在完全不同的环境中发展起来的数学工具的集合。范围再扩大一些，数理逻辑和计算机器工程方面的历史也很长，而且彼此独立。然而在计算机科学的学科内部，以今天的观点来看，这些方向之间的联系显而易见，但历史往往被写成好像几个世纪以来的工作一直都直接指向计算机的发展，好像 20 世纪 40 年代计算机先驱的灵感主要都来自图灵的工作。

正如马奥尼所写的那样，计算机从业者对"寻找历史"的兴趣有"真正的危险"，因为虽然学术历史学家和计算机从业者"都在寻找历史"，可他们的"目的不同，立场不同"[66]。抽象是计算机科学的灵魂，但是，如果把历史上早期计算机项目的杂乱、对工程挑战的关注，以及它们在 20 世纪 40 年代的具体目标和思想根源完全抽象出来，我们这些历史学家就会失去一些至关重要的东西。例如，劳尔·罗哈斯（Raul Rojas）认为康拉德·祖兹 1943 年生产的 Z3 是通用计算机，这是聚会上常用的把戏，给人的印象深刻，但完全偏离了机器的设计方式、实际使用方式，或者说在 20 世纪 40 年代它是没有意义的[67]。罗哈斯所述的编程方法需要构造一根长得不可思议的纸带，并极大地损失计算性能，甚至用手计算都比它快。我们从他的分析看到的真相是，只要一些小的设计修改，Z3 就能做到图灵完备，但它没有这样做的原因，并不是因为这个概念和它的好处还没有被广泛理解。事实上，祖兹后来声称在设计过程中曾经考虑过这个问题，但他拒绝将程序指令与数据同样处理[68]。过去的历史真是一个不同的世界。

图灵机的通用计算机理论模型是计算机科学家们研究得最多的理论模型。ENIAC，甚至在它被改造之前，通常被认为是图灵完备的，尽管据我们所知，还没有正式的证据证明这一点[69]。由于 1948 年的 ENIAC 遵循了现代代码范式，将它与研究人数较少但仍有相当数量成果的、简化现实体系结构而得到的最小通用计算模型进行比较，也是很有指导意义的。这些模型包括随机存取机 RAM 和随机存取存储程序机 RASP[70]。罗哈斯这样总结这项工作，"通用计算机的最小结构"只需要将以下能力结合起来，便可实现多种能力。这些能力包括间接寻址或者修改存储在单个累加器内存中的地址的能力，累加器的清零和增量指令、条件分支操作能力，以及加载和存储累加器内容到可寻址内存指令的能力[71]。

从这个理论观点来看，1948 年的 ENIAC 的体系结构确实有一个明显的严重缺陷：它的可写电子存储器无法寻址。它的只读函数表的存储器是可寻址的，因为 ENIAC 对指令或数据的操作，所使用的是数字表示的地址里的内容。相比之下，它的可写电子存储器在累加器里，而每个累加器都有一个唯一的两位数指令来装载数据，另有一个两位数指令来检索它的内容。

不能寻址造成了一些潜在的限制。现实中，我们有可能需要编写代码来处理一些无法事先确定在内存中的大小和位置的数据结构（如转置矩阵）。在可写存储器能够寻址的计算机上，子程序可接受数据结构的长度和起始位置来作为参数。但是 ENIAC 的标准指令只能在它可写存储器的固定位置上工作[72]。这在理论上的局限性比实践上的局限性更强。ENIAC 的小内存无法容纳一个需要排序的列表或需要转置的矩阵。真正的限制是累加器内存太小，而不是它缺少寻址能力。如果是由于累加器缺乏寻址机制造成了真正的问题，那么"转换器指令集"的设置就会改变。1948 年设计的"寄存器指令集"可以对新的延迟线存储器本身，以及 10 个累加器进行寻址。几年后安装的磁芯内存单元给了 ENIAC 一个大型的可写电子存储器，再次采用了函数表的间接寻址方法[73]。即使由于某种原因排除了这些修改，ENIAC 也可以通过编写带参数的存储子程序对累加器内存寻址[74]。

对"存储程序概念"和它的历史及其与 ENIAC 的关系的探索，加强了我们的这个看法，即通过早期计算机使用历史的记录（也就是说，他们实际上做了什么以及如何完成），比在假定时间和存储空间无限的情况下推测它们固有的局限性是什么，更接近这些机器的真正历史。历史学家从计算机理论科学借鉴过来的普遍性概念，以及把"存储程序概念"当作一个精确可定义的计算机特性的决心，使早期电子计算机的主流话语陷入到没有意义的争吵和误解的沼泽之中[75]。我们已经表明，在"存储程序概念"公认的来源——《初稿》中，没有给它定义任何特定的功能，而只是在后来者的追溯过程中才挑选了 EDVAC 设计的某些功能来进行说明。随着时间的推移，其意义一直在变化，许多作者试图把各种理论和实践的发展，作为"阶段"或"子概念"塞进这一表面上意义单一的概念之中。

ENIAC 经过改造之后，它的功能和编码方法与 20 世纪 40 年代后期的其他主要计算机有一些基本的相似之处，同时也有显著的不同。为了争夺"第一台存储程序计算机"的虚幻荣誉，将这些相似和差异压缩在一个简单的"是或否"的答案中，既不可能也不可取。也许传统的争论是在讨论哪座大学建筑的外墙上最应该贴上新的历史标记。而我们相信，在建筑内完成的、塑造和应用第一批计算机的工作，才是更大的历史收益。

注 释

[1] Doron Swade, "Inventing the User: EDSAC in Context," *Computer Journal* 54, no. 1 (2011): 143–147, quotation from p. 145.

[2] Eckert, "The ENIAC." 埃克特还指出，冯·诺伊曼对他们为 EDVAC 定制的"三地址指令尤其感兴趣"。这个指令的3个地址分别是"两个操作数的地址和保存结果的地址"。但是，博克斯后来指出，地址修改的基础指令被明确地归功于冯·诺伊曼。参见 Eckert and Mauchly, Automatic High Speed Computing。这个功能至关重要，没有它现代代码范式的极端简单就不可能实现。

[3] Mauchly, "Amending the ENIAC Story."

[4] Notes of meeting with Dr. Von Neumann, March 14, 1945, AWB-IUPUI.

[5] 这是最容易找到的重印本。参见 Eckert, "The ENIAC." 不过，一个有修改记号的草稿可以在这里找到，见 "Disclosure of Magnetic Calculating Machine", January 29, 1944, UV-HML, box 7 (ENIAC Moore School of Electrical Engineering Disclosure of Magnetic Calculating Machine).

[6] Stern, *From ENIAC to Univac*, 75.

[7] McCartney, *ENIAC*, 124.

[8] Burks and Burks, *The First Electronic Computer*, 150 是莫奇利在专利案中作证时的观点。

[9] Burks and Burks, *The First Electronic Computer*, 265-267.

[10] 例如，"给单个程序控制器的指令被称为一个程序"，Goldstine, *A Report on the ENIAC*, I-21；"累加器 3 已编好程序发送""ENIAC Progress Report 31 December 1944," IV-21.

[11] "ENIAC Progress Report 31 December 1943," Ⅲ-3. 注意"程序"（单个操作）和"互联"（某个问题的设置）的区别。

[12] "ENIAC Progress Report 30 June 1944," IV-10.

[13] Eckert, "Disclosure of Magnetic Calculating Machine."

[14] "The Function Generator," PX Report, November 2, 1943, MSOD-UP, box 3 (Reports on Project PX). 这年年底，函数发生器被没有内置插值功能的"函数表"代替了。"ENIAC Progress Report 31 December 1943," chapter XI.

[15] Staff of the Harvard Computation Laboratory, *A Manual of Operation for the Automatic Sequence Controlled Calculator* (Harvard University Press, 1946), 28, 50.

[16] Quoted in Burks and Burks, *The First Electronic Computer*, 101.

[17] 1944 年 1 月，ENIAC 团队与贝尔实验室的计算机团队进行了密切的接触，研究纸带控制的计算机 (Herman H. Goldstine, "Report of a conference on computing devices at the Ballistic Research Laboratory on 26 January 1944," February 1, 1944, ETE-UP). 虽然文本里没有提供具体的证据，但可以肯定的是，埃克特想象了一个装有纸带的计算器，可以读取指令和数字。

[18] 披露的文本只提供了一个理由，让人相信他想象用磁盘或鼓来存储我们认为是程序的东西。虽然埃克特关注的是用永久刻蚀的磁盘"自动编程"，但他提到可记录磁盘也可以使用。可擦除磁盘对于存储我们认为是程序的东西有明显的吸引力，但也很有可能他想象更新控制指令开发计算器新的数学函数或修改现有的函数。这种方法的好处在后来的几代技术中已经得到了很好的证明，例如，20 世纪 70 年代的 IBM 370 大型机可以从软盘读取微指令，而现代计算机和智能手机可以快速升级固件。

[19] 埃克特和莫奇利为"专利申请材料的主要大纲"准备了一份 ENIAC 可申请专利的设计思想，以及后来成为 EDVAC 早期工作的初步清单。见 Eckert and Mauchly, "Main Outline of Material for Patent Applications." 这份清单是"大致按照它们应该被考虑的顺序"呈现的，并附了一张便条，说是根据 1945 年 2 月 5 日的原始文档打印出来的。这些设计思想包括延迟线寄存器，延迟线计算电路，以及使用电子管进行计算、电子环计数器、ENIAC 的累加器各种功能的设计、函数表、乘数器、循环单元、"编程系统、除法器和主程序器"（如"步进器的数字控制"）和一长串的"输入和输出设备"，如"超音速读卡器"。最后一项是"设计考虑"的清单。换句话说，这个列表包含了很多与 EDVAC 有关的组件的新想法，但是唯一的控制创新来自 ENIAC。后来，一份更好的题为"计算设备补充"的清单，包括了超过 8 页的几十个想法，如检测脉冲串错误的方案，以及从磁带上高速打印的设备。同样，没有讨论新的控制系统或架构。我们在 AWB-IUPUI 中找到了这两份文件的副本，上面的印章表明它们是从 UV-HML 复制过来的，但不确定原始的箱号。

[20] Von Neumann, "First Draft of a Report on the EDVAC," section 1.2.

[21] Campbell-Kelly and Williams, eds., *The Moore School Lectures*.

[22] Michael R. Williams and Martin Campbell-Kelly, eds., *The Early British Computer Conferences* (MIT Press, 1985); Hartree, Calculating Machine; Hartree, *Calculating Instruments and Machines*; Engineering Research Associates, *High-Speed Computing Devices*.

［23］Engineering Research Associates, *High-Speed Computing Devices*, chapter 10, pp. 182–222.

［24］W. H. McWilliams, "Keynote Address," *Review of Electronic Digital Computers:Joint AIEE-IRE Computer Conference* (Dec. 10–12, 1951) (American Institute of Electrical Engineers, 1952): 5–6.

［25］Nathaniel Rochester, "A Calculator Using Electrostatic Storage and a Stored Program," May 17, 1949, From the IBM Corporate Archives, Somers, New York. 其存储程序的两位指令码和三位数地址系统与转换后的 ENIAC 采用的格式非常相似。

［26］来自面向工程读者的"电子计算机"发展的年底总结报告。"Radio Progress During 1950," *Proceedings of the IRE* 39, no. 4 (1951): 359–396, quotation from p. 375.

［27］C. E. Frizzell, "Engineering Description of the IBM 701 Calculator," *Transactions of the IRE* 41, no. 10 (1953): 1 275–1 287, quotation from p. 1 275.

［28］J. W. Sheldon and Liston Tatum, "IBM Card−Programmed Calculator," in *Papers and Discussions Presented at the Dec. 10–12*, 1951, *Joint AIEE-IRE Computer Conference* (Association for Computing Machinery, 1951): 30–36, quotation from p. 35.

［29］Walker H. Thomas, "Fundamentals of Digital Computer Programming," *Proceedings of the IRE* 41, no. 10 (1953), quotations from pp. 1 245 and 1 249.

［30］Willis H. Ware, *The History and Development of the Electronic Computer Project at the Institute for Advanced Study* (RAND Corporation, 1953), p. 5.

［31］原文中这是一个有趣的地方，在这里可以发现 650 计算机和穿孔卡技术的组合，将程序存储在鼓上，同时依靠外部插件来配置其输入和输出格式。这种双重系统与 Test Assembly 上的两种程序控制相呼应，是最初两种控制组合在一起的动机。新闻稿指出，650"结合了一种先进的内存设备和 IBM 大'701'的存储程序概念……以及传统穿孔卡设备中新的高速读的能力"。

［32］Goldstine, *The Computer*.

［33］Burks and Burks, "The ENIAC," p. 385.

［34］Comment by B. Randell, *Annals of the History of Computing* 3, no. 4 (1981) 396–397.

［35］Brainerd, "Project PX—The ENIAC."

［36］Campbell−Kelly, "Programming the EDSAC."

［37］Campbell−Kelly and Aspray, *Computer*, 104.

［38］Allan G. Bromley, Stored Program Concept: The Origin of the Stored Program Concept, Technical Report 274, Brasser Department of Computer Science, University of Sydney, modified November 1985 (http: //sydney.edu.au/engineering/it/research/tr/tr274.pdf).

［39］B. Jack Copeland, *Turing:Pioneer of the Information Age* (Oxford University Press, 2013).

［40］Campbell–Kelly and Aspray, *Computer*.

［41］Mark Priestley, *A Science of Operations:Machines, Logic, and the Invention of Programming* (Springer, 2011) 中作者认为 1950 年之后才开始广泛认识到图灵的计算模型与实际存储程序的联系。

［42］例如 Raúl Rojas, "How to Make Zuse's Z3 a Universal Computer," *IEEE Annals of the History of Computing* 20, no. 3 (1998): 51–54.

［43］Wikipedia, "Stored–Program Computer," accessed October 17, 2012.

［44］Paul Ceruzzi, *Computing:A Concise History* (MIT Press, 2012), 29.

［45］Swade, "Inventing the User," quotation from p. 146.

［46］对这个主张的进一步讨论参见 Thomas Haigh, "Actually, Turing Did Not Invent the Computer," *Communications of the ACM* 57, no. 1 (2014): 36–41.

［47］Bartik, *Pioneer Programmer*, xx.

［48］Clippinger, Oral History Interview with Richard R. Mertz, 11–12.

［49］Goldstine, *The Computer*, p. 233. 戈德斯坦的个人文件（HHG–APS and HHG–HC）包含了几篇文档确认了采用新控制方法的几个 ENIAC 早期操作。他在书里给出的日期似乎基于 BRL 的一个文档，参见 HHG–APS 中的 "ENIAC: Details of CODE In effect on 16 September, 1948." 当然，这只是提供了一个转换到现代代码范式后第一次操作的时间约束。

［50］Neukom, "The Second Life of ENIAC."

［51］Metropolis and Worlton, "A Trilogy on Errors in the History of Computing," quotations from pp. 53–54. 这个最早是在 1972 年的一个会议上展示的。那个时候梅特罗波利斯可能还不知道曼彻斯特的 Baby。

［52］Goldstine, *The Computer*, 233.

［53］Aspray, *John von Neumann and the Origins of Modern Computing*, 238–239.

［54］Burks, 未完成著作的手稿，附录 B。

［55］Burks, "Review of William Aspray Ms. 'The Stored Program Concept,' for Spectrum," July 11, 1990, AWB–IUPUI.

［56］威廉管对冯·诺伊曼团队工作的影响参见 Dyson, *Turing's Cathedral*, 142–148.

［57］Baby 的零件很快被用来制造完整实用的计算机，现在被称为曼彻斯特马克一号，它在 1949 年底全面投入使用。不过我们此处关注的是 Baby，它通常被认为是第一个可操作的"存储程序"计算机，或者在某些说法里是第一个运行存储程序的计算机，因此它提供了一个自然的比较点。

［58］Allan Olley, "Existence Precedes Essence—Meaning of the Stored–Program Concept," in

History of Computing:Learning from the Past, ed. A. Tatnall (Springer, 2010).

［59］有关 SSEC 使用继电器存储器保存指令的详细说明，参见 Charles J. Bashe, Lyle R. Johnson, John H. Palmer, and Emerson W. Pugh, *IBM's Early Computers* (MIT Press, 1986), 586–587. 这里描述了一个保存在继电器存储器中的五条指令的子例程的执行，但也承认，"事实上，很可能除了最后一条（这条指令的下一条指令被修改为终止循环），其他的指令都可以保存在一对纸带上"。

［60］有关 SSEC 的全面技术细节，甚至包括其指令集等基本要素，都尚未公布。我们所能找到的最详细的描述来自一份不完整的、未发表、未注明日期的手稿，见 A. Wayne Brooke, "SSEC. The First Selectronic Computer (with markup from C. J. Bashe)," in AWB‑NCSU, box 1, folder 14.

［61］描述分别来自 Paul E. Ceruzzi, *Computing:A Concise History* (MIT Press, 2012), 50, Campbell‑Kelly and Aspray, *Computer*, 104, and Campbell‑Kelly and Aspray, *Computer*, photo inset.

［62］David Hartley, "EDVAC 1 and After—A Compilation of Personal Reminiscences," University of Cambridge Computer Laboratory, last modified July 21, 1999, accessed January 23, 2015 (http: //www.cl.cam.ac.uk/events/EDSAC99/reminiscences/).

［63］Campbell‑Kelly, "Programming the EDSAC."

［64］例如，如果康威的生命游戏里的虚拟计算机能够在计算能力上与通用图灵机相当。这个事实告诉我们，只要有足够时间和足够大的细胞基质，这个计算机完全可以执行与由传统组件构建的任何机器一样的算法。

［65］Michael S. Mahoney with Thomas Haigh, ed., *Histories of Computing* (Harvard University Press, 2011).

［66］同［65］，91.

［67］Rojas, "How to Make Zuse's Z3 a Universal Computer."

［68］祖兹声称 1937 年设计了"存储程序概念"，但在 1938 年决定，"鉴于这个技术的状态，使用冯·诺伊曼体系结构是不明智的"。Konrad Zuse, *The Computer—My Life* (Springer, 1993), 44 and 50.

［69］例如，维基百科关于 ENIAC 的条目 (2015 年 1 月 23 日访问) 称"它是图灵完备的，数字化的，可以被重新编程"。Web 搜索可以找到几百个相同的论断。

［70］Calvin C. Elgot and Abraham Robinson, "Random‑Access Stored‑Program Machines, an Approach to Programming Languages," *Journal of the ACM* 11, no. 4 (1964): 365–399.

［71］Raúl Rojas, "Who Invented the Computer? The Debate from the Viewpoint of Computer Architecture," *Proceedings of Symposia in Applied Mathematics* 48 (1994): 361–365.

［72］相比而言，函数表中的只读内存是完全可寻址的，例如，"现代的"搜索算法完全可

以（而蒙特卡洛程序已经是）用转换器指令编写。

[73] "Changes to BRLM 582 'ENIAC Converter Code'," circa June 1954, ENIAC-NARA, box 4, folder 1.

[74] 如果玩一下理论家们的传统游戏，即探索在给予大量的时间和存储空间的情况下，机器不作任何改变，它能做什么？要使累加器可寻址，只需编写一对子例程：load 和 store。这两个例程都用一个累加器号作为参数，累加器号用于计算跳转到的函数表的地址，在这个地址处已经放置了相应的"listen"或"talk"指令。每个可寻址的累加器占用一个函数表的两行，假设存储空间是无限的。参见我们的在线附录 "How to Make ENIAC's Accumulators Addressable Using a Subroutine," 可访问 www.EniacInAction.com。

[75] 相当激进的对一些著名历史学家仅凭印象使用通用计算机和图灵机概念的批评，参见 G. Daylight, "Difficulties of Writing About Turing's Legacy," Dijkstra's Rallying Cry for Generalization, last modified September 3, 2013 (http: //www.compscihistory.com/DifficultTuringLegacy).

第十二章

纪念 ENIAC

1955 年，ENIAC 打完了最后一张穿孔卡片。在那之后，它的声望没有就此淡去，而是仍在不断地上升。它的影响范围远远超出了那些直接用它进行工作的人，或者说它所服务的人。ENIAC 既是机器，又是象征。它不仅创造了一系列数字，而且还产生了重要的文化意义。甚至在它还没有完成之前，来自公司、大学和政府机构的代表就开始参观摩尔学院的奇迹了。ENIAC 以它特有的方式成了历史人物，就像温斯顿·丘吉尔（Winston Churchill）和泰迪·罗斯福（Teddy Roosevelt）一样，几十年来作为各种"暇"和"瑜"的象征，频繁地回到公众意识面前。

计算机的教科书

1946 年 2 月 ENIAC 问世时，它在技术上取得了成功，性能和灵活性远远超过了同时代其他知名的计算机。然而，短短几个月后，摩尔学院讲座的组织者就认为 ENIAC 已经过时了，转而开始关注 EDVAC 类型计算机的设计潜力。

ENIAC 向全世界，包括需要进行计算的科学家和工程师，传达了电子数字计算机是什么，以及它能做什么等信息。尽管约翰·冯·诺伊曼的《EDVAC 报告初稿》(the First Draft of a Report on EDVAC) 充满了智慧，但它只是一篇未完成的推测性文章，只有少数读者对它感兴趣。相比之下，ENIAC 的规模和速度令人赞叹，是一个实在的物理奇观。道格拉斯·哈特里对传播 ENIAC 的影响起了重要作用，他在《自然》杂志上发表了两篇相关的论文，还根据 1946 年在剑桥大学的就职演讲写成了一部小书。另外，他在 1949 年出版的长篇著作中还有关于 ENIAC 详细的讨论 [1]。

美国早期最重要的计算机指南是埃德蒙德·伯克利的《巨脑》(*Giant Brains*)。这本书把 ENIAC 描述为美国当时正在运转的最强大的"机械大脑"。伯克利把整整一章的篇幅都给了 ENIAC，称它是"第一个使用电子管的巨型大脑"，并评论说："ENIAC 一开始思考，计算器立刻就过时了。"[2]（如我们所见，情况并非如此。）伯克利和后来的许多作者都详细介绍了这台机器的结构、编程方法和各种电子功能单元。与哈特里一样，伯克利把 ENIAC 作为基准，用来比较正在建造的新型电子机器的优势。

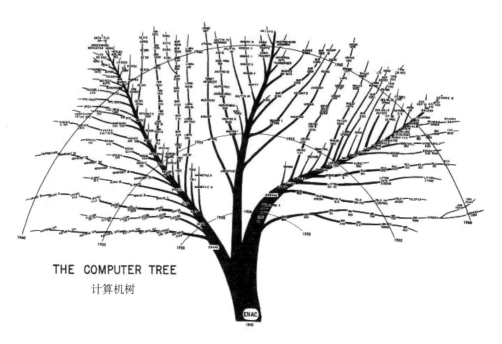

THE COMPUTER TREE
计算机树

图 12.1　这棵 1961 年的"计算机树"最早出现在肯普夫（kempf）的著作《军械库电子计算机》(*Electronic Computers Within the Ordnace Corps*) 中。这本书是关于弹道研究实验室计算的官方历史著作。在其他背景下，它也被广泛复制，它传播了 ENIAC 是所有其他数字计算机的主干的观点。弹道实验室的另外两台计算机 EDSAC 和 ORDVAC 也占据了重要位置。（美国陆军图）

ENIAC 的硬件设计和编程方法的文档是非常详尽的，而这些文档是摩尔学院合同的一部分。哈特里、伯克利和其他人对 ENIAC 的详细描述均得益于此。描述 ENIAC 原始编程模式的教科书广为流传，而与之形成鲜明对比的，是对 1948 年后它的新编程方法的记载则少得多。这有利于人们保持对早期编程方法的历史关注，但其实 ENIAC 的绝大部分工作都是在后者的配置中完成的。

图 12.2　1962 年弹道实验室的工作人员手持一系列计算机用来存储单个十进制数字的电路。ENIAC 巨大的 decade 插件［图左，派特西·西默斯（Patsy Simmers）持］看起来大得离谱。（美国陆军图）

标志性的评判标准

ENIAC 作为一台能正常工作的计算机，从最初问世到 1945 年底时断时续的工作，再到 1955 年最终退役，其职业生涯持续了将近 10 年。到了 1955 年，它已经比大多数同时代的机器以及一些后继者都活得更长了。IBM 庞大的 SSEC 在 1952 年便被拆解掉了，而约翰·冯·诺伊曼在高等研究院的计算机的功能寿命也只有 6 年。这些独一无二的定制机的继任者，不仅更小、更快、更强大，且在很大程度上，它们还是商业产品。虽然它们尚未被大规模生产，但已不再是用未经验证的技术来满足特定用户需求的特殊设备了。计算机行业的一个笑话反映了这种转变：一个早期计算机的销售员拜访目标客户，而当时该客户新成立的计算机团队正被亲自制造类似机器这一想法吸引。"嗯"，推销员说，"看来你们面临的选择和诺亚发现急需一艘方舟时的差不多。你们是买一个还是自己造一个？""但是，先生，"一位鲁莽的听众回答说，"诺亚的方舟确实是他自己造的。""是的，"推销员得意扬扬地回答，"如果你还能够活60年，且上帝也站在你这边，那么你有可能会这么做。"一旦像 Univac、IBM 和 ERA 这样的计算机供应商，能够证明他们确实可以交付能实际工作的计算机，那么通过专业计算机公司提供产品的做法就越来越有说服力了。

独特的 ENIAC 用 40 块面板，围成一个足够容纳操作人员、外围设备和各种家具的空间，比任何其他机器都更能宣传早期计算机的形象：被闪烁的灯光覆盖，占满整个房间（或者整个建筑），耗电量巨大。当时有一个关于城市的神话，即当 ENIAC 机器打开时整个费城的灯光都变暗了。科幻小说的作者们使这一形象深入人心，他们经常假设提高计算能力就需要增大机器的体积。艾萨克·阿西莫夫（Isaac Asimov）曾写过关于马尔蒂瓦克（Multivac）的故事。那台巨大的计算机里面有人，有房间，它不停发展，充满整个城市并主宰了世界。但这种比喻与个人的实际经验相悖。1977 年，大卫·阿尔（David H. Ahl）的《巨人计算机漫画》（Colossal Computer Cartoon Book）出版了[3]，这本书面向的读者是早期的个人计算机用户，其中计算机依旧被描绘成宏大神秘的纪念碑式形象。

ENIAC 经常被用来当作与后来机器的成本、尺寸、价格、重量和性能作比较的度量和基准。ENIAC 拥有的知名度，足以使这种比较有意义。（但吹嘘早期的微处理器比 ORDVAC 或 SEAC 更强大，就没有这种效果。）为了说明计算机技术的特殊性质，支持者们也喜欢进行这种比较。如果 1945 年以来其他技术（最常用的例子是汽车）也有类似的改进速度，那么它们现在的价格将会便宜得荒谬绝伦，巡航速度会快到可以星际旅行，或者只用一箱燃料就能够永远地行驶下去。通常对这一说法的反驳是，如果这样的汽车存在，那么它将会经常发生原因不明的爆炸[4]。

"信息时代"的遗迹

ENIAC 的来生也非常公开。被肢解之后，就像古代的圣徒一样，它的各个部分散落在各处。4 块面板在诞生地费城的摩尔学院展出。其他部分作为文物分散在各地，如加利福尼亚州山景城的计算机历史博物馆、德国帕德伯恩的海恩兹·尼克斯多夫博物馆论坛（Heinz Nixdorf Forum in Paderborn, Germany），或密歇根大学的计算机科学系的大厅。其中，一些部件藏在史密森尼学会外部储存点的一些被石棉污染的箱子里，放在德克萨斯州普莱诺的佩罗系统公司（Perot Systems in Plano, Texas）的大厅里，或堆放在印第安纳大学和普渡大学印第安纳波利斯分校的皮尔斯出版项目（Peirce Edition Project）办公室的角落里。

ENIAC 如何从阿伯丁辗转来到这些不同地方，当前依然不完全清楚，对于文物来说这很正常。但在多数情况下，许多部件都是通过史密森尼学会来散播的。该学会在 1965 年接了 ENIAC 这台机器的大部分部件。宾夕法尼亚大学的博物馆馆长在清理摩尔学院展出的面板时，看到了生锈和水渍的痕迹，她认为这就是报告里说的"从阿伯丁试验场的垃圾里抢救出来的碎片"[5]。

有些展品的部件的确直接来自阿伯丁。亚瑟·博克斯后来成为密歇根大学的教授，他从 1960 年开始追踪 ENIAC 部件的下落。根据当时弹道实验室计算部门的主任约翰·吉塞的说法，有一个累加器正在美国军事学院西点军校展出，而美国国家科学基金会的漫游展览里展出了一个只有一位的数字存储器。据吉塞说，"所有的剩余部分"，包括指定要交给史密森尼学会的部分，"1957 年以后就一直待在阿伯丁试验场的仓库里慢慢腐蚀"。它还没有被宣布成为"剩余物资"（即剩余的不再使用的军用物资，被宣布为"剩余物资"之后就可以在民间流通，译者按），而军事历史办公室的历史财产处也不愿意认定它为"历史财产"，不想承担由此产生的存储和管理的责任[6]。

1965 年，博克斯发起了一场游说运动，希望收藏一部分 ENIAC，最终他如愿以偿，得到了 4 个面板和一大堆各种插件和电缆。博克斯把零件运到安娜堡（Ann Arbor）进行修复。"颇费一番周折，"他后来写道，"我们找到一个对翻新机器感兴趣的店员。他把这些部件放在洗车处清洗，然后喷砂，上釉，再烘烤……经过处理之后，这些插件居然仍然可以工作！"[7]博克斯还用"2 个小的累加器，每个包含 3 位十进制数字和符号位"，来演示 ENIAC 的工作原理。这 4 个面板曾有过参加大型展览的计划，但后来计划落空，然后就一直陈列在密歇根大学科学技术学院的大厅里。

就像圣人的关节骨也能成为当地的骄傲一样，今天哪怕是收藏了一位数的 ENIAC 部件，就足够令西北密苏里州立大学琼·巴蒂克计算博物馆（JJB Computing Museum）这样的小博物馆引以为荣[8]。当史密森尼学会博物馆在操作 ENIAC 累加器时，参观者能看到发光的电子管和闪烁的灯光。而据报道烧毁的电子管就像神圣的文物一样保存在一个盒子里。

虽然没有哪个博物馆有足够的空间来展示整个机器，但 ENIAC 可以而且也确实被分成了几块，每一块都能让人看出这台计算机原本的样子，因而 ENIAC 的部件片段对任何试图全面呈现计算机历史的展览来说都是必不可少的。在山景城的计算机历史博物馆，一块 ENIAC 碎片一直放在 Univac 和一台早期 IBM 计算机的整洁的机柜旁。其他的"计算机"通常会被放在一个大盒子里，很容易被识别为计算机。相比之下，展示的 ENIAC 就像是疯狂的科学家在地下室里造出的东西——一堆堆还没有完工的、杂乱无章、莫名其妙的机柜和电线。

表 12.1　幸存的 ENIAC 面板的最近存放地点。

地点	部件
费城，摩尔学院展厅（*）	累加器 18 常数发生器，面板 2 循环单元 函数表 3，面板 1 可移动函数表 B 主程序器，面板 2

（续表）

地点	部件
加利福尼亚州山景城，计算机历史博物馆（*）	累加器 12 函数表 2，面板 2 打印单元，面板 3 可移动函数表 C
俄克拉荷马州西里尔堡的野战炮兵博物馆（2014 年 10 月之前在得克萨斯州普莱诺佩罗系统公司展厅）	累加器 7，8，13 和 17 函数表 1，面板 1 和面板 2
密歇根大学计算机科学大楼展厅，安娜堡	两个累加器 高速乘法器，面板 3 主程序器，面板 2
德国帕德伯恩的海恩兹尼克斯多夫博物馆论坛（*）	打印单元，面板 2 高速函数表
华盛顿特区，史密森尼学会存储（*）	累加器 2，19 和 20 常数发生器，面板 1 和 3 除法器和平方根 函数表 2，面板 1 函数表 3，面板 2 高速乘法器，面板 1 和 2 初始化单元 打印单元，面板 1

注：史密森尼学会所收藏的部分用星号表示。

在史密森尼美国国家历史博物馆（Smithsonian's National Museum of American History）所举办的"信息时代"长期展览（1990—2006）中，ENIAC 无论在文字上，还是在寓意上，都是展览的核心。在波士顿计算机博物馆的长期陈列展中，曾展出了一个小一些的 ENIAC 配置部件，一直到 2000 年博物馆关闭。这些面板一直在波士顿计算机历史博物馆的继任者——硅谷的计算机博物馆展出，直到 2012 年新的综合性展览准备就绪。1996 年，在周年庆典期间，宾夕法尼亚大学在摩尔学院的老楼里举办了 ENIAC 展。宾夕法尼亚大学拥有的四块面板，现在成为学生计算机实验室的特色背景。

现在保存的最大的 ENIAC 装配包括 4 个累加器、1 个电源和 1 组函数表单元。从 2007 年到 2014 年，它们在一个令人有些意外的地方——德克萨斯州普莱诺佩罗系统公司的总部大厅展出。阿伯丁试验场的博物馆关闭后，罗斯·佩罗（Ross Perot），这位值得我们铭记的非传统总统候选人和计算机服务企业家，以长期借用的方式得到了它们。《连线》杂志的一篇文章，富有想象力地称赞佩罗团队把"世界上第一台计算机从一堆废铜烂铁里拯救了出来"。佩罗系统公司（Perot Systems）的视频会议工程师丹·格里森（Dan Gleason）重新设计了面板，但"他对修理老式计算机毫无经验"。格里森给它们喷砂打磨，并重新刷了油漆，然后把原来的氖指示灯和它们的连线去掉，换上了包含运动探测器的现代电路。每当运动探测器被触发，这些电路就会使灯光随机闪烁。《连线》杂志把这称为"修理"ENIAC，一位网络评论员对此嗤之以鼻，认为格里森和他的同伴"毁掉了 ENIAC，只是为了让老板看到闪烁的灯光"[9]。2014 年 10 月，这组装配被转移到了位于俄克拉荷马州西里尔堡的野战炮兵博物馆（Field Artillery Museum at Fort Sill in Oklahoma）[10]。

有价值的知识产权

我们已经看到 ENIAC 专利和随后的诉讼是如何塑造了项目参与者所讲述的历史故事的。从 20 世纪 50 年代到 70 年代，在让 ENIAC 留在公众视野里这件事上，律师做的远比历史学家更多。他们在法官和专利官员面前构建的叙事将决定数百万美元专利授权费的命运。大量的金钱和精彩的辩论集中在"谁发明了这台计算机"这个问题上，引发了一场本来不该持续那么长时间，也不应有那么多谩骂的争吵事件。

这场审判的法庭证词陈述、辩论等历时 135 天，创下了联邦法院系统审判时长的最高纪录，也是一场规模更大的斗争的高潮。这场审判有几十次法庭证词，法律证物数以万计，耗费了数年的准备工作。法律策略和专利法以微妙的方式相互作用，成百上千页的法庭证词和宣誓书都指向一些模糊的历史观点，使它们变成了重大的法律问题。正如我们之前看到的，ENIAC 专利提交的日期是 1947 年 6 月 26 日，因而有效证据的截止日期就被确定在了 1946 年 6 月。1943 年到 1946 年成为 ENIAC 生命周期中最重要、记录最完整的年份，这一点起了重要作用。

ENIAC 专利案的发生，被认为是计算机行业一个潜在的转折点。当时最大的计算机公司 IBM 同意与 Univac 的母公司斯佩里（Sperry）交换一部分专利权，来作为所支付的许可费。斯佩里公司是计算机行业的第二大公司，新近收购了 RCA 公司的计算机业务。它计划利用 ENIAC 的专利从规模较小的竞争对手那里榨取高额的专利使用费，而这些对手在与日益主导市场份额的 IBM 大型计算机的竞争中，早已处在挣扎生存的状态了。

ENIAC 专利案的历史作用显得不那么重要，或许是因为法官消除了专利双头垄断的威胁，所以计算机行业的现状得以保持不变。20 世纪 70 年代的历史学家们的注意力集中在小型计算机、软件和个人计算机上，并传达出这样一种感觉，即 Univac 和霍尼韦尔（Honeywell）等大型机的竞争对手已经淡出人们的视线。

美国地方法院法官拉尔森爵士（Earl R. Larson）在审判的判决中，包含了一系列对斯佩里来说是毁灭性的调查结果。许多判决的措辞方式十分严厉，直接宣告专利无效，或大大限制了专利的可执行性，即使判决的其他部分在上诉时被推翻。法官发现，ENIAC 从 1945 年 12 月起，斯坦利·弗兰克尔和尼古拉斯·梅特罗波利斯运行的洛斯阿拉莫斯氢弹计算就开始了一系列的"非实验性应用"。然而，1944 年 7 月投入使用的 ENIAC 双累加器测试配置，其本身就被认为是一种自动数字电子计算机，在该专利中要求受到保护。1946 年 2 月，摩尔学院在新闻发布会上向公众展示 ENIAC，《纽约时报》在头版报道了这个消息，新闻短片也记录了它的实际操作场景，这个结论似乎很难被否定。拉尔森裁定，ENIAC 已于 1945 年 12 月 31 日全部交付给军方。在这个关键日期之前很久就开始流传的"EDVAC 报告初稿"，也被判定披露了自动数字电子计算机的设计思想 [11]。

判决的第十一条对斯佩里的影响尤其严重。这项专利 1964 年被批准之前，在专利局停留了很长一段时间，而斯佩里对自己的诉求和支持文本做了许多修改，以增加与现代计算机的相关性。由于计算机行业的持续发展，专利 17 年保护期限的开始日期被推迟，意味着潜在地增加了要支付的专利费数量。拉尔森法官认为，斯佩里多年来只聘请了象征性的法律代表，从而拖延了进度。在 6 年来整个官司缓慢爬行走向审判的全部时间里，律师们所花的计费时间与 6 个月里在一项专利修正案上的一样多。虽然这"不必要和不合理的拖延"还没有使专利失效（法官说他已经"不情愿"说出这个结论了），但"埃克特和莫奇利及其专利顾问的各种失职"本身就足以"使 ENIAC 专利无法执行"，即便它在其他方面是有效的 [12]。

拉尔森的判决书总共有 26 个不同的部分，长达数百页，让人印象最深刻的是第三部分。在这部分里，拉尔森出人意料地裁定该专利无效，因为它所要保护的自动电子数字计算机的发明并不是最新的，1939 年就已经由约翰·阿塔纳索夫发明出来了。这没有给阿塔纳索夫带来任何发明权利，因为他的计算机在审判前鲜为人知，但对爱荷华州来说，却是值得骄傲的一天。从那以后，阿塔纳索夫的名望就一直被广为关注 [13]。斯科特·麦卡特尼在他关于 ENIAC 的书中说，如果认为拉尔森的判决主要是为了保护阿塔纳索夫的工作成果，其实没有理解法官的真正动机。麦卡特尼说，相比于解决计算机历史上的棘手问题，拉尔森更希望保护计算机行业的竞争。他试图找到一些即使上诉也无法辩驳的理由使专利无效 [14]。这与艾利斯·博克斯的观察一致，艾利斯·博克斯认为，斯佩里团队将自动数字电子计算机作为一个整体寻求许可保护，而不是根据专利要求中定义的具体特征，这种专利执行的策略大胆却不明智。如果这项专利的范围限定在通用计算机，就有可能避开阿塔纳索夫现有的技术 [15]。艾利斯·博克斯断言斯佩里是在积极执行一项过于宽泛的专利，这与拉尔森的想法完全一致，拉尔森的主要动机是避免在计算机行业形成专利的企业联盟。斯佩里没有上诉，摇钱树 ENIAC 的生涯在真正开始之前就结束了。

ENIAC 和历史学家

拉尔森法官 1973 年 10 月 19 日的判决，把 ENIAC 知识产权的价值从数千万甚至数亿美元直接降到了零。鉴别第一台计算机，确定它的发明者，突然不再是一个其结果能够产生影响的活动了。律师们已经不再关注这个问题，而是继续前行，但令人惊讶的是，讨论 ENIAC 的方式几乎没有改变。20 世纪 70 年代和 80 年代初，计算机历史的许多工作实际上是这场诉讼的另一种形式的延续，通晓审判程序的资深人士在专家证人证词的基础上进行历史研究。正如我们所注意到的，赫尔曼·戈德斯坦的书《计算机：从帕斯卡到冯·诺伊曼》便是由戈德斯坦基于先前参与的专利诉讼而写就的。它记录了从微分分析仪和继电器计算器到 ENIAC，至冯·诺伊曼，再到《初稿》，以及以该报告为原型的各种真实机器。几十年来，戈德斯坦一直是计算机发明故事的中心人物，其他故事都是根据他的叙事来进行评判和整合的。

新兴的计算机历史学家群体，主要由在 20 世纪 40 年代所建造的计算机上工作过的先驱，以及 50 年代进入计算机领域的稍微年轻些的计算机专家所主导。1976 年，洛斯阿拉莫斯举办了国际计算机历史研究会议（International Research Conference on the History of Computing），将他们聚集在一起，相关费用由国家科学基金会承担。尼克·梅特罗波利斯和杰克·沃尔顿（Jack Worlton）是会议的主要的主持人。会议的邀请函上承诺，"鼓励高质量的计算机历史研究"，"在与电子计算机起源时代先驱者的讨论中记录'活历史'"，并"为计算机科学家，尤其是那些对历史感兴趣的科学家，提供对历史学科的洞察"。其宗旨是"提供宽松的程序，让与会者从容不迫地讨论"[16]。最初的 51 位参与者中，只有 3 位是资深的历史学家[17]。

在此次会议上，ENIAC 得到了充分的展示。埃克特和莫奇利都发了言，题目都是"ENIAC"。亚瑟·博克斯谈到了 ENIAC 及其与存储程序计算机的关系。斯坦尼斯拉夫·乌拉姆讨论了约翰·冯·诺伊曼在计算方面的工作。尼古拉斯·梅特罗波利斯在讲到洛斯阿拉莫斯的计算机历史的时候，简要介绍了在 ENIAC 上进行蒙特卡洛仿真及其向现代代码范式的改造。

在大会上，ENIAC 专利审判遗留下来的争议在正式的会场和私下的交谈里都引发了激烈的讨论。对于博克斯来说，阿塔纳索夫对 ENIAC 的影响是一个迫切需要解决的问题，同样重要的还有《初稿》中思想来源的归属和特定计算机的分类等问题。博克斯继续收集与 ENIAC 有关的文件，会议结束后他还与其他参会者交流回忆。

在早期参与的历史学家的私下交流中，人物的个性显得非常突出，这使我们能够深入了解塑造他们更谨慎的公开陈述背后的心态。例如，1976 年 9 月，博克斯在一封私人信件里总结了他对几位前老板的看法："普雷斯普（Pres）……极富创造力、原创性、系统性强、有责任心、工作努力……约翰学识渊博，很聪明，但不是很有独创性，不太负责任，反复无常。他的表现远远低于普雷斯普。而约翰尼·冯·诺伊曼则是比普雷斯普还要智慧得多的十足的天才。"[18] 戈德斯坦深思熟虑的公开声明也隐藏了强烈的个人观点。他在 1959 年写道："如果有哪个人可以对 ENIAC 的整体负起责任，那就是埃克特。莫奇利从一开始就是我们的累赘。他非常业余，毫无章法。"[19]

在洛斯阿拉莫斯会议上的意见和信息交流，确实导致围绕新证据的历史记载有了一定程度的一致性。最值得注意的是，英国计算机科学家布赖恩·兰德尔一直在努力传播有关英国计算机 Colossus 的信息[20]。历史学家最终承认，ENIAC 并不是第一台可以运行的电子数字计算机，但在许多其他问题上，人们并没有达成真正的共识。修改后的会议论文发表在经过仔细编辑的论文集《20 世纪计算史》（*A History of Computing in the Twentieth Century*）中，但在许多事实和解释方面仍然存在分歧。

20 世纪 80 年代早期的期刊《计算机历史年鉴》（*Annals of the History of Computing*）仍在争论 ENIAC 的历史地位。对 ENIAC 及其功能最详尽的描述，出自 1981 年亚瑟·博克斯和艾利斯·博克斯合著的《ENIAC：第一台通用电子计算机》（*The ENIAC：The First General-Purpose Electronic Computer*）一书。除此之外，他们还试图精确地定义"通用计算机"的功能，以便使这个含义模糊的术语在历史分析中更有用[21]。

第一批以计算历史为主题撰写博士论文的历史学家，开始进入这个领域。

无论他们，还是几位热衷计算机历史研究的资深历史学家，都对谁是第一台计算机这一永无休止的争吵议题没有兴趣。保罗·塞鲁齐的论文后来成为《计算者》（Reckoners）一书的基础，他调查了几台早期计算机的历史，以渐进式的技术进步为线索将它们联系在一起[22]。这有效地促成了停战。

关于 ENIAC 究竟是"计算机"还是"计算器"的问题，在 20 世纪 70 年代和 20 世纪 80 年代初又被反复提及。在公共论坛上，这个问题也是隔一段时间就会重新出现。在这种情况下，"计算器"被认为是可以自动执行数学运算的东西，但不是真正可编程的。一些人认为"计算机"应该留给以 EDVAC 为模型的机器。这场争论更多地与 20 世纪 70 年代小型电子计算器的出现有关，是为了将它们与真正的计算机区分开来，而与 20 世纪 40 年代的使用模式没有关系[23]。例如，没有分支机制的哈佛 Mark Ⅰ 的正式名称是自动序列控制计算器，这是真的。然而，毫无争议的是，IBM 701 是一台计算机，但最初也被称为国防计算器，而 EDSAC 中的 C 代表"计算器"。相反，ENIAC 中的 C 则代表"计算机"。"计算器"与"计算机"的所谓区别在 20 世纪 40 年代根本不存在[24]。

城市和国家遗产

ENIAC 的公众形象在它诞生 50 周年临近之际达到了顶峰。1996 年，计算机学会 ACM 在费城的一次会议中组织了多个历史分会，但被 2 月 14 日副总统阿尔·戈尔（Al Gore）出席宾夕法尼亚大学自己的 ENIAC "生日聚会"抢了风头。戈尔和比尔·克林顿（Bill Clinton）总统都忙于参加竞选连任的活动。作为参议员，戈尔一直支持网络基础设施的发展。当时，美国各地的人们对于因特网和新生的万维网等变革力量的热情正在逐渐高涨。ENIAC 为联邦政府早期支持信息技术发展方面所取得的成功，提供了一个强有力的例证[25]。

1996 年 11 月，军方不愿让费城和摩尔学院独享全部荣誉，在阿伯丁（当时被称为美国陆军研究实验室）举行了自己的"陆军计算 50 周年庆典"。在庆典中大约一半的活动是献给 ENIAC 的。明星发言者赫尔曼·戈德斯坦获得了一枚奖章。许多 ENIAC 时代的幸存者参加了小组讨论，包括几位女性操作员。过去不可避免地被纪念，因为它要满足于现在的需要。周年纪念上的与会者憧憬了计算的未来，并且，据活动的赞助者说："庆祝国防部赞助的 ARL MSRC 计算机（Major Shared Resource Center）落成，并由此展开一个新的开始。"[26] 大约在同一时间，阿伯丁举行了另一场庆祝 ENIAC 纪念邮票发行的仪式。

宾夕法尼亚大学的一个研究小组开发了一种定制芯片，用实例来说明人们所熟悉的说法：如果用现代技术构建 ENIAC，它的体积会小上几个数量级，重量更轻，耗电量也会少一些。该芯片重现了 ENIAC 的基本结构，包括独立的功能单元和它们之间传输的脉冲，是"一种教学工具，展示了半导体技术带来的显著性能改进"。深入研究细节反而让我们认识到，新旧技术之间是不可通约的。与最初的机器相比，这种芯片对连接单元的路径施加了更严格的限制。与真正的 ENIAC 不同，它不可能被配置成在新的编程模式下工作[27]。不同的模拟器项目也启动了，但据我们所知，它们都没有模拟 ENIAC 的全部硬件单元或其功能[28]。

尽管有这些节日和纪念活动，但 ENIAC 从未成为费城最受欢迎的象征之一。与之相比，其他一些早期计算机却一直铭刻在其所在家乡城市的最流行的记忆当中。乔·艾格（Jon Agar）讨论曼彻斯特纪念 Baby 计算机的活动时说："历史被这座城市的机构精英们以一种有意的关联动员起来：曼彻斯特是在工业化历史基础之上建设起来的，与今天以计算机为基础的发展相联系，它试图证明，自己就是那个如今渗透进我们生活方方面面的计算机的发源地之一，甚至就是它的发源地。"[29] 创造这样的记忆需要大量的工作和金钱。也许任何一个城市的集体记忆都会有足够空间和资金来提升一些地方成就来作为公民自豪感的象征。费城已经有了自由钟，《独立宣言》《宪法》，本·富兰克林（Ben Franklin）、威廉·佩恩（William Penn），洛奇·巴尔波亚（Rocky Balboa）曾走过其楼梯的杰出的艺术博物馆，一个完整的专业运动队，一所常春藤盟校，木乃伊，以及受人喜爱的椒盐卷饼、奶酪牛排和三明治等地方美食。

球队的吉祥物

1957 年，约翰·冯·诺伊曼去世。另外那些有可能被称为现代计算机发明者（或者至少是主要的创造者）的人活得长一些。长期健康状况不佳的约翰·威廉·莫奇利 1980 年去世。此后，事情的进展正如精算表所预测的那样。1995 年，普雷斯普·埃克特（J. Presper Eckert Jr.）患上白血病，约翰·阿塔纳索夫中风，康拉德·祖兹心力衰竭。汤米·弗劳尔斯较为长寿，他于 1998 年去世，享年 92 岁。从未有人认为赫尔曼·戈德斯坦发明了计算机，但他无疑扮演了重要的配角，他活到了 2004 年。1946 年，一些人怀着明确的目标离开了摩尔学院的讲堂，并继续领导团队，制造出第一台按照 EDVAC 模式设计的计算机。莫里斯·威尔克斯在 2010 年离开了我们，但是哈里·赫斯基，发明 ENIAC 和其他几台早期计算机的参与人之一，在我们写这本书的时候仍在世[30]。

经过了一个时代的争吵和辩论，当事人逐渐离世，历史学家便得到了一种"历史距离"。他们可以自由地讲述自己的故事，而不必为仍在世的人的反对和欢呼大喊大叫，因为他们总是并且永远相信自己的记忆胜过历史学家和档案文件。

既然所有可能的候选者、他们的亲密同事，以及那些最初受到他们影响的人都已经安息，关于计算机真正的发明者的争论是否可以偃旗息鼓了呢？答案是否定的。这些争论仍然影响着人们对 ENIAC 的记忆。如果有人收集了过去 20 年中所有与 ENIAC 有关的文章，然后把庆祝女性程序员先驱的放在旁边的小堆里，那么剩下的大部分内容仍然是对 ENIAC 能否被视为第一台计算机的讨论。早期机器的支持者，已经变得像职业运动队的球迷一样，冲着他们的对手继续高唱那些老调重弹的观点。

人们一直保持了对莫奇利和阿塔纳索夫之间关系的密切关注。艾利斯·博克斯在《谁发明了计算机》（*Who Invented the Computer?*）一书中，像原告一样狂热地支持阿塔纳索夫，称他是唯一真正的计算机发明者。她指控莫奇利窃取了阿塔纳索夫的重要思想，并在随后的法律斗争中歪曲了历史记录。她还指出计算历史学家"拒绝接受判决结果，还广为传播"，她把各种没有原则的计算机历史学家、《计算历史年鉴》编辑的常规做法，以及莫奇利一起放在了被告席上[31]。

简·斯迈利（Jane Smiley）是一位受人尊敬的小说家，曾经是爱荷华州立大学的教授。她唯一一次跨界涉足历史的成果就是由斯隆基金会提供赞助而撰写的《发明计算机的人：数字先锋约翰·阿塔纳索夫的传记》（*The Man Who Invented the Computer：The Biography of John Atanasoff，Digital Pioneer*）[32]。作为一位知名作者的商业出版物，这本书是为数不多的、用市场营销来影响大众意识的计算机历史著作之一。尽管书名是关于阿塔纳索夫的传记，但与其说它是一本传记，不如说是对 20 世纪 40 年代电子计算机历史的通俗式重述。因此，书中有很大一部分是关于 ENIAC 的。斯迈利对 20 世纪 40 年代，以及 20 世纪 60、70 年代的 ENIAC 诉讼案，进行了一次有偏见的整理。她整理从其他书中所提取的事实和主张，塑造她笔下的局外人英雄，并痛斥窃取他人想法的那个有钱的"东海岸恶棍"。尽管按照历史的学术标准，斯迈利的叙述是生动的，但专家们严厉批评了这本书的不准确和误解[33]。

女性的 ENIAC

自 1996 年的 50 周年纪念日以来，ENIAC 一直停留在公众的视线中，或者至少偶尔会受到关注，这主要归功于负责其操作和编程的女性。ENIAC 职业生涯结束之后的阶段却使公众对它的记忆发生了最戏剧性的转变。20 世纪 90 年代，最初的 6 位操作员大多仍健在，在默默无闻地度过了数十年之后，她们所发出的声音愈发受到关注。20 世纪 70 年代，她们作为重大事件的目击者而不是这些事件的参与者，来接受法律程序的评判和口述史学者的采访。在赫尔曼·戈德斯坦和其他 ENIAC 的相关负责人去世之后，她们有了自己的舞台，直到 2011 年最长寿的操作员琼·巴蒂克去世。

她们被重新发现，在很大程度上归功于巴克利·弗里茨，他曾在弹道研究实验室里参与 ENIAC 相关工作多年。20 世纪 90 年代，弗里茨发表了两篇关于这台机器如何使用的重要文章[34]。在文章写作过程中，弗里茨联系了其他还健在的参与者，在后来的文章里，还包含了他们之间的长篇通信。弗里茨的第二篇文章《ENIAC 的女人》（*The Women of ENIAC*），明确地把重点放在了女性操作员身上。它包含了这群人中每个成员的信息，以及她们中大多数人的反思和回忆录片段。电气与电子工程师协会（IEEE）的《计算历史年鉴》所介绍的人物通常并不会因此便摆脱默默无闻的命运，但她们的故事被《华尔街日报》专栏作家汤姆·佩辛格（Tom Petzinger）发现了，并在 1996 年一篇题为《软件历史始于一些聪明的女人》（*History of Software Begins with Some Brainy Women*）的文章中被特别提及 [35]。佩辛格的专栏说，第一批计算机程序员被不公正地排除在了计算机历史之外。佩辛格将这些女性确立为公众人物，并重点介绍了专攻计算机问题的律师凯瑟琳·克莱曼（Kathryn Kleiman）所制作关于 ENIAC 女性操作员的纪录片的努力。另一部以这些女性为主角的电影是丽安·埃里克森（LeAnn Erickson）执导的《绝密玫瑰》（*Top Secret Rosies*），首映于 2010 年。2014 年，克莱曼最终制作出了一部虎头蛇尾的 20 分钟电影。这两部颇有追求的纪录片的筹款和宣传活动，进一步引起了人们对女性操作员的关注。

这些年，几位女性操作员的发展方向各不相同。最受人瞩目的是贝蒂·霍伯顿的职业生涯，她担任高级编程职位为 COBOL 和 FORTRAN 编程语言标准的开发作出了贡献。还有一些人因为结婚或当母亲而离开了技术工作领域，不过琼·巴蒂克后来又回到了计算机行业，担任行业出版物的编辑。在生命的尽头，她们发现自己在 50 年前的那段短暂时期的身份被意外地重建了。

历史学家珍妮弗·莱特（Jennifer S. Light）在 1999 年的论文《女性计算员》（*When Computers Were women*）中，将 ENIAC 女性的故事介绍给了广大的科技史学家。莱特认为，"女性能够得到编程的工作"，是因为"软件是次要的文书工作，其重要性难以与构建 ENIAC 并使它工作相比" [36]。她把这个故事放在以女性战时工作的历史研究为基础的摩尔学院计算员这一更广阔的背景下。莱特的论文是科技史上被引用最多的论文之一，而莱特使广大的学术界了解到 ENIAC 是一台由女性编写程序的机器 [37]。

一直以来，计算机科学的课堂上女性持续短缺，让计算机科学对女性榜样产生了极大的渴望。艾达·拉芙莱斯关于查尔斯·巴贝奇分析仪的富有想象力和洞察力的评论，使她被追封为"计算机先驱"和"第一位程序员"，并且以她的名字命名了一种主要的编程语言[38]。格蕾斯·霍珀也被授予奖项，计算机领域的一个主要的女性会议也以她的名字命名，她还获得了荣誉以纪念她的贡献。同样，ENIAC 女性的故事也包含了一个鼓舞人心的说法，即第一批被聘为程序员的人是女性。因此，近来编程或计算机科学领域中女性比例偏低，被人们认为是一种不幸，但还可以挽救。计算组织纷纷象征性地对这一情况进行补救。这些女性被集体纳入国际科技女性名人堂。琼·巴蒂克活得很长，成为计算机历史博物馆的资深会员，并获得了 IEEE 计算机先锋奖。后来，全世界都报道了她的死讯。

尽管琼·巴蒂克获得了许多奖项，她仍然觉得自己被忽视了。2008 年，她说，"在历史上，此后再也没有人提到我们。戈德斯坦的书当然是撒了谎"。她对约翰·冯·诺伊曼和亚瑟·博克斯的道德观看法也不怎么好。"计算机历史似乎无法审判这些家伙，"她抱怨道，"我到今天还在生气"[39]。关于赫尔曼·戈德斯坦的书，她问道："你怎么能……这样撒谎？"[40]巴蒂克和她的同伴们在见证历史的时候，自尊心也受了伤，但她们也有自己的原则。谈到 1996 年在阿伯丁的聚会和庆祝活动，巴蒂克抱怨道："他们甚至从来没有提到过普雷斯（埃克特）和约翰（莫奇利）……全都是戈德斯坦和冯·诺伊曼。真是令人难以置信。"在她看来，在整整两天的活动中，"唯一有意义的事情就是举办了 ENIAC 女性研讨会，一个关于我们的研讨会……剩下的都是垃圾"[41]。这些愤怒的话语提醒我们，她们并不是能够宽恕所有冒犯她们的人的圣人，她们最终也不是历史上消极的性别歧视受害者[42]。我们也不应该期望她们是。人们普遍希望这些女性被美化，更多地说明了如今计算机行业渴望的是女性榜样而不是女性自身。

2014 年，记者沃尔特·艾萨克森在完成了关于苹果公司（Apple Computer）联合创始人史蒂夫·乔布斯（Steve Jobs）的传记之后，又完成了《创新者：一群黑客、天才和极客如何创造了数字革命》（the Innovator：How a Group of Hackers，Geniuses，and Geeks Created the Digital Revolution）一书。这本书的前几章，令人惊讶地详细讲述了早期计算机历史文献中的技术故事，特别是艾达·洛芙莱斯和 ENIAC 的故事。艾萨克森的一个转变是对团队优势的强调，超过了对孤独天才浪漫形象的刻画。另一个是关注"被遗忘的"女性的贡献。艾萨克森有关最早的几位操作员的文章在《财富》（Fortune）杂志上重新发表，而这篇文章的内容主要来自琼·巴蒂克的回忆录。但艾萨克森有许多描述并不符合史实，例如，他误读了巴蒂克关于 1947 年在普林斯顿举行的 ENIAC 向现代代码范式改造计划会议的描述，他甚至将巴蒂克的名字加入到 1945 年春天约翰·冯·诺伊曼及其他 ENIAC 设计师们在摩尔学院举行的会议中。"有一天，"艾萨克森写道，"她反驳了冯·诺伊曼的一个观点，房间里的男人们怀疑地盯着她。但是冯·诺伊曼停顿了一下，歪了歪脑袋，然后接受了她的意见。"[43]

在这本几乎是已经出版的计算历史中阅读最广泛的作品里，琼·巴蒂克和她的同事们不仅被赞许为 ENIAC 的真正创造者，她们还是约翰·冯·诺伊曼的《EDVAC 报告初稿》里提出的指令集的贡献者。20 年间，我们目睹了这样一种转变，女性在 ENIAC 发展进程中所扮演的角色，从此前被忽视的历史脚注状态，即"ENIAC 的女性"，转变为具有更突出地位的"女性的 ENIAC"。人们主要通过这种方式来纪念 ENIAC 这台机器。

注　释

［1］D. R. Hartree, "The ENIAC: An Electronic Calculating Machine," *Nature*, 157 no. 3 990 (1946): 527; "The ENIAC: An Electronic Calculating Machine," *Nature*, 158 no. 4 015 (1946): 500–506; *Calculating Machines; Calculating Instruments and Machines.*

［2］Berkeley, *Giant Brains or Machines That Think*, p. 113.

［3］David H. Ahl, ed., *The Colossal Computer Cartoon Book* (Creative Computing Press, 1977).

［4］网民们把这个笑话升级成了微软和通用汽车之间的新闻稿大战。见 http: //www.snopes. com/humor/jokes/autos.asp.

［5］Lynn Grant, "Conserving ENIAC (aka Project CLEANIAC)," http: //www.penn.museum/ blog/museum/conserving–eniac–aka–project–cleaniac/, accessed June 30, 2014.

［6］Geise to Burks, April 8, 1960, AWB–IUPUI.

［7］Burks to Giese, February 18, 1985, AWB–IUPUI.

［8］博物馆展览的在线版本见 http://www.nwmissouri.edu/ archives/computing/index.htm.

［9］Brendan I. Koerner, "How the World's First Computer Was Rescued from the Scrap Heap,"

Wired, November 25, 2014 (http://www.wired.com/2014/11/eniac-unearthed/).

[10] Mitch Meador, "ENIAC: First Generation of Computation Should Be a Big Attraction at Sill," *Lawton Constitution (swoknews.com), October 29*, 2014.

[11] Burks, *Who Invented the Computer?*

[12] Larson, *Findings of Fact*, section 11.13.

[13] 最近，尽管说服力明显不强，见 Smiley, *The Man Who Invented the Computer*.

[14] McCartney, *ENIAC*.

[15] Burks, *Who Invented the Computer?*

[16] "Preliminary Announcement: International Research Conference on the History of Computing," in AWB-IUPUI.

[17] 3 位有资格的历史学家是 I. Bernard Cohen, Henry S. Tropp, and Kenneth O. May.

[18] 在 AWB-IUPUI 里的洛斯阿拉莫斯会议材料中。

[19] Goldstine to Smith, May 14, 1959, HHG-APS, series 6, box 1.

[20] Randell, "The Colossus."

[21] Burks and Burks, "The ENIAC," 311. 通用的定义在第 385 页。

[22] Paul E. Ceruzzi, *Reckoners:The Prehistory of the Digital Computer, from Relays to the Stored Program Concept*, 1935–1945 (Greenwood, 1983).

[23] 保罗·塞鲁齐当时作为一名博士生进入此领域，他回忆起 20 世纪 70 年代关于可编程计算器是否是计算机的讨论的直接影响 (与作者的私人讨论，2011 年 11 月 4 日) 。这反映在计算机先驱弗雷德·格伦伯格 (Fred Gruenberger) 当时的一次讨论中，他认为存储程序功能是计算机和计算器之间真正的分界线。参见 Gruenberger, "What's in a Name?" *Datamation* 25, no. 5 (1979): 230.

[24] 保罗·塞鲁齐曾向我们提到过电子计算器对历史争论的影响。被误导的学究们继续试图施加影响——例如，ENIAC 的维基百科页面被多次修改，认为 ENIAC 中的 C 表示 "计算器"。许多网上资源都是错误的版本，甚至有些书也提出了这个问题，认为这还没有解决。"人们对 ENIAC 究竟代表什么还有困扰"，见 Mike Hally, *Electronic Brains:Stories from the Dawn of the Computer Age* (Granta Books, 2006), 12.

[25] Al Gore, "The Technology Challenge How Can America Spark Private Innovation?," *University of Pennsylvania Almanac*, February 20, 1995.

[26] Bergin, ed., *50 Years of Army Computing*, vi.

[27] 引用来自 Jan Van Der Spiegel, "ENIAC-on-a-Chip," *PennPrintout* 12, no. 4 (1996). 该项目的更多细节见 Jan Van der Spiegel et al., "The ENIAC— History, Operation and Reconstruction in VLSI," in *The First Computers:History and Architectures*, ed. Raúl Rojas and Ulf Hashagen (MIT Press, 2000).

[28] Til Zoppke and Raúl Rojas, "The Virtual Life of the ENIAC: Simulating the Operation of the First Electronic Computer," *IEEE Annals of the History of Computing* 28, no. 2 (2006): 18–25.

[29] Jon Agar, Sarah Green, and Penny Harvey, "Cotton to Computers: From Industrial to Information Revolutions," in *Virtual Society? Technology, Cyberbole, Reality*, ed. Steve Woolgar (Oxford University Press, 2004).

[30] 本书写作的时候，哈斯基已经 98 岁了。他的名字既没有作为讲师也没有作为学生出现在摩尔学院的课程册上，但他确实领导了一个 20 世纪 40 年代开始的计算机项目——标准西部电子计算机（SWAC）。他可能是那个年代所有计算机项目最后的幸存者。

[31] Burks, *Who Invented the Computer?*, 17.

[32] Smiley, *The Man Who Invented the Computer*.

[33] 亚马逊网站上许多数字计算方面的专家评论指出了一些具体的错误；见 http: //www.amazon.com/The–Man–Who–Invented–Computer/product–reviews/ 0385527136. 非专业人士也不满意。例如："叙事读起来很艰涩；就像看一个老头子收拾行装去度假。人物无论在道德还是在智力上都显得苍白空洞，没有内部的光照亮他们。对现代生活中心的科学发展的解释无法让人满意（除了极其清晰的附录）。"Kathryn Schulz, "Binary Breakthrough," *New York Times*, November 26, 2010.

[34] Fritz, "ENIAC—A Problem Solver" and "The Women of ENIAC."

[35] Thomas Petzinger, "The Front Lines: History of Software Begins with the Work of Some Brainy Women," *Wall Street Journal*, November 15, 1996.

[36] Light, "When Computers Were Women," 469.

[37]《技术与文化》(*Technology and Culture*) 是最受尊敬的科技史杂志。在撰写本书时，Web of Knowledge 将 Light 的论文列为该杂志发表论文中被引用次数第二多的一篇。它的被引用次数超过了《IEEE 计算历史年鉴》(*IEEE Annals of the History of Computing*) 上发表的所有论文。

[38] 位于伦敦圣詹姆斯广场的艾达·拉芙莱斯（Ada Lovelace）故居称其为"计算机先驱"。

[39] Bartik, "Hendrie Oral History, 2008," 30 and 34.

[40] 同［39］，58。

[41] 同［39］。

[42] 一个重要的讨论见 Judith A. McGaw, "No Passive Victims, No Separate Spheres: A Feminist Perspective on Technology's History," in *In Context:History and the History of Technology*, ed. Stephen Cutcliffe and Robert Post (Lehigh University Press, 1989).

[43] Walter Isaacson, *The Innovators:How a Group of Hackers, Geniuses, and Geeks Created the Digital Revolution* (Simon and Schuster, 2014), 107.

总　结

　　由于专利诉讼事件及各种法律程序，在早期计算机中，ENIAC 无疑是被记录得最好的，因而可能也是被描写得最多的。本书开始写作的时候，我们知道关于 ENIAC 计算生涯的相当多的档案资料还没有被开发出来，但是由于存在大量关于它在摩尔学院的建设和最初使用情况的相关材料，我们以为进一步研究原始资料应该没有什么意义了。然而，当挖掘更加深入，现有材料惊人的不一致和不完整迫使我们重新回到原始档案，对 ENIAC 的整个轨迹进行更根本的评估。

　　有些不一致是相对较不重要的事实错误。例如，一个经常被引用的统计结果说，ENIAC 有 500 万个电气接头，这个错误的数据是实际数目的 10 倍左右。在许多情况下，学术资料中的原始错误会被复制到畅销书、在线文章和参考资料中。ENIAC 于 1948 年 4 月开始在新的编程模式下运行，但在戈德斯坦那本颇具影响力的著作里所给出的时间是 9 月份，引用这个错误日期的次数远远超过了正确日期。

　　这些错误可以在传播过程中得到纠正，但是其他错误就有可能严重歪曲我们对计算实践发展过程的理解。ENIAC 在设计早期就认识到了条件分支功能的重要性。这是 ENIAC 主程序器单元的核心设计需求，并不是人们曾经认为的事后补救措施。同样，并没有像历史学家所经常认为的那样，为解决特定问题设置机器的方法完全被忽视，直到 1945 年第一批操作员被选出来才开始更认真地设计和制造硬件。事实上，从项目一开始这些就已经详细地计划好了，为计算机设计的许多方面提供了信息[1]。

　　这些前后矛盾、遗漏和错误使我们重新回到了原始资料。但是我们并不会仅仅为了纠正细节而又回到老生常谈的旧话。计算机仿真发展成为一种新型的实验方式，女性在数学领域的工作，现代计算机的发明，以及编程实践的演变，这些新的问题引导我们在更广泛的故事中重新为 ENIAC 定位。

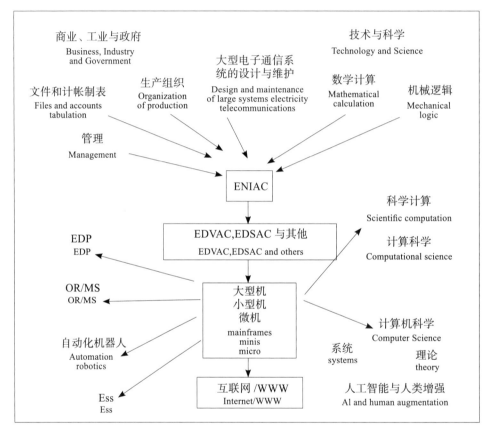

图 C.1　在传统的面向硬件的历史观中，ENIAC 是一条狭窄的细线，将第二次世界大战前的科学和管理实践与现代计算世界连接起来。迈克尔·马奥尼批评了这种历史观

ENIAC 和计算社区

　　说到"计算机的历史"，就好像指一个单一的物体和一个非凡的故事。迈克尔·马奥尼在其影响深远的论文《计算的历史》(*The Histories of Computing*)

中驳斥了这两种观点。他概述了已经被历史学家接受的"以机器为中心的历史视图观"。这里以图 C.1 的形式再现，这种视图强调了 ENIAC 被假定的、通常也是不应该有的中心地位。它的沙漏形状与亚瑟·博克斯和艾利斯·博克斯在本书前言里展示的图 I.1 类似，但它展示的角度更多是从应用领域出发而不是对技术的观察。马奥尼认为，历史学家想当然地认为，随着 ENIAC 的发明和计算机的发明，以前的各种技术及其用户已经在某种程度上融合在了一起，而随着计算机技术越来越强大，它产生了越来越复杂和多样化的应用领域（"它的进步是不可避免的、不可阻挡的，它的影响是革命性的"），但实际上这种说法歪曲了事实[2]。

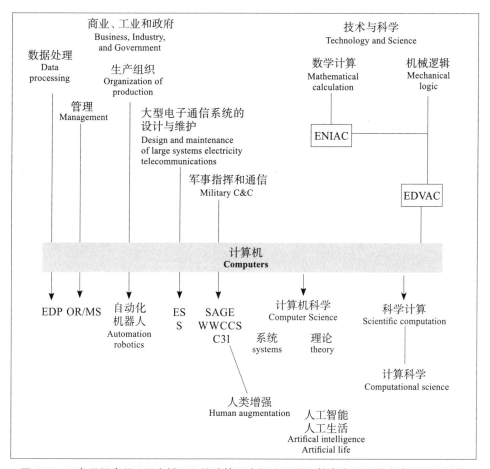

图 C.2　马奥尼提出的"面向社区"的计算历史概念强调了特定应用领域内实践的连续性

相反，马奥尼的主张是他在图 C.2 中所阐述的 "社区视角"（community view），将 ENIAC 对实践的直接影响限定在了科学计算的特定领域。我们同意马奥尼的看法，在军事指挥与通信和商业数据处理等特定领域所使用的计算机技术，通常与该领域以前的具体技术和做法有着深刻的连续性。本书中，我们将 ENIAC 定位在数学工作这个特定传统中，并得出结论：它对后来的科学计算编程实践（例如对程序员的选择和工作内容）的直接影响比其他应用领域要大得多。

基于社区的分析视角，战后计算被视为社会不同领域的一系列进化发展。这些领域包括从管理到军事指挥和通信等方面。随着注意力转向计算机硬件与软件、机构和实践相结合的应用领域，计算机的发展历史不再是单一的革命性时刻向外辐射影响的故事画卷了，而是一组相互联系但又有巨大区别的用户、应用程序和机构在特殊的社会空间中交织发展的画面。

尽管关注在社区内的使用，马奥尼还是在很大程度上保留了传统观点，认为 ENIAC 之所以重要，是因为在马奥尼所展示的 "计算机" 发展史的一条断裂的横切条上，ENIAC 位于从 EDVAC 到历史性断裂的主要发展线上。历史的潮流流过 ENIAC，最终将计算机技术从其 "技术与科学" 的发育地顺流而下，传递给其他类型的用户。我们用档案证据来深入并细化这一观察和思考视角。EDVAC 的设计本身部分是对 ENIAC 的缺陷的反馈，部分是对新的数学应用需求——求解偏微分方程的回应。这个新项目不仅导致了一种新机器的预期开发，而且更重要的是，它导致了一组新的计算范式。这就是本书副标题隐含的意思：ENIAC 项目制造并改造了现代计算机。

同样，我们已经不再把 ENIAC 看作一个简单的创新故事，也不再把它当作早期计算机历史的 "奇迹"。正如盖里森所指出的，ENIAC 是一个贸易交换区。尽管在游客眼里，巨石阵只是一座座令人敬畏的纪念碑，但考古学家会研究它的发展历程，构建该地区数千年来居民如何重视和使用这一遗址的记录。类似地，我们也把 ENIAC 视为十多年间技术创新、概念发展和计算实践的汇集点。

马奥尼建议要重视机器在实际使用中的连续性，因而我们警告，不要自

动地把 ENIAC 当作每一个现代计算机历史故事的起点，除非能证明它在实践
和影响上有直接的连续性。与 20 世纪 40 年代的大多数其他自动计算机一样，
ENIAC 是为一组特别应用而设计的，而且是手工制造的，只生产了一台的。从
这个意义上讲，它是一台一次性的机器。但 ENIAC 比其他大多数早期计算
机更为特殊，因此它的一些设计是其他机器所难以绕过的。许多后来的机器都根
据几个经典的计算机模型来调整自己的体系结构和指令集。例如，1945 年的
EDVAC、图灵的 ACE 和冯·诺伊曼的高级研究所计算机。尽管结果各不相同，
但都是同一主题的变奏。

ENIAC，从它的十进制环形计数器到分散控制机制和模块化的体系结构，
一切都显得与众不同。20 世纪 50 年代，企业取代大学和研究中心成为计算机
的主要用户，ENIAC 的代表性程度更低了。计算机的定制建造模式，几乎完全
被标准商业型号的采购模式取代。哈佛大学拔掉了 Mark Ⅰ（寿命超过 ENIAC
的唯一的战时机器）的插头，取而代之的是 Univac 1。这台机器首次证明了
商用计算机市场的存在[3]。麦迪逊大道上 SSEC 的首要位置被另一款商用机器
IBM 701 取代。这台机器很快赢得了由政府慷慨资助的航空航天公司的青睐。
令人吃惊的是，即使在 10 年之后，ENIAC 的许多应用实践方式看起来与计算
机使用的主流模式仍然是如此的不同。

ENIAC 和编程的起源

ENIAC 最早的操作员通常被称为"第一批计算机程序员"，但这并不完
全准确，因为在这之前 ENIAC 的设置是由亚瑟·博克斯和其他人开发的。所
有相关的人都同意 ENIAC 首次运行洛斯阿拉莫斯问题所使用的设置，主要是
由尼克·梅特罗波利斯和斯坦利·弗兰克尔设计的。更早的时候，其他人如艾
达·洛夫莱斯和约翰·冯·诺伊曼留下的文档里，往往含有从未被执行过的
"程序"，其他计算机的用户如哈佛 Mark Ⅰ（其中有霍珀）也是在 ENIAC 操
作员被聘用之前，就开始编码和运行指令序列了。

历史学家内森·恩斯门格（Nathan Ensmenger）声称："至少在美国，职

业计算机编程的历史始于 1945 年夏天 ENIAC 的建造。"[4] 这个论断更加微妙，它明确地将编程作为一个独特的职业而不是一种活动。这种特殊性又引发另一种关注：这些人被雇佣为操作员，他们对后来被视为专业"程序员"领域的贡献，实际上是与他们的其他职责紧密相连的。ENIAC 在摩尔学院的整个时间里，编程都是机器操作和数学领域的交叉与协同工作，双方都有输入。正如我们之前提到的，直到 1947 年 3 月，琼·巴蒂克领导的小组才成为第一个专门为 ENIAC 编程的小组。

我们已经表明，与 ENIAC 相关的工作实践，是从应用数学领域里已经成熟的大规模计算管理实践发展而来。对问题的数学分析和为计算制定详细计划，很久之前就与人类计算员一步一步执行计算的艰苦劳动相分离了。在这个过程中加入台式计算器，提高了计算员的生产率，但工作的分工并未改变。相比之下，20 世纪 30 年代引入的微分分析仪，使大部分计算过程转移到了机器上，创造了操作员这一新角色。操作员在数学和机器之间进行协调，以手工操作的方式跟踪输入数据，用扳手配置分析仪，但同时也发展出一些可将数学方程有效转换为合适的机器形式的重要技能。在这方面，ENIAC 沿袭了微分分析仪的模型。但是，作为一台数字计算机，它可以把范围更广的计算过程自动化。复杂计算里的一些工作仍然需要手工操作，例如通常在计算运行之间对穿孔卡片进行排序和处理，但是以前计算员做的大部分工作，都可以在现在的自动计算机里完成了。早在 1943 年，项目团队就已经认识到，用 ENIAC 来处理特定的问题涉及新型的劳动方式，他们提出将工作分成三个阶段：数学分析、准备设置表格，以及根据这些表格对 ENIAC 进行物理配置。[5] ENIAC 的操作员总是被安排去执行最后这项任务，但他们的核心职责是操作机器和辅助穿孔卡片设备。结果，他们为许多设置表格的开发作出了巨大的贡献——这在他们被聘用时是没有预料到的。这让人想起斯蒂芬·巴利（Stephen Barley）将技术人员的工作描述为专业知识与技艺之间的"缓冲"。[6] 要保持两者专业技能的完全分离总是很有挑战的，这种紧张关系也许可以解释数学家和操作员在许多问题上所进行的密切合作。

ENIAC 的几位操作员对他们发现如何设置 ENIAC 进行数学运算的过程津

津乐道，并留下了极其生动的描述。有时候这些描述被引用来支持这样的说法，即操作员发现了 ENIAC 的创造者都没有预料到的硬件的全新用途。例如，凯·麦克纳蒂发现主程序器可以重复轨迹计算的操作序列[7]。事实上，操作人员这时正在学习掌握该单元设计的精确应用，就像在他们之后的数百万学生都曾经经历过的，突然领悟了如何利用循环来构造计算机程序一样。

如果不了解机械计算过程，就很难设计出基于机械的数学处理方式；如果不了解 ENIAC 如何运行，也很难将计算的步骤转化为 ENIAC 的设置。例如，不同于后来的科学计算机器，ENIAC 缺乏浮点能力，因而使用时要非常注意数量的缩放。在 ENIAC 最初的编程模式中，这种缩放不是在电路中执行的，而是通过一种叫作"移位器"的特殊插件。操作人员手工将这种插件插入 ENIAC 的数据终端中完成缩放。同样，如果不了解 ENIAC 所承担的数学任务，也很难操作它。阿黛尔·戈德斯坦在 1946 年的报告里提到过操作员所担负的广泛责任，包括"在规划一个应用问题的设置时，操作员首先把方程分解成能够被 ENIAC 处理的并行操作调度表格"，在可以传输数字的输出终端上"放置一个删除器，清除不重要的数据"。操作员也被敦促"在开始计算之前，要特别注意互锁的触发器氖灯……"她似乎把这些职责，从分析方程到放置插件，再到启动计算机，都看成一个角色自然的组成部分[8]。作为一种独特的工作，科学编程是作为一组中间任务而发展起来的，介于对计算的数学分析和计算的执行之间（有或没有机械辅助）。

赫尔曼·戈德斯坦和约翰·冯·诺伊曼于 1947 年提出的"规划和编码"模型，把应用问题的数学分析从编码计算的工作中分离出来。历史学家常常把这一模型看作僵化的、不切实际的、明显带有性别歧视的劳动分工的基础[9]。赫尔曼·戈德斯坦和约翰·冯·诺伊曼的模型有一个问题，即他们的方法似乎将对计算的理解与对建模系统的理解分离开来。我们也确实发现，当时为蒙特卡洛计算做准备的过程中，有大致相似而且成功的劳动分工，如约翰·冯·诺伊曼绘制了早期的流程图草稿，而克拉拉·冯·诺伊曼开发了后来的版本将其翻译成计算机代码。我们不确定，才华没有约翰·冯·诺伊曼那么高，对复杂机器的兴趣也没有约翰·冯·诺伊曼那么大的数学家，是如何分工合作的。虽然理查德·克里平格与琼·巴蒂克和她的同事们，在超音速气流问题上的合作也是成功的。同样不清楚的是，如果没有阿黛尔·戈德斯坦、琼·巴蒂克或克拉拉·冯·诺伊曼的天赋，程序员们是否会如此欣然地接受这项任务。

一些历史学家指出，围绕早期计算机，如 ENIAC 和哈佛 Mark Ⅰ，所发展起来的实践方法对计算机公司的硬件和软件生产有着直接的影响[10]。摩尔学院在 ENIAC 建设和 EDVAC 准备工作中所积累的经验，对埃克特和莫奇利在自己公司的应用硬件设计和工程实践产生了明显而深远的影响。即使在它被合并到斯佩里·兰德的 Univac 分部之后，这个业务部门仍然聘请了许多资深的 ENIAC 员工。其中，包括贝蒂·霍伯顿，她 20 世纪 50 年代在格蕾斯·霍珀的手下开发自动编程工具。ENIAC 对许多科学领域的计算实践也产生了明确的影响。例如，通过尼克·梅特罗波利斯和其他洛斯阿拉莫斯工作人员的参与，ENIAC 上运行的蒙特卡洛代码对后来的蒙特卡洛仿真的影响明显而直接。上面讨论的其他 ENIAC 应用程序，包括 1950 年的数值气象学模拟和弗兰克·格拉布制作的统计表，也开创了在后来的计算机硬件中所广泛使用的技术。

ENIAC 的操作员被认为是"第一批计算机程序员"，这使得一些历史学家可以讲述这样的故事：软件开发最初就是女性的工作，经过某种不幸或邪恶的过程，变成了男孩俱乐部。有时这与一种观点有关，即编程工作最初是用一种似乎特别适合女性的术语概念化的。珍妮弗·莱特在那篇著名的论文里提出，"工程师们最初只是把编程任务设想为文书工作"，因此适合女性，而一旦这项工作的技术性得到认可，女性就会被排除在外[11]。内森·恩斯门格从莱特的分析为编程这个职业找到了历史的起点，"最早的计算机程序员不是科学家和数学家，而是地位低下的女文员和台式计算器的操作员"[12]。

对我们来说，很大程度上女性与特定类型的数学劳动之间的联系，比一般女性与文书这类工作的联系更为重要，特别是操作 ENIAC 并不需要明显的文书工作。恩斯门格认为，ENIAC 的女性被雇佣为"编码员"，她们的主要职责是制定计算计划，而编码则被视为类似于抄录这样地位比较低的工作[13]。与珍妮特·阿贝特的观点相呼应，我们相信更准确的说法是：项目领导起初并没有认识到，"程序员"或者"编码员"是可以从操作员分离出来的职业[14]。后来认为是程序设计的一部分工作将由分析问题的数学家来承担，而其他方面则与机器操作相混淆。

正如我们在本书中展示的，选择女性作为操作员，虽然在一定程度上是因战时劳动条件的限制，但也反映了在大学和研究实验室等机构环境中，女性拥有参与应用数学的悠久传统。妇女们一直用桌面计算器手工计算射击表，也一直使用微分分析仪。像 ENIAC 这样的新技术被引进应用数学领域，被看作完成相同任务的更快的新方式，但妇女们参与应用数学活动的传统仍旧延续了下来。无论什么情况，都没有明显的可以代替 ENIAC 这些操作员的其他选择。（有趣的是，哈佛的 Mark I 是由海军"watches"系统中一队穿着制服的士兵操作，因为计算中心虽然在哈佛校园里，却是属于海军的设施[15]。）

20 世纪 50 年代初，弹道研究实验室的所有自动计算机（ENIAC 和另外两台电子计算机以及继电器计算器）都是由女性工人操作的。其他机构（如贝尔实验室）也大量雇佣女性从事计算机相关的工作。这些机构都有很强的科学计算传统。相反，文书工作的计算机化是在"电子数据处理"这一概念框架内，以及在企业制度背景下进行的。大量的女性以打字员的身份出现，当计算机化完成之后，她们继续做着类似打孔工人的工作。与企业管理编程相关的工作由三种员工执行，大多数公司选择这几类员工借调到数据处理组，为开展计算机工作重新进行培训。这几类员工包括穿孔卡片机工人，企业的"系统人"（负责重新设计业务流程）、初级专业人员或监督有关部门的员工（通常是会计师，因为计算机通常首先应用于会计或工资任务）。由于所有这些群体都以男性为主，因此，企业管理领域的编程以男性为主。这也同样是在特定的机构背景下的连续性故事。

因此，我们不把编程劳动的历史看作一种新职业的创造，即在这种职业中，女性先是受到欢迎，然后又被排斥。我们应将这些看作一组平行的故事。在这些故事中，ENIAC 和其他早期机器的影响虽然在科学计算中心仍然强大，但在企业数据处理工作中是微不足道的。[16]

实践和地点

早期 ENIAC 实践的一个有趣特征是，直到 1952 年左右，这台机器还能吸引科学家前来"探险"或"朝圣"。这些科学家们渴望将 ENIAC 的独特才能应用到他们所要解决的问题上面。这反映了其他稀有、贵重的实验设备，如粒子加速器，在新兴的"大科学"世界里的重要性[17]。拜布鲁诺·拉图尔所赐，"计算中心"（center of calculation）的概念已经进入了科学研究词汇体系之中，尽管他用这个词描述的是中心人员收集纸质表格（"不变的移动端"）上的远程数据对其进行处理，进而控制其他地方事件的能力[18]。在我们的故事中，科学家跟随着他们的数据移动。ENIAC 本身的地理位置是固定的，但它随着科学家的需要而改变自身配置的能力十分惊人。20 世纪 50 年代，计算机普及开来，但洛斯阿拉莫斯的实验室一直拥有世界上速度最快的几台计算机，因而这里的科学家前去"朝圣"的需求逐渐减少。尽管如此，在较边缘的机构里，科学家们仍然继续努力向强大的计算机这一目标跋涉。即使在小型计算机成为实验室的标准设备之后，需要使用超级计算机的科学家通常也需要进行长途旅行，设法访问具有强大计算能力的计算机。当今互联网的几个基础，包括最初阿帕网和 Mosaic 浏览器的开发，都是为了让研究人员不必亲临现场，便可访问、使用功能强大的计算机。

我们不是第一个把 ENIAC 放在更广阔的背景下进行思考的研究人员。阿齐兹·阿克拉用"知识生态"这一比喻，来探索 ENIAC 在机构、人工制品、人、职业和知识等诸多因素制约下所构成的特定而短暂的综合场域中产生的根源[19]。同样，根据 ENIAC 本身所处的环境，我们认为它应该被理解为一台执行某种特殊计算的机器，如轨道计算。这一要求使莫奇利关于电子计算的早期思想受到了特别的关注，当它与摩尔学院的组织能力和技术专长相结合时，便形成了 ENIAC 得以诞生的环境。

我们的分析超出了阿克拉的范畴，解释了 ENIAC 的初始概念和计算结构在机器的详细设计和构造过程中如何发生了不可预见的变化。这个过程使我们想起安德鲁·皮克林（Andrew Pickering）所说的"实践的冲撞"（the mangle of practice）。科学学者们发现，在考虑物质对象在科学中的作用，以及物质对象在现代科学实践中被人、思想和制度改变，或者改变它们的方式时，"实践的冲撞"是一个有用的概念[20]。皮克林的这一概念捕捉到了科学实践混乱的异质性，驳斥了传统科学哲学中一些原始理论、思想、数据，以及对单一科学文化的假设。和马奥尼一样，皮克林坚持时间和地点的特殊性。历史和政治一样，所有故事都是地方性的。我们对 ENIAC 的描述，并没有采取整洁干净、井然有序的历史回顾模式，而是详细记录了它在具体但不确定的环境中诞生的过程。

我们还记录了 ENIAC 在最初建造之后漫长的"冲撞"过程。从某种程度说，这个角度没有受到充分的重视。ENIAC 的用户重新塑造了其编程的方式，使它从一台必须为每个问题重新连线的设备，转变成了能执行存储为数字序列的一组标准程序指令的机器。因此，现代代码范式本身成了 ENIAC 变革的重要因素。20 世纪 50 年代，它与不断变化的技术和实践共同演进，包括修改和增加硬件以求优化新的编程范式的性能。其中，最引人注目的是新增加了磁芯内存单元。

重塑科学实践

本书的引言从道格拉斯·哈特里的评论开始。哈特里说，ENIAC 向科学家们承诺，可执行的计算复杂性将提高 1 000 倍。哈特里断言，科学家们"用 1 000 万次乘法可以做很多事情"。面对 ENIAC 如此诱人的可能性，科学实践发生了怎样的变化？我们梳理出 3 个更宽泛的视角来总结本书。

1 000 万次乘法可以做很多事情

对求方程近似解的数值方法的兴趣激增是科学实践进步的重要标准。数值方法已经存在了几百年，它们的应用也早已成为数学研究的一个领域。哈特里讲席的教授席位就是在"数学物理学"领域。不过 20 世纪 50 年代该领域在发展过程中就开始使用"数值分析"这一术语，并一直沿用至今。即使在 1943

年，ENIAC 团队也能在宾夕法尼亚大学内部的其他部门找到合适的数值计算专家，特别是汉斯·拉德马切。汉斯·拉德马切的工作对 ENIAC 累加器的设计多有裨益。不过，采用数字电子计算机给这个领域带来了一定的显示度和前所未有的智力刺激。

已有的计算方法针对繁重的手工计算劳动进行了优化，每个数据点最多需要进行数千次乘法。正如我们从哈特里 1946 年对层流边界问题的分析中所看到的，他们的优化更针对人的特点而不是机器的能力。如果指导人们用相对复杂的方法，查阅已经得到的中间结果，计算更少的数据点，那么人的表现会更好。ENIAC 能够以闪电般的速度计算，但它的存储器里没有空间存储以前的计算结果。后来的机器能够适应更复杂的方法，促使新方法的开发。如果没有电子计算机的帮助这是完全不可能的。新一代计算机的架构如高速缓存、矢量处理单元都针对这些方法进行了调整，也都有着自己独特的优势和弱点。数值分析需要大量的定理和证明，还要开发一些极具创造性的算法，但它也是一门实验学科。这在数学实践的历史上是不同寻常的。

算法仿真

另一个发展是计算机仿真的兴起。正如我们前面所讨论的，这个主题受到科学史学家和科学哲学家越来越多的关注。科学实践从对一种情况的分析性描述，即用方程解释不同数量之间的关系转变为用输入转换为输出所需的一系列步骤来描述数量关系的算法方法[21]。从这个意义上说，仿真是一种典型的数字实践，而 ENIAC 的蒙特卡洛计算是第一次计算机仿真。模拟计算机用可调节的旋转臂，或者可配置的水泵相互连接实现方程，为数量的计算提供了物理基础。而 ENIAC 可以通过改变配置来执行实现算法的任何步骤，特别是 1948 年改造为现代代码范式后，可用函数表来存储任意复杂的指令序列。

仿真为发现系统特性提供了一种基础性的实验方法。科学家们设置好初始参数，运行程序，然后等着看发生了什么。马奥尼所观察到，由于使用仿真方法而不是传统的数学分析，科学家们遇到了理论计算机科学主要概念方面的挑战。计算机科学家希望通过检查计算机程序的代码来分析它的行为，而不希望用不同的输入数据反复运行，然后看看会发生什么。同样地，科学家们也想更深入地了解为什么仿真会产生这样的结果。计算机科学家从图灵 1936 年的经典论文中了解到，一些关于计算机程序的问题本质上是不可能回答的，从而给这种分析的完备性设置了理论基础层面的限制。马奥尼曾说："我们面临的问题是，作为最新、最主要的科学思想媒介的计算机，是否可以用数学的方式来理解，即某些代数的或者分析的手段。如果是，那么它将书写自 17 世纪以来代数思想历史的最新篇章。如果答案是否定的，那么也许 50 年后就可以发表一场题为'20 世纪代数思想的终结'的演讲了。"[22]

对机器的热爱

第三个发现是编写计算机程序进行科学计算本身就是一门手艺，而且计算机本身就是科学好奇心的对象，散发着自己独特的魅力。围绕着 ENIAC，人们可以看到 20 世纪 50 年代和 60 年代在科学界形成的一系列普遍经验和选择的起源。20 世纪 40 年代，计算机科学家或计算机程序员还不存在。每一个接近 ENIAC 的人都是以另一个被社会公认的、也是自我认同的角色来出发的。现在为人们所记住的女性程序员是作为机器操作员被雇佣的。同样，设计 ENIAC 的人是电子工程师，而使用该机器解决数学问题的人则是数学家、统计学家、物理学家、航空工程师或其他成熟学科的成员。

并非所有接触过 ENIAC 的人都有同样的反应。就像 20 世纪 60 年代服用致幻剂（LSD）的典型实验一样，一些人继续以前的道路，而另一些人则在新的体验中重新建立自己的生活。例如，理查德·克里平格最初接触 ENIAC 时，是接受其科学计算服务的潜在的消费者。后来，他转行进入计算研究，为计算机领域奉献了剩余的职业生涯，最终成为霍尼韦尔公司的编程语言专家。统计学家弗兰克·格拉布也曾有复杂的问题需要 ENIAC 解决。但是在从 ENIAC 和弹道实验室的中继计算机那里得到必要的结果之后，他又回归了原来的职业。今天，他作为伟大的统计学家和军械部门的重要贡献者而被人们铭记。

在后来的几十年里同样的模式又重复了多次。第一批计算机科学学科的成员都从其他专业获得了博士学位，而且许多人已经在这些学科里担任教职。通常可能是在研究生期间的某个时候遇到了计算机并逐渐认识到，他们对这些机器的认同感比对他们所学学科的关注度更强烈。这可能是出于对编程过程——从应用程序代码到系统工具或子例程库的转变的迷恋。然而对许多科学计算用户来说，计算机仅仅是一种工具，一种达到目的的手段。大多数依靠计算机获得结果的工程师、数学家和物理学家，并没有成为计算机科学家。许多教员依赖研究生来编写程序并在计算机上运行问题，而当这些研究生中的大多数人足够成功，并能够将工作交给他人的时候，他们同样也会重复这种模式。

ENIAC 的未来

任何被历史题材吸引着去阅读或写作的人，都以这样或那样的方式受到了当今某种因素的驱使。我们试图消除误解，更忠实地描述 ENIAC 的原始背景，并阐明它被遗忘的方方面面。然而，对真正有历史意义的主题的讨论永远不会结束。尽管我们努力将叙事建立在 ENIAC 极为丰富的档案材料上，但关于它还是有很多可说的，而其他早期计算机和它们使用的可说的故事就更多了。

我们在前一章指出，在过去的 70 年里，人们以许多不同的方式记住了 ENIAC。无论是流行的畅销书还是严肃的学术著作，在关于计算历史的叙述中，ENIAC 仍然保持在足够中心的位置，重新解释它比忽视它更容易推进历史的讲述。例如，近来 ENIAC 作为女性负责编程的计算机而声名鹊起，其根源是计算机科学家和技术工作者普遍关注女性在计算机领域的表现。将这段励志的故事锚定在 ENIAC 上，同时也利用并延续了这台机器作为现代计算起点的声誉。当未来人们期望探明计算的这个或那个方面的本质时，ENIAC 将会再次找到新的故事。

注　释

[1] 例如，Abbate (*Recoding Gender: Women's Changing Participation in Computing*, 26) 引用了莫奇利的话来支持 "编程是事后想法" 的判断。根据 Nathan Ensmenger (*The Computer Boys Take Over: Computers, Programmers, and the Politics of Technical Expertise*, MIT

Press, 2010, 15), 设置 ENIAC 执行计算"是困难的，需要彻底的创新思维"，这一发现"完全出乎意料"。

[2] Michael S. Mahoney, "The Histories of Computing (s)," *Interdisciplinary Science Review* 30, no. 2 (2005): 119–135, quotation from p. 121.

[3] I. Bernard Cohen, *Howard Aiken:Portrait of a Computer Pioneer* (MIT Press, 1999).

[4] Ensmenger, *The Computer Boys Take Over*, 32.

[5] "ENIAC Progress Report 31 December 1943," chapter XIV.

[6] Stephen R. Barley, "Technicians in the Workplace: Ethnographic Evidence for Bringing Work into Organizational Studies," *Administrative Science Quarterly* 41, no. 3 (1996): 404–441.

[7] 几次口述历史采访中都有这件事的描述，最近一次是在 Bartik, *Pioneer Programmer*. 在第 80 页，巴蒂克写道："凯的发现是一个突破!"

[8] Goldstine, *A Report on the ENIAC*, quotations from pp. I–10, I–20, II–15, and IV–9.

[9] Ensmenger, *The Computer Boys Take Over*, 14–15, 36–39. Goldstine and von Neumann ("Planning and Coding Problems for an Electronic Computing Instrument. Part II, Volume 1," 99–104) 概述了规划和编码问题的方法论，但没有提出明确的劳动分工，也没有将编码定义为文书工作。他们建议"数学家，或者受过适度数学训练的人，都应该能够以一种常规的方式进行（编码）"。

[10] 例如，见 Abbate, *Recoding Gender* and Beyer, *Grace Hopper*.

[11] Light, "When Computers Were Women," 470.

[12] Ensmenger, *The Computer Boys Take Over*, 32.

[13] Ensmenger, *The Computer Boys Take Over*, 35–39. 恩斯门格尔在第 37 页写道，操作人员识别出真空管故障的能力表明，他们"与计算机工程师和技术人员进行的互动，可能远远超出了最初的设想"。

[14] Abbate, *Recoding Gender:Women's Changing Participation in Computing*, p. 26 and note 43 on p. 185. 事实上，"编码"（coding）的概念似乎并没有出现在 ENIAC 设置的进度报告和戈德斯坦的 *Report on the ENIAC*。它可能是在《初稿》传播了现代代码范式之后才流行起来的。这是有道理的，考虑到大家对莫尔斯电码（Morse Code）的熟悉程度。EDVAC 程序被表示为一系列的数字代码，跟哈佛 Mark Ⅰ（该术语在那里找到了早期的立足点）的代码一样，而 ENIAC 的设置则是图形化的记录。

[15] Beyer, *Grace Hopper*, 52–58. 当然，Mark Ⅰ 操作员的任务比 ENIAC 的简单。

[16] 这个观点有更详细的论述，见 Thomas Haigh, "Masculinity and the Machine Man," in *Gender Codes:Why Women are Leaving Computing*, ed. Thomas J. Misa (IEEE Computer Society Press, 2010.

[17] Galison and Hevly, *Big Science:The Growth of Large-Scale Research*.

[18] Latour, *Science in Action:How to Follow Scientists and Engineers through Society*.

[19] Akera, *Calculating a Natural World*; Akera, "Constructing a Representation for an Ecology of Knowledge: Methodological Advances in the Integration of Knowledge and its Various Contexts," *Social Studies of Science* 37, no. 3 (2007): 413–441.

[20] Andrew Pickering, "The Mangle of Practice: Agency and Emergence in the Sociology of Science," *American Journal of Sociology* 99, no. 3 (1993): 559–589.

[21] Michael S. Mahoney, "The Beginnings of Algebraic Thought in the Seventeenth Century," in *Descartes:Philosophy*, *Mathematics and Physics*, ed. S. Gaukroger (Harvester, 1980).

[22] Michael S. Mahoney, "Calculation—Thinking—Computational Thinking: Seventeenth-Century Perspectives on Computational Science," in *Form, Zahl, Ordnung. Studien zur Wissenschafts- und Technikgeschichte. Ivo Schneider zum 65. Geburtstag*, ed. Menso Folkerts and Rudolf Seising (Frank Steiner Verlag, 2004) .